"十四五"职业教育国家规划教材

本教材第三版曾获首届全国教材建设奖全国优秀教材二等奖

2022年国家精品在线开放课程配套教材

食品理化检验技术

 慕课版 \ 虚拟仿真版 \ 微课版 （第四版）

新世纪高职高专教材编审委员会 组编

主　编　刘丹赤

副主编　夏之云　张庆娜　刘婷婷

　　　　于瑞洪　王　朋

U0245135

● 新形态教材：

纸质图书+在线课程+虚拟仿真+微课视频，多位一体

● 资源丰富：

虚拟仿真+微课视频+操作视频+在线自测+教学资源包

大连理工大学出版社

图书在版编目(CIP)数据

食品理化检验技术 / 刘丹赤主编. -- 4 版. -- 大连：
大连理工大学出版社，2022.7(2024.1 重印)
新世纪高职高专食品类课程规划教材
ISBN 978-7-5685-3596-0

Ⅰ. ①食… Ⅱ. ①刘… Ⅲ. ①食品检验－高等职业教
育－教材 Ⅳ. ①TS207.3

中国版本图书馆 CIP 数据核字(2022)第 021375 号

大连理工大学出版社出版
地址：大连市软件园路 80 号 邮政编码：116023
电话：0411-84708842 邮购：0411-84708943 传真：0411-84701466
E-mail：dutp@dutp.cn URL：https://www.dutp.cn
辽宁虎驰科技传媒有限公司印刷 大连理工大学出版社发行

幅面尺寸：185mm×260mm 印张：15 字数：384 千字
2010 年 12 月第 1 版 2022 年 7 月第 4 版
2024 年 1 月第 4 次印刷

责任编辑：李 红 责任校对：马 双
封面设计：张 莹

ISBN 978-7-5685-3596-0 定 价：48.80 元

本书如有印装质量问题,请与我社发行部联系更换。

前言 Preface

　　《食品理化检验技术》(第四版)的上一版曾获首届全国教材建设奖全国优秀教材二等奖,是"十四五"职业教育国家规划教材、"十三五"职业教育国家规划教材、"十二五"职业教育国家规划教材,也是新世纪高职高专教材编审委员会组编的食品类课程规划教材之一。

　　本教材是按照"双元合作＋资源融合"的编写理念,以学生为中心,以企业真实检测项目为载体,以现行的国家标准和行业标准为依据,系统开发的线上＋线下融合的新形态教材。本教材为第二批国家级职业教育教师教学创新团队课题研究项目(课题编号:ZI2021070105)。

　　教材内容的选择以满足食品检验职业岗位所需职业能力的培养为核心,对接"1＋X"食品检验管理及粮农食品安全评价职业技能等级标准所必需的知识、技能要求,引用农产品质量安全检测技能大赛的检测项目,解构传统的学科体系课程内容,以工作过程为逻辑关系,以工作任务为载体,设计、组织教学内容。

　　党的二十大召开以来,教材编写团队深入学习党的二十大报告,将党的二十大精神融入教材。落实立德树人的根本任务,坚守为党育人为国育才使命。根据课程特点,深入挖掘思政元素,围绕工匠精神、职业操守、职业规范和职业理想四个主题,发挥教材的育人功能。以检测结果的精密度和准确度作为主线,把精益求精的工匠精神的培养贯穿于教材的十四个工作任务中。教材中的食品安全案例、科学家的故事,将食品检测人员应具备的遵纪守法、诚实守信、实事求是、科学严谨的职业操守以潜移默化的方式传递给学生,树立正确的人生观和价值观。通过技能操作中的典型案例,有机融入安全意识、规范意识、环保理念、节约意识,培养良好的职业规范。通过科学家的爱国事迹、中国传统饮食文化元素,厚植学生的爱国情怀,激发职业担当,树立职业理想。在知识传授中注重价值引领,实现课程与思政交融,教书和育人并举。

　　本教材的主要特色:①资源融合。融入教学视频和操作视频的二维码,打破时间空间限制。②思政融合。融入食品安全案例、大国工匠精神、名人励志故事等思政视频,发挥教材育人功能。③课证融合。融入"1＋X"食品检验管理及粮农食品安全评价职业技能等级证书的基本要求,推进课证融通。④虚实融合。融入 3D 虚拟仿真实训二维码,实现 3D 虚拟交互。

本教材由日照职业技术学院刘丹赤任主编,日照职业技术学院夏之云、张庆娜、刘婷婷,黑龙江生物科技职业学院于瑞洪、日照市市场监督管理局王朋任副主编。具体编写分工如下:刘丹赤编写项目一、项目四,夏之云编写项目二的任务一～任务四,张庆娜编写项目二的任务五和任务六,刘婷婷编写检验前准备,于瑞洪编写项目三,王朋提供了本书编写的整体框架和工作任务的基本资料。全书由刘丹赤统稿。

教材中知识点、技能点微课,操作视频及课程思政视频可以通过微信扫描二维码观看,3D 仿真实训可先下载 App(可从应用商店搜索 MLabs Pro 进行下载,或扫描下方二维码下载),安装完成后扫描二维码,实现在高度仿真环境下进行交互式训练;手机在线自测可以通过微信扫描二维码进行在线答题,系统自动判断结果并展示答案,便于学生自主练习。

MLabs Pro 安装包链接

本书为 2020 年国家精品在线开放课程配套教材,开发了电子教材、教案、课件、试题库等课程资源,相应资源已上传至智慧职教 MOOC 学院,在线开放课程网址为:https://mooc.icve.com.cn/course.html? cid＝SPLRZ840561,方便读者自学及教师搭建 SPOC 开展线上线下混合式教学。

本书可作为高职院校食品类相关专业学生教材,也可作为食品企业在职人员培训教材或从事食品企业生产、质量检验与管理技术人员的参考用书。

本书编写过程中借鉴了部分食品标准和兄弟院校出版的教材,在此致谢! 尽管各位编写人员认真编撰,多次、反复修改,认真审阅,但鉴于编者的水平和能力有限,本书仍有一定的提升空间,恳请使用本书的广大师生惠予指正,以便再版时修订和提高。

编 者

所有意见和建议请发往:dutpgz@163.com
欢迎访问职教数字化服务平台:https://www.dutp.cn/sve/
联系电话:0411-84707492 84706104

目录

Contents

本书数字资源列表

实验操作视频列表

3D 虚拟仿真列表

课程思政视频列表

检验前准备

微课

检验前概述

小游戏

实验室学习
小游戏

食品标准

食品标准是经过一定的审批程序,在一定范围内必须共同遵守的规定,是企业进行生产、技术活动和经营管理的依据。因此,从事食品分析工作必须熟悉食品的相关标准。

根据标准性质和使用范围,食品标准可分为国际标准、国家标准、行业标准、地方标准和企业标准等。

一、国际标准

1. ISO 标准

ISO 标准是国际标准化组织(ISO)制定的国际标准。国际标准化组织是当今世界上最大、最权威的非政府性标准化机构,它是由各国标准化团体组成的世界性联合会。其宗旨是在世界范围内促进标准化工作的发展,以利于国际物资交流和互助,并扩大知识、科学、技术和经济方面的合作,其主要活动是制定国际标准。

2. CAC 标准

CAC 标准是联合国粮农组织(FAO)和世界卫生组织(WHO)共同设立的食品法典委员会(CAC)制定的食品法典,是一套食品安全和质量的国际标准、食品加工的规范和准则,旨在保护消费者的健康,促进食品的国际贸易。食品法典包括标准和残留限量、法典和指南两部分,包含了食品标准、卫生和技术规范,农药、兽药、食品添加剂评估及其残留限量制定和污染物指南在内的内容。

3. AOAC 标准

国际官方分析化学家协会(AOAC)成立于1884 年,为非营利性质的国际化行业协会。AOAC 被公认为全球分析方法校核的领导者,其宗旨在于促进分析方法及相关实验室品质保证的发展及规范化。AOAC 在方法校核方面有 100 多年的经验,并为药品、食品行业提供了大量可靠、先进的分析方法,目前已被越来越多的国家所采用,作为标准方法。

二、国内标准

根据适用的范围和审批程序,国内标准分为国家标准、行业标准、地方标准和企业标准四级;根据法律的约束性分为强制性标准和推荐性标准两类;根据标准的性质分为技术标准、管理标准和工作标准;根据标准化的对象和作用分为基础标准、产品标准、方法标准、安全标准和卫生标准。

微课

我国的食品标准

(一)标准的代号与编号

1. 国家标准的代号与编号

国家标准是全国范围内的统一技术要求,是四级标准体系中的主体,其他各级标准不得与之相抵触。国家标准由国务院标准化行政主管部门编制。强制性国家标准的代号为"GB";推荐性国家标准的代号为"GB/T"。

国家标准的编号由国家标准代号、标准发布顺序号和标准发布年代号(四位数)组成,如:

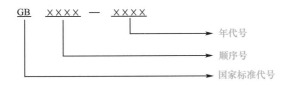

```
GB   XXXX — XXXX
                        年代号
                        顺序号
                        国家标准代号
```

2. 行业标准的代号与编号

行业标准是指对没有国家标准而又需要在全国某个行业范围内统一的技术要求所制定的标准。行业标准是对国家标准的补充,是专业性、技术性较强的标准。行业标准的制定不得与国家标准相抵触,国家标准公布实施后,相应的行业标准即行废止。

行业标准的代号由汉字拼音大写字母组成,依行业的不同而有所区别,如与食品工业相关的农业农村部发布的标准的代号为"NY"。如为推荐性标准,同样在字头后添加"/T"字样。

行业标准的编号由行业标准代号、标准发布顺序号及标准发布年代号(四位数)组成。行业标准的编号与国家标准编号的区别在代号上。

学习笔记

3. 地方标准的代号与编号

地方标准是指对没有国家标准和行业标准而又需要在省、自治区、直辖市范围内统一工业产品的安全、卫生要求所制定的标准,地方标准在本行政区域内适用,不得与国家标准和行业标准相抵触。国家标准、行业标准公布实施后,相应的地方标准即行废止。

强制性地方标准由汉字"地方标准"大写拼音字母"DB"加上省、自治区、直辖市行政区划代码的前两位数字构成。加上"/T"组成推荐性地方标准。例如,河南省强制性地方标准为"DB41",推荐性地方标准为"DB41/T"。

地方标准的编号由地方标准代号、标准发布顺序号、标准发布年代号(四位数)组成。如河南省推荐性地方标准编号表示为:DB41/T ×××—××××。

4.企业标准的代号与编号

企业标准是指企业所制定的产品标准和在企业内需要协调、统一的技术要求、管理要求和工作要求所制定的标准。企业标准是企业组织生产、经营活动的依据。对已有国家标准、行业标准或地方标准的,鼓励企业制定严于国家标准、行业标准或地方标准要求的企业标准。企业标准一经制定颁布,即对整个企业具有约束性,是企业法规性文件,没有强制性企业标准和推荐性企业标准之分。

企业标准代号由"Q"加斜线再加上企业代号组成。企业代号可用汉语拼音字母或阿拉伯数字或两者兼用组成。

企业标准的编号由企业标准代号、标准发布顺序号和标准发布年代号(四位数)三部分组成。表示为:Q/×××—××××。

对于一个标准的各个部分,其表示方法可采取在同一标准顺序号下分成若干个独立部分,每个独立部分的编号用阿拉伯数字表示,用圆点与标准顺序号分开。如:

GB 5009.11—2014 食品安全国家标准 食品中总砷及无机砷的测定

GB 5009.12—2017 食品安全国家标准 食品中铅的测定

(二)食品安全标准

根据食品安全标准制定主体的不同,可将食品安全标准分为食品安全国家标准和食品安全地方标准。《食品安全法》第二十二条规定,国务院卫生行政部门应当对现行的食用农产品质量安全标准、食品卫生标准、食品质量标准和有关食品的行业标准中强制执行的标准予以整合,统一公布为食品安全国家标准。

食品安全国家标准包括通用标准、产品标准、生产经营规范、检验方法与规程四大类。通用标准是从健康影响因素出发,按照健康影响因素的类别,制定出各种食品、食品相关产品的限量要求、使用要求或者标示要求。产品标准是从食品、食品添加剂、食品相关产品出发,按照产品的类别,制定出各种健康影响因素的限量要求、使用要求或者标示要求。检验方法与规程标准包括理化检验方法标准、微生物检验方法标准和毒理学评价程序,以及相关规程,是我国食品安全标准体系中重要的组成部分。

样品的采集、制备与预处理

一、食品样品的采集

食品检验必须按一定的程序进行,根据检测要求,应先感官后理化再微生物检验,而实际上这三个检验过程往往是由各职能检测部门分别进行的。每一类检验过程,根据其检验目的、检验要求、检验方法的不同都有其相应的检验程序。食品理化检验的一般程序为:样品的采集→样品预处理→分析检验→分析数据处理→撰写检验报告。

微课

样品的采集原则

(一)样品采集的原则

样品的采集是从大量的分析对象中抽取有代表性的一部分作为分析材料(分析样品),简称采样,也称取样、抽样、扦样等。

采样过程中必须遵循的原则是:第一,采集的样品必须具有代表性;第二,采样过程中设法保持原有的理化性状,避免预测组分发生化学变化或丢失。

在线自测

(二)采样的一般程序

采样的程序分为三步:

按照样品采集的过程,依次得到检样、原始样品和平均样品三类。

(1)检样:从组批或货批中所抽取的样品称为检样。检样的多少,按该产品标准中检验规则所规定的抽样方法和数量执行。

(2)原始样品:将许多检样综合在一起称为原始样品。原始样品的数量是根据受检食品的特点、数量和检验要求而定。

(3)平均样品:将原始样品按照规定方法混合均匀,均匀地分出一部分,称为平均样品。从平均样品中分出三份,一份用于全部项目检验,称为检验样品;一份用于对检验结果有争议或分歧时做复检用,称作复检样品;另一份作为保留样品,需封存保留一段时间(通常为1个月),以备有争议时再做验证,但易变质食品不保留。

学习笔记

(三)样品的要求

微课
样品的采集方法

(1)采样应注意样品的生产日期、批号、代表性和均匀性(掺伪食品和食物中毒样品除外)。采集的数量应能反映该食品的卫生质量和满足检验项目对样品量的需要,一式三份,供检验、复验、备查或仲裁,一般散装样品每份不少于 0.5 kg。

(2)采样容器根据检验项目,选用硬质玻璃瓶或聚乙烯制品。

(3)液体、半流体饮食品如植物油、鲜乳、酒或其他饮料,如用大桶或大罐盛装者,应先充分混匀后再采样。样品应分别盛放在三个干净的容器中。

(4)粮食及固体食品应自每批食品上、中、下三层中的不同部位分别采取部分样品,混合后按四分法对角取样,再进行几次混合,最后取有代表性样品。

(5)肉类、水产等食品应按分析项目要求分别采取不同部位的样品或混合后采样。

微课
样品的保存

(6)罐头、瓶装食品或其他小包装食品,应根据批号随机取样,同一批号取样件数,250 g 以上的包装不得少于 6 个,250 g 以下的包装不得少于 10 个。

(7)掺伪食品和食物中毒的样品采集,要具有典型性。

(8)检验后的样品保存:一般样品在检验结束后,应保留 1 个月,以备需要时复检。易变质食品不予保留,保存时应加封并尽量保持原状。检验取样一般皆指取可食部分,以所检验的样品计算。

(9)感官不合格产品不必进行理化检验,直接判为不合格产品。

二、 样品的制备

微课
样品的制备

许多食品的不同部位的组分差异很大,所以采集的样品在检验之前,必须经过制备过程,其目的是保证样品完全均匀,使其任何部分均能代表被检物料的平均组成。

样品制备的方法有振摇、搅拌、切细、粉碎、研磨或捣碎等。所用的工具有绞肉机、磨粉机、高速组织捣碎机、研钵等。

在制备过程中,应防止易挥发性成分的逸散及样品组成和理化性质的变化。

不同的食品,其试样制备方法也不同,大致可分为以下几种:

1.固体样品

可用粉碎机、匀浆机、组织捣碎机或研钵等工具将样品切细(大块样品)、粉碎(水分少、硬度大的谷类样品)、捣碎(水分高、质地软的果蔬类样品)、研磨(韧性强的肉类样品),制成均匀状态的样品,再按四分法对角缩分至所需要的样品量，一般为 0.5～1 kg。具体操作如图 1 所示：

学习笔记

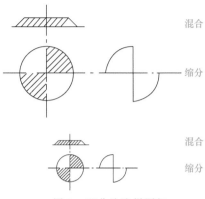

图 1　四分法取样图解

将原始样品置于一张平整的纸上，或一块洁净的玻璃板上，用洁净玻璃棒充分搅拌均匀后堆成一圆锥形，将锥顶压平，使其厚度约为 3 cm，然后等分成四份，弃去对角两份，将剩下两份按上述方法再进行混合，等分四份，重复上述操作至剩余量为所需的样品量为止。

2. 液体、浆体或悬浮液体

一般可用玻璃棒、电动搅拌器将样品搅拌均匀或直接摇匀，采取所需要的量。

3. 互不相溶的液体

应首先将互不相溶的成分分开，再分别采取。

4. 罐头类样品

水果罐头在捣碎前需清除果核；肉、鱼类罐头应预先清除骨头、调味料（葱、八角、辣椒等）再捣碎，常用工具有高速组织捣碎机等。

三、样品的预处理

食品的化学组成非常复杂，既含有蛋白质、糖、脂肪、维生素及因污染引入的有机农药等大分子的有机化合物，又含有钾、钠、钙、铁等各种无机元素。这些组分之间往往以复杂的形式结合在一起。当应用某种方法对其中某种成分的含量进行测定时，其他组分的存在常会给测定带来干扰，为了保证检测工作的顺利进行，得到准确的结果，必须在测定前排除干扰。此外，有些被测物的含量极低，如农药、黄曲霉毒素等，要准确地测出它们的含量，必须在测定前对样品进行浓缩。以上这些操作过程统称为样品预处理，它是食品检验过程中的一个重要环节，直接关系着检验结果的准确性。

微课
样品的预处理

进行样品的预处理,要根据检测对象、检测项目选择合适的方法。总的原则是:消除干扰因素,完整保留并尽可能浓缩被测组分,以获得可靠的分析结果。

样品预处理的方法主要有以下几种。

(一)有机物破坏法

有机物破坏法主要用于食品中无机元素的测定,食品中的无机盐或金属离子,常与蛋白质等有机物质结合,形成难溶、难解离的化合物,欲测定这些无机元素,需要在测定前破坏有机结合体,释放出被测组分。通常采用高温或高温加强氧化剂的条件,使有机物质分解呈气态逸散,而被测组分保留下来。有机物破坏法按操作条件不同又分为干法灰化和湿法消化两大类。

1.干法灰化

这是一种用高温灼烧的方式破坏样品中有机物的方法,除汞以外的大多数金属元素和部分非金属元素的测定均可采用此法。具体操作时将样品置于坩埚中,先在电炉上小火炭化,除去水分、黑烟后,再置于 500~600 ℃高温炉中灼烧灰化,至残灰为白色或浅灰色为止。取出残灰,冷却后用稀盐酸或稀硝酸溶解过滤,滤液定容后供测定用。

此法的优点是有机物破坏彻底、操作简便、使用试剂少、空白值较低。但操作时间较长、温度高,汞、砷、铅等挥发性元素挥散损失大。对有些元素的测定必要时可加助灰化剂。

2.湿法消化

湿法消化是在酸性溶液中,向样品中加入强氧化剂(如 H_2SO_4、HNO_3、$KMnO_4$、H_2O_2 等)并加热消化,使样品中的有机物质完全氧化、分解,呈气态逸出,待测成分转化为无机状态保留在消化液中,供测试用。此法优点是分解速度快、时间短,因加热温度比干法低,减少了金属挥发逸散的损失。但在消化过程中产生大量有害气体,需在通风橱中操作,试剂用量较大,空白值高。本法常用于某些极易挥发散失的物质,除汞之外大部分金属的测定都能得到良好的结果。

(二)蒸馏法

蒸馏法是利用被测物质中各组分挥发性的差异来进行分离的方法。蒸馏法既可用于除去干扰组分,又可以用于待测组分的蒸馏分离,收集馏出液进行分析。根据样品中待测定成分性质的不同,可采用常压蒸馏、减压蒸馏、水蒸气蒸馏等蒸馏方式。

(三)溶剂提取法

同一溶剂中,不同的物质具有不同的溶解度。利用样品各组分在某一溶剂中溶解度的差异,将各组分完全或部分分离的方法,称为溶剂提取法或萃取。溶剂提取法又分为浸提法、溶剂萃取法。

(四)化学分离法

1.磺化法和皂化法

磺化法和皂化法是处理油脂或含脂肪样品时经常使用的分离方法。例如,农药残留分析和脂溶性维生素测定中,油脂被浓硫酸磺化或被碱皂化,由憎水性变成亲水性,使油脂中需检测的非极性物质能较容易地被非极性或弱极性溶剂提取出来。

2.沉淀分离法

沉淀分离法是利用沉淀反应进行分离的方法。在样品中加入适当的沉淀剂,使被测组分沉淀下来或将干扰组分沉淀除去,从而达到分离的目的。如测定还原糖含量时,常用乙酸锌和亚铁氰化钾溶液沉淀蛋白质,来消除其对还原糖测定的干扰。

3.掩蔽法

掩蔽法是利用掩蔽剂与样液中的干扰成分作用,使干扰成分转变为不干扰测定的状态,即被掩蔽起来。运用这种方法,可以不经过分离干扰成分的操作而消除其干扰作用,简化分析步骤,因而在食品分析中应用十分广泛,常用于金属元素的测定。如二硫腙比色法测定铅时,在测定条件(pH 9)下,Cu^{2+}、Cd^{2+}等离子对测定有干扰,可加入氰化钾和柠檬酸铵进行掩蔽,消除它们的干扰。

(五)色层分离法

色层分离法又称色谱分离法,是一种在载体上进行物质分离的一系列方法的总称。根据分离原理的不同,可分为吸附色谱分离、分配色谱分离和离子交换色谱分离等。此类分离方法分离效果好,尤其对一系列有机物质的分析测定,色层分离法具有独特的优点,近年来在食品分析中的应用越来越广泛。

(六)浓缩法

食品样品经提取、净化后,有时净化液的体积较大,在测定前需进行浓缩,以提高被测成分的浓度。常用的浓缩方法有常压浓缩法和减压浓缩法两种。

分析检验中的一般规定和数据处理

《食品卫生检验方法 理化部分 总则》(GB/T 5009.1—2003)中规定了食品理化检验方法的检验基本原则和要求。

一、检验方法的一般要求

1.称取,是指用天平进行的称量操作,其准确度要求用数值的有效位数表示,如"称取20.0 g……"指称量精确至±0.1 g;"称取 20.00 g……"指称量精确至±0.01 g。

2.准确称取,是指用天平进行的称量操作,其精确度为±0.000 1 g。

3.恒量,是指在规定的条件下,连续两次干燥或灼烧后的质量之差不超过规定的范围。

微课

分析中的
一般规定

4.量取是指用量筒或烧杯量取液体物质的操作。

5.吸取是指用移液管或刻度吸管取液体物质的操作。

6.试验中所用的玻璃量器如滴定管、移液管、容量瓶、刻度吸管、比色管等所量取体积的准确度应符合国家标准对该体积玻璃量器的准确度要求。

7.空白试验是指除不加试样外,采用完全相同的分析步骤、试剂和用量(滴定法中标准滴定液的用量除外),进行平行操作所得的结果,用于扣除试样中试剂本底和计算检验方法的检出限。

在线自测

二、 检验方法的选择

1.标准方法如有两个以上检验方法时,可根据所具备的条件选择使用,以第一法为仲裁方法。

2.标准方法中根据适用范围设几个并列方法时,要依据适用范围选择适宜的方法。在 GB 5009.3—2016、GB 5009.6—2016、GB/T 5009.20—2003 中由于方法的适用范围不同,第一法与其他方法属并列关系(不是仲裁方法)。此外,未指明第一法的标准方法,与其他方法也属并列关系。

三、 试剂的要求

1.检验方法中所使用的水,未注明其他要求时,系指蒸馏水或去离子水。溶液未注明用何种溶剂配制时,均指水溶液。

2.检验方法中未指明具体浓度的盐酸、硫酸、硝酸、氨水时,均指市售试剂规格的浓度。

3.液体的滴,系指蒸馏水自标准滴管流下的一滴的量,在 20 ℃时 20 滴约相当于 1 mL。

学习笔记

4.配制溶液时所使用的试剂和溶剂的纯度应符合分析项目的要求。应根据分析任务、分析方法、对分析结果准确度的要求等选用不同等级的化学试剂。

5.试剂瓶使用硬质玻璃。一般碱液和金属溶液用聚乙烯瓶存放。需避光试剂贮存于棕色瓶中。

四、 溶液浓度的表示方法

1.标准滴定溶液浓度的表示,应符合 GB/T 601—2016 的要求。

2.几种固体试剂的混合质量份数或液体试剂的混合体积份数可表示为(1+1)、(4+2+1)等。

3.溶液的浓度可以质量分数或体积分数为基础给出,表示方法应是"质量(或体积)分数是 0.75"或"质量(或体积)分数是 75%"。

4.溶液浓度可以用质量、容量单位表示,可表示为克每升或以其适当分倍数表示(g/L 或 mg/mL)等。

5.如果溶液由另一种特定溶液稀释配制,应按照下列惯例表示:

"稀释 $V_1 \rightarrow V_2$"表示将体积为 V_1 的特定溶液以某种方式稀释,最终混合物的总体积为 V_2。

"稀释 $V_1 + V_2$"表示将体积为 V_1 的特定溶液加到体积为 V_2 的溶液中,如(1+1)、(2+5)等。

五、 检验方法中的技术参数

1.检出限

检出限是 3 倍空白值的标准偏差(测定次数 $n \geqslant 20$)相对应的质量或浓度。

2.定量限

定量限是 10 倍空白值的标准偏差(测定次数 $n \geqslant 20$)相对应的质量或浓度。

3.精密度

精密度是指同一样品的各测定值的符合程度。

(1)测定

在某一实验室,使用同一操作方法,测定同一稳定样品时,允许变化的因素有操作者、时间、试剂、仪器等,测定值之间的相对偏差即该方法在实验室内的精度。

(2)表示

①相对偏差

$$相对偏差(\%) = \frac{X_i - \overline{X}}{\overline{X}} \times 100$$

$$平行样相对偏差(\%) = \frac{|X_1 - X_2|}{\dfrac{X_1 + X_2}{2}} \times 100$$

②标准偏差

$$标准偏差 \ S = \sqrt{\frac{\sum (X_i - \overline{X})^2}{n-1}}$$

$$相对标准偏差 \ RSD(\%) = \frac{S}{\overline{X}} \times 100$$

4.准确度

准确度是指测定的平均值与真值相符的程度。

(1)测定

某一稳定样品中加入不同水平已知量的标准物质(将标准物质的量作为真值)称加标样品,

同时测定样品和加标样品,加标样品扣除样品值后与标准物质的误差即该方法的准确度。

（2）用回收率表示方法的准确度

加入的标准物质的回收率用下式计算

$$P(\%) = \frac{X_1 - X_0}{m} \times 100$$

式中　P——加入的标准物质的回收率;

　　　　m——加入的标准物质的量;

　　　　X_1——加标试样的测定值;

　　　　X_0——未加标试样的测定值。

不同含量水平对回收率的要求不同。回收率一般要求见表1。

表1　　　　　　　　　　　不同含量水平对回收率的要求

含量水平/(mg·kg^{-1})	回收率范围/%
>100	95～105
1～100	90～110
0.1～1	80～110
<0.1	60～120

5.重复性

重复性是指同一实验室,在人员、设备、方法等恒定条件下,在短时间内对同一测定对象进行独立测定的精密度。

6.再现性

再现性是指在不同实验室间,仅在方法相同的条件下对同一测定对象进行独立测定的精密度。

7.直线回归方程的计算

在绘制标准曲线时,可用直线回归方程式计算,然后根据计算结果绘制。用最小二乘法计算直线回归方程的公式如下

$$Y = a + bX$$

$$a = \frac{\sum X^2 \left(\sum Y\right) - \left(\sum X\right)\left(\sum XY\right)}{n \sum X^2 - \left(\sum X\right)^2}$$

$$b = \frac{n\left(\sum XY\right) - \left(\sum X\right)\left(\sum Y\right)}{n \sum X^2 - \left(\sum X\right)^2}$$

$$r = \frac{n\left(\sum XY\right) - \left(\sum X\right)\left(\sum Y\right)}{\sqrt{\left[n \sum X^2 - \left(\sum X\right)^2\right]\left[n \sum Y^2 - \left(\sum Y\right)^2\right]}}$$

式中　X——自变量,为横坐标上的值;

　　　　Y——应变量,为纵坐标上的值;

　　　　b——直线的斜率;

a——直线在 Y 轴上的截距；

n——测定次数；

r——回归直线的相关系数。

标准曲线的工作浓度范围应覆盖方法的定量限、限量水平和关注的浓度水平，至少有五个点（不包括空白），相关系数应不低于 0.99，试液中被测组分浓度应在标准曲线的线性范围内。

8. 灵敏度

把标准曲线回归方程中的斜率(b)作为方法灵敏度，即单位物理量的响应值。

六、数据处理

1. 有效数字

食品理化检验中直接或间接测定的量，一般都用数字表示，但它与数学中的"数"不同，它仅仅表示量度的近似值。在测定值中只保留一位可疑数字。

原始数据的每一个数字都代表一定的量及其精密度，不能任意改变其位数，记录的数据的位数必须与分析方法和仪器的测量精度相一致。同样，如果要根据分析对象和分析方法中提供的数据来选择测量仪器，所选用仪器的准确度也必须符合有效数字的要求。例如，用万分之一天平称量样品应精确到 ±0.000 1 g，用十分之一或百分之一称量样品则应精确到 0.1 g 或 0.01 g。用 25 mL 滴定管及移液管移取溶液，应精确到 0.01 mL，用 10 mL 量筒取试液则应精确到 0.1 mL。

2. 运算规则

(1)除有特殊规定外，一般可疑数表示末位 1 个单位的误差。

(2)复杂运算时，其中间过程多保留一位有效数，最后结果须取应有的位数。

(3)加减法计算的结果，其小数点以后保留的位数，应与参加运算各数中小数点后位数最少的相同。

(4)乘除法计算的结果，其有效数字保留的位数，应与参加运算各数中有效数字位数最少的相同。

(5)方法测定中按其仪器准确度确定了有效数字的位数后，先进行运算，运算后的数值再修约。

3. 数字修约规则

(1)在拟舍弃的数字中，若左边第一个数字小于 5（不包括 5），则舍去，即所拟保留的末位数字不变。

(2)在拟舍弃的数字中，若左边第一个数字大于 5（不包括 5），则进 1，即所拟保留的末位数字加 1。

(3)在拟舍弃的数字中，若左边第一位数字等于 5，其右边的数字

微课

数据处理
与结果表述

学习笔记

并非全部为 0 时,则进 1,即所拟保留的末位数字加 1。

（4）在拟舍弃的数字中,若左边第一位数字等于 5,其右边的数字皆为 0 时,所拟保留的末位数字若为奇数则进 1,若为偶数（包括"0"）则不进。

（5）所拟舍弃的数字,若为两位以上数字,不得连续进行多次修约,应根据所拟舍弃数字中左边第一个数字的大小,按上述规定一次修约出结果。

七、 分析结果的表述

1. 测定值的运算和有效数字的修约应符合 GB/T 8170—2008 的规定。

2. 报告平行样的测定值的算术平均值,并报告计算结果表示到小数点后的位数或有效位数,测定值的有效数的位数应能满足标准的要求。

3. 样品测定值的单位应使用法定计量单位。

4. 如果分析结果在方法的检出限以下,可以用"未检出"表述分析结果,但应注明检出限数值。

标准滴定溶液的制备

检验方法中某些标准滴定溶液的配制及标定应符合 GB/T 601—2016 的要求。

一、 氢氧化钠标准溶液

1. 配制

称取 110 g 氢氧化钠固体,溶于 100 mL 无二氧化碳的蒸馏水中,摇匀,注入聚乙烯容器中,密闭放置至溶液澄清。按表 2 的规定,用塑料量管量取上层清液,用无二氧化碳的水稀释至 1 000 mL,摇匀。

表 2　　　　　　　氢氧化钠标准溶液的配制

氢氧化钠标准溶液的浓度 $[c(NaOH)]/(mol \cdot L^{-1})$	氢氧化钠溶液的体积 V/mL
1	54
0.5	27
0.1	5.4

微课

标准滴定
溶液的制备

在线自测

微课

氢氧化钠标准
溶液的制备

2. 标定

按表 3 的规定称取于 105～110 ℃干燥箱中干燥至恒重的工作基准试剂邻苯二甲酸氢钾，用无二氧化碳的蒸馏水溶解，加 2 滴酚酞指示液（10 g/L），用配制好的氢氧化钠标准溶液滴定至溶液呈粉红色，并保持 30 s 不褪色。同时做空白试验。

表 3   氢氧化钠标准溶液的标定

氢氧化钠标准溶液的浓度 [$c(NaOH)$]/(mol·L^{-1})	工作基准试剂邻苯二甲酸氢钾的质量 m/g	无二氧化碳水的体积 V/mL
1	7.5	80
0.5	3.6	80
0.1	0.75	50

氢氧化钠标准溶液的浓度 $c(NaOH)$，按下式计算

$$c(NaOH) = \frac{m \times 1\ 000}{(V_1 - V_2) \times M}$$

式中　m——邻苯二甲酸氢钾质量，g；

　　　V_1——氢氧化钠溶液体积，mL；

　　　V_2——空白试验消耗氢氧化钠溶液体积，mL；

　　　M——邻苯二甲酸氢钾的摩尔质量，g/mol，$M(KHC_8H_4O_4) = 204.22$ g/mol；

　　　$1\ 000$——单位换算系数。

二、盐酸标准滴定溶液

1. 配制

按表 4 的规定量取盐酸，注入 1 000 mL 水中，摇匀。

表 4   盐酸标准滴定溶液的配制

盐酸标准滴定溶液的浓度 [$c(HCl)$]/(mol·L^{-1})	盐酸的体积 V/mL
1	90
0.5	45
0.1	9

2. 标定

按表 5 的规定称取于 270～300 ℃高温炉中灼烧至恒重的工作基准试剂无水碳酸钠，溶于 50 mL 水中，加 10 滴溴甲酚绿-甲基红指示液，用配制好的盐酸溶液滴定至溶液由绿色变为暗红色，煮沸 2 min，冷却后继续滴定，至溶液再次呈暗红色。同时做空白试验。

表 5   盐酸标准滴定溶液的标定

盐酸标准滴定溶液的浓度 [$c(HCl)$]/(mol·L^{-1})	工作基准试剂无水碳酸钠的质量 m/g
1	1.9
0.5	0.95
0.1	0.2

盐酸标准滴定溶液的浓度 $c(\mathrm{HCl})$,按下式计算

$$c(\mathrm{HCl}) = \frac{m \times 1\ 000}{(V_1 - V_2) \times M}$$

式中 m——无水碳酸钠质量,g;

V_1——盐酸溶液体积,mL;

V_2——空白试验消耗盐酸溶液体积,mL;

M——无水碳酸钠的摩尔质量,g/mol,$M(\frac{1}{2}\mathrm{Na_2CO_3}) = 52.994$ g/mol;

1 000——单位换算系数。

三、硫酸标准滴定溶液

1. 配制

按表6的规定量取硫酸,缓缓注入 1 000 mL 水中,冷却,摇匀。

表6   硫酸标准滴定溶液的配制

硫酸标准滴定溶液的浓度$[c(\frac{1}{2}\mathrm{H_2SO_4})]/(\mathrm{mol \cdot L^{-1}})$	硫酸的体积 V/mL
1	30
0.5	15
0.1	3

2. 标定

按表7的规定称取于 270~300 ℃ 高温炉中灼烧至恒重的工作基准试剂无水碳酸钠,溶于 50 mL 水中,加 10 滴溴甲酚绿-甲基红指示液,用配制好的硫酸溶液滴定至溶液由绿色变为暗红色,煮沸 2 min,加盖具钠石灰管的橡胶塞冷却,继续滴定至溶液再次呈暗红色。同时做空白试验。

表7   硫酸标准滴定溶液的标定

硫酸标准滴定溶液的浓度$[c(\frac{1}{2}\mathrm{H_2SO_4})]/(\mathrm{mol \cdot L^{-1}})$	工作基准试剂无水碳酸钠的质量 m/g
1	1.9
0.5	0.95
0.1	0.2

硫酸标准滴定溶液的浓度 $c(\frac{1}{2}\mathrm{H_2SO_4})$,按下式计算

$$c\left(\frac{1}{2}\mathrm{H_2SO_4}\right) = \frac{m \times 1\ 000}{(V_1 - V_2) \times M}$$

式中 m——无水碳酸钠质量,g;

V_1——硫酸溶液体积,mL;

V_2——空白试验消耗硫酸溶液体积,mL;

M——无水碳酸钠的摩尔质量,g/mol,$M(\frac{1}{2}\mathrm{Na_2CO_3}) = 52.994$ g/mol;

1 000——单位换算系数。

四、 重铬酸钾标准滴定溶液

$$c(\frac{1}{6}K_2Cr_2O_7) = 0.1 \text{ mol/L}$$

1. 方法一

(1) 配制

称取 5 g 重铬酸钾,溶于 1 000 mL 水中,摇匀。

(2) 标定

量取 35.00～40.00 mL 配制好的重铬酸钾溶液,置于碘量瓶中,加 2 g 碘化钾及 20 mL 硫酸溶液(20%),摇匀,于暗处放置 10 min。加 150 mL 水(15～20 ℃),用硫代硫酸钠标准滴定溶液[$c(Na_2S_2O_3) = 0.1$ mol/L]滴定,接近终点时加 2 mL 淀粉指示液(10 g/L),继续滴定至溶液由蓝色变为亮绿色。同时做空白试验。

重铬酸钾标准滴定溶液的浓度 $c(\frac{1}{6}K_2Cr_2O_7)$,按下式计算

$$c(\frac{1}{6}K_2Cr_2O_7) = \frac{(V_1 - V_2) \times c_1}{V}$$

式中　V_1——硫代硫酸钠标准滴定溶液体积,mL;

　　　V_2——空白试验消耗硫代硫酸钠标准滴定溶液体积,mL;

　　　c_1——硫代硫酸钠标准滴定溶液浓度,mol/L;

　　　V——重铬酸钾溶液准确体积,mL。

2. 方法二

称取 4.90 g±0.20 g 已于 120 ℃±2 ℃ 的干燥箱中干燥至恒重的工作基准试剂重铬酸钾,溶于水中,移入 1 000 mL 容量瓶中,稀释至刻度。

重铬酸钾标准滴定溶液的浓度 $c(\frac{1}{6}K_2Cr_2O_7)$,按下式计算

$$c(\frac{1}{6}K_2Cr_2O_7) = \frac{m \times 1\ 000}{V \times M}$$

式中　m——重铬酸钾质量,g;

　　　V——重铬酸钾溶液体积,mL;

　　　M——重铬酸钾的摩尔质量,g/mol,$M(\frac{1}{6}K_2Cr_2O_7) = 49.031$ g/mol;

　　　1 000——单位换算系数。

五、 硫代硫酸钠标准滴定溶液

$$c(Na_2S_2O_3) = 0.1 \text{ mol/L}$$

1. 配制

称取 26 g 五水合硫代硫酸钠(或 16 g 无水硫代硫酸钠),加 0.2 g 无水碳酸钠,溶于

1 000 mL 水中,缓缓煮沸 10 min,冷却。放置两周后用 4 号玻璃滤坩过滤。

2. 标定

称取 0.18 g 已于 120 ℃±2 ℃ 干燥箱中干燥至恒重的工作基准试剂重铬酸钾,置于碘量瓶中,溶于 25 mL 水中,加 2 g 碘化钾及 20 mL 硫酸溶液(20%),摇匀,于暗处放置 10 min。加 150 mL 水(15~20 ℃),用配制好的硫代硫酸钠溶液滴定,接近终点时加 2 mL 淀粉-KI 指示液(10 g/L),继续滴定至溶液由蓝色变为亮绿色。同时做空白试验。

硫代硫酸钠标准滴定溶液的浓度 $c(\mathrm{Na_2S_2O_3})$,按下式计算

$$c(\mathrm{Na_2S_2O_3}) = \frac{m \times 1\,000}{(V_1 - V_2) \times M}$$

式中 m——重铬酸钾质量,g;

   V_1——硫代硫酸钠溶液体积,mL;

   V_2——空白试验消耗硫代硫酸钠溶液体积,mL;

   M——重铬酸钾的摩尔质量,g/mol,$M(\frac{1}{6}\mathrm{K_2Cr_2O_7}) = 49.031$ g/mol;

   1 000——单位换算系数。

六、 高锰酸钾标准滴定溶液

$$c(\tfrac{1}{5}\mathrm{KMnO_4}) = 0.1\ \mathrm{mol/L}$$

1. 配制

称取 3.3 g 高锰酸钾,溶于 1 050 mL 水中,缓缓煮沸 15 min,冷却,于暗处放置两周,用已处理过的 4 号玻璃滤坩(在同样浓度的高锰酸钾溶液中缓缓煮沸 5 min)过滤。贮存于棕色瓶中。

2. 标定

称取 0.25 g 已于 105~110 ℃ 干燥箱中干燥至恒重的工作基准试剂草酸钠,溶于 100 mL 硫酸溶液(8+92)中,用配制好的高锰酸钾溶液滴定,接近终点时加热至约 65 ℃,继续滴定至溶液呈粉红色,并保持 30 s 不褪色。同时做空白试验。

高锰酸钾标准滴定溶液的浓度 $c(\tfrac{1}{5}\mathrm{KMnO_4})$,按下式计算

$$c(\tfrac{1}{5}\mathrm{KMnO_4}) = \frac{m \times 1\,000}{(V_1 - V_2) \times M}$$

式中 m——草酸钠质量,g;

   V_1——高锰酸钾溶液体积,mL;

   V_2——空白试验消耗高锰酸钾溶液体积,mL;

   M——草酸钠的摩尔质量,g/mol,$M(\frac{1}{2}\mathrm{Na_2C_2O_4}) = 66.999$ g/mol;

   1 000——单位换算系数。

七、 乙二胺四乙酸二钠(EDTA)标准滴定溶液

1. 配制

按表 8 的规定称取乙二胺四乙酸二钠,加 1 000 mL 水,加热溶解,冷却,摇匀。

表 8

乙二胺四乙酸二钠标准滴定溶液的浓度[c(EDTA)]/(mol·L^{-1})	乙二胺四乙酸二钠的质量 m/g
0.1	40
0.05	20
0.02	8

2. 标定

(1)乙二胺四乙酸二钠标准滴定溶液 c(EDTA)＝0.1 mol/L、c(EDTA)＝0.05 mol/L

按表 9 的规定称取已于 800 ℃±50 ℃的高温炉中灼烧至恒重的工作基准试剂氧化锌,用少量水湿润,加 2 mL 盐酸溶液(20％)溶解,加 100 mL 水,用氨水溶液(10％)调节溶液 pH 至 7～8,加 10 mL 氨-氯化铵缓冲溶液(pH≈10)及 5 滴铬黑 T 指示液(5 g/L),用配制好的乙二胺四乙酸二钠溶液滴定至溶液由紫色变为纯蓝色。同时做空白试验。

表 9

乙二胺四乙酸二钠标准滴定溶液的浓度[c(EDTA)]/(mol·L^{-1})	工作基准试剂氧化锌的质量 m/g
0.1	0.3
0.05	0.15

乙二胺四乙酸二钠标准滴定溶液的浓度 c(EDTA)以 mol/L 表示,按下式计算

$$c(\text{EDTA}) = \frac{m \times 1\,000}{(V_1 - V_2) \times M}$$

式中 m——氧化锌质量,g;

       V_1——乙二胺四乙酸二钠溶液体积,mL;

       V_2——空白试验消耗乙二胺四乙酸二钠溶液体积,mL;

       M——氧化锌的摩尔质量,g/mol,M(ZnO)＝81.408 g/mol;

       1 000——单位换算系数。

(2)乙二胺四乙酸二钠标准滴定溶液 c(EDTA)＝0.02 mol/L

称取 0.42 g 已于 800 ℃±50 ℃的高温炉中灼烧至恒重的工作基准试剂氧化锌,用少量水湿润,加 3 mL 盐酸溶液(20％)溶解,移入 250 mL 容量瓶中,稀释至刻度,摇匀。吸取 35.00～40.00 mL,加 70 mL 水,用氨水溶液(10％)将溶液 pH 调至 7～8,加 10 mL 氨-氯化铵缓冲溶液(pH≈10)及 5 滴铬黑 T 指示液(5 g/L),用配制好的乙二胺四乙酸二钠溶液滴定至溶液由紫色变为纯蓝色。同时做空白试验。

乙二胺四乙酸二钠标准滴定溶液的浓度 c(EDTA),按下式计算

$$c(\text{EDTA}) = \frac{m \times \dfrac{V_1}{250} \times 1\,000}{(V_2 - V_3) \times M}$$

式中 m ——氧化锌质量,g;

V_1 ——氧化锌溶液体积,mL;

V_2 ——乙二胺四乙酸二钠溶液体积,mL;

V_3 ——空白试验消耗乙二胺四乙酸二钠溶液体积,mL;

M ——氧化锌的摩尔质量,g/mol,$M(ZnO)=81.408$ g/mol;

1 000——单位换算系数。

食品检验报告单的填写

一、 原始记录单的填写

原始记录单是计算分析结果的依据,应如实记录下来,并妥善保管,以备查验。应做到如下几点:

(1)原始记录必须真实、齐全、清楚,记录方式应简单明了,可设计成一定的格式,内容包括样品来源、名称、编号、采样地点、样品处理方法、包装及保管状况、检验分析项目、采样的分析方法、检验日期、所用试剂的名称与浓度、称量记录、滴定记录、计算公式、计算结果等。原始记录单示例见表10。

表10 原始记录单示例

项目		编号		
日期				
样品		批号		
方法				
测定次数		1	2	3
样品质量/g				
滴定管初读数/mL				
滴定管终读数/mL				
消耗滴定剂的体积/mL				
滴定剂的浓度/(mol·L^{-1})				
计算公式				
被测组分质量分数/%				
平均值				

(2)原始记录单应统一编号、专用,用钢笔或圆珠笔填写,不得任意涂改、撕页、散失,有效数字位数要按分析方法的规定填写。

(3)修改错误数字时,不得涂改,而应在原数字上画一条横线表示消除,并由修改人签注。

（4）如果确认在操作过程中存在错误的检验数据，不论结果好坏，都必须舍去，并在备注中注明原因。

（5）原始记录单应统一管理，归档保存，以备查验。未经批准，不得随意向外提供。

二、检验报告

检验报告是检验工作的最终体现，是产品质量的凭证，也是产品是否合格的技术根据。因此，检验报告反映的信息和数据必须客观公正、准确可靠，决不允许弄虚作假。检验报告的内容一般包括样品名称、送检单位、生产日期及批号、取样日期、检验日期、检验项目、检验结果、报告日期、检验员签字、主管负责人签字、检验单位盖章等。

检验报告单可按规定格式设计，也可按产品特点单独设计，一般可设计成如下格式：

××××××(检验单位名称)

检验报告单

编号：

送检单位		样品名称	
生产单位		检验依据	
生产日期		产品批号	
送检日期		检验日期	
检验项目			
检验结果：			
结论：			
技术负责人：　　　　　　复核人：　　　　　　检验人： 备注:(1)×××××× 　　　(2)×××××× 　　　　　　　　　　　　　　　　　　　　年　　月　　日			

填写检验报告单应做到如下几点：

（1）检验报告单应由考核合格的检验技术人员填报。进修及代培人员不得独自报出检验结果，必须有指导人员或室负责人的同意和签字，检验结果才能生效。

（2）检验结果必须经第二者复核无误后方可填写检验报告单。检验报告单上应有检验人员、复核人员及室负责人的签字。

（3）检验报告单一式两份，其中一份提供给服务对象，另一份留存备查。检验报告单经签字和盖章后即可报出，但如果遇到检验不合格或样品不符合要求等情况，应交给技术人员审查签字后才能报出。

项目一
食品的物理检验法

项目描述

　　物理检验法是根据食品的相对密度、折光率、旋光度等物理常数与食品的组成及含量之间的关系进行检验的一类方法。物理检验法是食品分析及食品工业生产中常用的检测方法之一。

　　在学习本项目的过程中,通过查阅相关的食品标准,利用现有工作条件,完成给定食品的相对密度、折光率的测定,填写检验报告。

微课

食品的物理
检验法概述

任务一 相对密度的测定

 任务目标

1. 能查阅并解读相对密度测定的相关标准;
2. 能规范地使用密度计;
3. 能如实填写原始数据,规范填写检验报告;
4. 培养诚实守信的职业操守和实事求是的职业态度。

 任务背景

牛乳的相对密度与其中的乳脂肪、总乳固体含量有关,如脱脂乳的相对密度会上升,掺水乳相对密度会降低。因此,测定生乳的相对密度,能够快速判定生乳质量。小明是一食品检测中心的质检员,最近接到了检验一批生乳相对密度的任务。

 任务描述

生乳是从符合国家有关要求的健康奶畜乳房中挤出的无任何成分改变的常乳。产犊后七天的初乳、应用抗生素期间和休药期间的乳汁、变质乳不应用作生乳。

生乳的相对密度是指生乳在 20 ℃时单位体积的质量与 4 ℃时同体积水的质量之比,即用 20 ℃/4 ℃的乳稠计测定的数值。生乳的相对密度与其脂肪含量、总乳固体含量等因素有关。

微课

密度的相关知识

任务分析

通过查阅《食品安全国家标准 食品相对密度的测定》(GB 5009.2—2016),制定检验流程并实施,然后根据《食品安全国家标准 生乳》(GB 19301—2010)评价生乳样品的相对密度是否符合要求。

相关知识

一、 概念

1. 密度

密度是指在一定温度下,单位体积物质的质量,以符号 ρ 表示,其单位为 g/mL。

学习笔记

2.相对密度

相对密度是指某一温度下物质的质量与同体积某一温度下水的质量之比,以符号 $d_{t_2}^{t_1}$ 表示。液体的相对密度指液体在 20 ℃ 的质量与同体积的水在 4 ℃ 时的质量之比,以符号 d_4^{20} 表示。实际工作中,用密度计或密度瓶测定溶液的相对密度时,通常在同温度下测定较为方便,测定温度通常为 20 ℃,即测得 d_{20}^{20}。它们之间的关系为

$$d_4^{20} = d_{20}^{20} \times 0.998\ 230$$

式中　0.998 230——20 ℃ 水对 4 ℃ 水的相对密度。

二、　测定相对密度的意义

相对密度是物质重要的物理常数,各种液态食品都有一定的相对密度,当其组成成分及浓度发生改变时,其相对密度也发生改变,故测定液态食品的相对密度可以检验食品的纯度和浓度。例如,全脂牛乳的相对密度为 1.028～1.032 g/mL。

三、　液态食品相对密度的测定方法

微课

密度瓶法

参照《食品安全国家标准 食品相对密度的测定》(GB 5009.2—2016),液体试样相对密度的测定方法有密度瓶法、天平法和比重计法,下面介绍密度瓶法和比重计法。

(一)密度瓶法

1.测定原理

在 20 ℃ 时分别测定充满同一密度瓶的水及试样的质量,由水的质量可确定密度瓶的容积即试样的体积,根据试样的质量及体积可计算试样的密度,试样密度与水密度比值为试样相对密度。

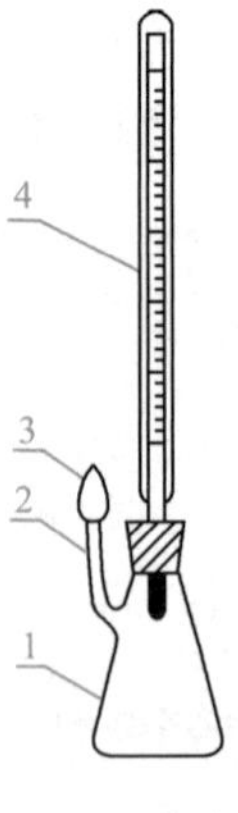

2.仪器和设备

(1)密度瓶:精密密度瓶,如图 1-1-1 所示。

(2)恒温水浴锅。

(3)分析天平。

3.分析步骤

取洁净、干燥、恒重、准确称量的密度瓶,装满试样后,置于 20 ℃ 水浴中浸 0.5 h,使内容物的温度达到 20 ℃,盖上瓶盖,并用细滤纸条吸

图 1-1-1　密度瓶

1—密度瓶;2—支管标线;3—支管上小帽;4—附温度计的瓶盖

去支管标线上的试样,盖好小帽后取出,用滤纸将密度瓶外擦干,置于天平室内 0.5 h,称量。再将试样倾出,洗净密度瓶,装满水,以下按上述"置于 20 ℃水浴中浸 0.5 h,使内容物的温度达到 20 ℃,盖上瓶盖,并用细滤纸条吸去支管标线上的试样,盖好小帽后取出,用滤纸将密度瓶外擦干,置于天平室内 0.5 h,称量"方法操作。密度瓶内不应有气泡,天平室内温度保持 20 ℃恒温条件,否则不应使用此方法。

4.分析结果的表述

试样在 20 ℃时的相对密度按下式计算

$$d=\frac{m_2-m_0}{m_1-m_0}$$

式中　d——液体试样在 20 ℃时的相对密度;

　　　m_0——密度瓶的质量,g;

　　　m_1——密度瓶加水的质量,g;

　　　m_2——密度瓶加液体试样的质量,g。

计算结果表示到称量天平的精度的有效数位(精确到 0.001)。

5.精密度

在重复性条件下获得的两次独立测定结果的绝对差值不得超过算术平均值的 5%。

6.注释说明

(1)液体必须装满密度瓶,瓶内不得有气泡。

(2)恒温时要注意及时用小滤纸条吸去溢出的液体,不能让液体溢出到瓶壁上。

(3)拿取恒温后的密度瓶时,不得用手直接接触其球部,应戴隔热手套或用工具拿取。天平室内温度保持 20 ℃恒温条件,避免液体受热膨胀流出。

(4)水浴中的水必须清洁无油污,防止污染瓶外壁。

(5)擦干密度瓶外壁时小心吸干,不能用力擦,以免温度上升。

(二)比重计法

1.测定原理

比重计利用了阿基米德原理。测定时将待测液体倒入一个较高的容器,再将比重计放入液体中,比重计下沉到一定高度后呈漂浮状态,此时液面的位置在玻璃管上所对应的刻度就是该液体的密度。测得试样和水的密度的比值即相对密度。

2.仪器和设备

比重计:上部细管中有刻度标签,表示密度读数。

做有诚信的检测人

比重计法

3. 分析步骤

将比重计洗净擦干,缓缓放入盛有待测液体试样的适当量筒中,勿使其碰及容器四周及底部,保持试样温度在 20 ℃,待其静止后,再轻轻按下少许,然后待其自然上升,静置至无气泡冒出后,从水平位置观察与液面相交处的刻度,即试样的密度。分别测量试样和水的密度,两者比值即试样相对密度。

4. 精密度

在重复性条件下获得的两次独立测定结果的绝对差值不得超过算术平均值的 5%。

5. 注释说明

比重计也叫密度计(图 1-1-2),是根据阿基米德定律制成的。密度计的刻度是利用各种不同密度的液体标度的。所以从密度计上的刻度就可以直接读取相对应的数值或某种溶质的百分含量。食品工业中常用的密度计按其标度方法的不同,可分为普通密度计、糖锤度计、乳稠计、酒精计、波美计等。

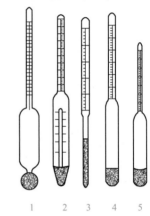

图 1-1-2 各种密度计
1—糖锤度计;2—附有温度计的糖锤度计;
3—乳稠计;4—波美计;5—酒精计

(1)普通密度计

普通密度计是以 20 ℃ 时的相对密度值为刻度,通常由几支刻度范围不同的密度计组成一套。刻度值小于 1(0.700~1.000)的称为轻表,用于测定比水轻的液体;刻度值大于 1(1.000~2.000)的称为重表,用于测定比水重的液体。

(2)糖锤度计

糖锤度计是专用于测定糖液浓度的密度计,是以蔗糖溶液中蔗糖的质量分数为刻度的,以 °Bx 表示。其标度方法是以 20 ℃ 为标准温度,在蒸馏水中为 0 °Bx,在 1% 蔗糖溶液中为 1 °Bx,在 2% 蔗糖溶液中为 2 °Bx,依此类推。糖锤度计的刻度范围有多种,常用的有 0~6 °Bx,5~11 °Bx,10~16 °Bx,15~21 °Bx 等。

若实测温度不是标准温度 20 ℃,则应进行温度校正。当测定温度高于 20 ℃ 时,因糖液体积膨胀导致相对密度减小,即锤度降低,故应加上相应的温度校正值,反之,则应减去相应的温度校正值(见附录表 1)。

(3)乳稠计

乳稠计是专用于测定生乳相对密度的密度计,测量相对密度的范围为 1.015~1.045。刻度是将相对密度值减去 1.000 后再乘以 1 000,以"度"来表示,符号为"°",刻度范围即为 15°~45°。乳稠计按其标度方法不同分为两种:一种是按 20°/4° 标定的,另一种是按 15°/15° 标定的。两者的关系是:后者读数是前者读数加 0.002,即 $d_{15}^{15} = d_4^{20} + 0.002$。

使用乳稠计时,若测定温度不是标准温度,应将读数校正为标准温度下的读数。对于 20°/4° 乳稠计,在 10~25 ℃ 范围内,温度每升高 1 ℃,乳稠计读数平均下降 0.2°,即相当于相对密度值平均减小 0.000 2。故当乳温高于标准温度 20 ℃ 时,温度每升高 1 ℃ 应在得出的乳稠计读数上加 0.2°;乳温低于 20 ℃ 时,温度每降低 1 ℃ 乳稠计读数应减去 0.2°。

(4)酒精计

酒精计是用来测量乙醇浓度的密度计,用已知浓度的乙醇溶液来标定刻度。其刻度的标定方法是以 20 ℃为标准温度,在蒸馏水中为 0,在 1%(体积分数)的乙醇溶液中为 1,即 100 mL 乙醇溶液中含乙醇 1 mL,故可以从酒精计上直接读出乙醇溶液的体积分数。

(5)波美计

波美计是以波美度(°Bé)来表示液体浓度大小的。按标度方法的不同分为多种类型,常用的波美计的标度方法是以 20 ℃为标准温度,在蒸馏水中为 0 °Bé,在 15% NaCl 溶液中为 15 °Bé,在浓 H_2SO_4(相对密度为 1.842 7)中为 66 °Bé,其余刻度等距离划分。波美计亦有轻表和重表之分,分别用于测定相对密度小于 1 和大于 1 的液体。波美度与相对密度之间存在着下列关系

$$轻表:°Bé=\frac{145}{d_{20}^{20}}-145 \ 或 \ d_{20}^{20}=\frac{145}{145+°Bé}$$

$$重表:°Bé=145-\frac{145}{d_{20}^{20}} \ 或 \ d_{20}^{20}=\frac{145}{145-°Bé}$$

 任务准备

通过对标准的解读,将测定生乳相对密度所需的仪器和设备记入表 1-1-1。

表 1-1-1　　　　　　　　　　　　　　　所需仪器和设备

序号	名称	规格
1	乳稠计	20 ℃/4 ℃
2	玻璃圆筒或量筒	玻璃圆筒:高度应大于比重计的长度,其直径大小应使在沉入密度计时其周边和圆筒内壁的距离不小于 5 mm 量筒:200～250 mL
3	温度计	0～100 ℃

 任务实施

操作视频

生乳相对密度的测定

一、　**操作要点(表 1-1-2)**

表 1-1-2　　　　　　　　　　　操作要点

序号	内容	操作方法	操作提示	评价标准
1	加注乳样并测温	取混匀并调节温度为 10～25 ℃的试样,缓缓倒入量筒内,勿使其产生气泡并测量试样温度	1.量筒的选择要根据乳稠计的长度确定 2.量筒应放在水平台面上 3.向量筒倒入生乳时要防止产生气泡	• 试样混合均匀 • 量筒长度合适 • 正确向量筒加入乳样 • 温度测量正确
2	放入乳稠计	小心将乳稠计放入试样到相当刻度 30°处,然后让其自然浮动,但切勿与筒内壁接触	放入乳稠计时应缓慢、轻放,切记勿使乳稠计碰及量筒底,也不要让乳稠计因下沉过快,而将上部沾湿太多	• 乳稠计刻度选择适宜 • 乳稠计使用方法正确

（续表）

序号	内容	操作方法	操作提示	评价标准
3	读数	静置 2～3 min,眼睛平视生乳液面的高度,读取数值	生乳温度不是 20 ℃时要校正。在 10～25 ℃范围内,当乳温高于 20 ℃时,每升高 1 ℃,要在读数上加 0.2°;当乳温低于 20 ℃时,每降低 1 ℃,应减去 0.2°	• 正确读数 • 温度校正正确

二、数据记录及处理(表 1-1-3)

表 1-1-3　　　　　　　　　　　生乳相对密度测定数据

基本信息	样品名称		样品编号	
	检测项目		检测日期	
	检测依据		检测方法	
记录数据	样品编号		1	2
	实测试样的度数/°			
	测量时试样的温度 t/℃			
	校正后度数/°			
数据处理	计算公式			
	生乳的相对密度 d			
结果评判	精密度评判			
	$\overline{d}$			
	生乳的相对密度评判依据			
	生乳的相对密度评判结果			
检验结论				

三、问题探究

1.实验室有大小规格不同的量筒 5 个,小明该如何选择?

量筒高应大于乳稠计的长度,其直径大小应使乳稠计沉入后,量筒内壁与乳稠计的周边距离不小于 5 mm。

2.放入乳稠计静置 2～3 min 后,小明该如何准确读数?

双眼对准筒内乳液表面的高度,取凹液面的上缘,读出乳稠计示值。由于牛乳表面与乳稠计接触处形成新月形,此新月形表面的顶点处乳稠计标尺的高度,即密度的数值。

任务总结

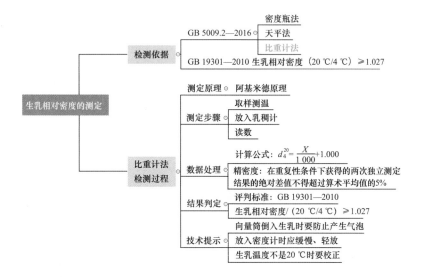

任务评价

生乳相对密度测定评价见表 1-1-4。

表 1-1-4　　　　　　　　　　　　生乳相对密度测定评价

评价类别	项目	要求	互评	师评
专业能力 (60%)	方案(10%)	正确选用标准(5%)		
		所设计实验方案可行性强(5%)		
	实施(30%)	样品混合均匀,没有气泡(5%)		
		量筒大小合适(5%)		
		轻按后稳定再读数(5%)		
		正确读数(10%)		
		正确进行温度校正(5%)		
	结果(20%)	原始数据记录准确、美观(5%)		
		公式正确,计算过程正确(5%)		
		正确保留有效数字(5%)		
		精密度符合要求(5%)		
职业素养 (40%)	解决问题(5%)	及时发现问题并提出解决方案(5%)		
	团队协作(10%)	小组成员合作良好,对小组有贡献(10%)		
	职业规范(10%)	着装规范(5%)		
		节约意识(5%)		
	职业道德(5%)	诚信意识(5%)		
	职业精神(10%)	责任意识(5%)		
		严谨求实、精益求精的科学态度(5%)		
合计				

任务拓展

依据1＋X粮农食品安全评价及食品检验管理职业技能等级标准要求,针对液体相对密度的测定,课外应加强以下方面的学习和训练。

1.通过学习乳稠计测定生乳的相对密度,延伸至学习普通密度计、波美计、酒精计、糖锤度计等测定液体相对密度的方法,达到举一反三的目的。

2.以比重计法测定液体相对密度的学习为主,通过查阅相关资料了解密度瓶、相对密度天平测定液体相对密度的方法。

3.根据测定液体相对密度的环境条件,强化相对密度的温度校正方法。

在线自测

任务巩固

试将测定生乳相对密度的流程补充完整

测定密度时应注意取样时将生乳搅拌_____,往量筒中倒入生乳时要防止生成_____,防止乳稠计与_____接触,静置_____分钟读数,读新月形表面的_____处乳稠计标尺的高度。

任务二 折光率的测定

任务目标

1.能查阅并解读可溶性固形物含量测定的相关标准;
2.能运用阿贝折光计测定饮料的可溶性固形物含量;
3.能如实填写原始数据,规范填写检验报告;
4.培养爱岗敬业的职业精神,强化责任担当意识。

任务背景

学习笔记

通常饮料的可溶性固形物为白砂糖带入,故测定折光率可以确定饮料的含糖量。小明最近接到了检验某品牌饮料中可溶性固形物含量的任务。

任务描述

可溶性固形物是指液体或流体食品中所有溶于水的化合物的总称,主要指可溶性糖类物质或其他可溶物质。

饮料中可溶性固形物含量与折光率在一定条件下成正比,所以常常通过测定饮料的折光率,来求得饮料中可溶性固形物的含量。

通过查阅《饮料通用分析方法》(GB/T 12143—2008)和折光计使用说明书,制定检验流程并实施,最终给出样品中可溶性固形物的含量。

相关知识

一、　折光率的定义

光线从一种介质(如空气)射到另一种介质(如水)时,除了一部分光线反射回第一种介质外,另一部分进入第二种介质中并改变它的传播方向,这种现象叫光的折射。对某种介质来说,入射角正弦与折射角正弦之比恒为定值,此值称为该介质的折光率。

折光率是物质的特征常数之一,每种均匀液体物质都有其固定的折光率。折光率的大小取决于入射光的波长、介质的温度和溶液的浓度。

微课

折光率相关知识

二、　测定折光率的意义

对于同一物质溶液来说,其折光率的大小与其浓度成正比。因此,通过测定折光率可以鉴别食品的组成,确定食品的纯度、浓度及判断其品质。

(1)蔗糖溶液的折光率随浓度增大而增大,饮料、糖水罐头等食品通过测定折光率可确定其糖度。

(2)油脂由多种脂肪酸构成,每种脂肪酸均有特定的折光率。含碳原子数目相同时,不饱和脂肪酸的折光率比饱和脂肪酸的折光率大;不饱和脂肪酸随相对分子质量的增大,折光率也增大;酸度高的油脂折光率较低。因此,测定折光率可以鉴别油脂的组成和品质。

(3)牛乳乳清的折光率正常范围为 1.341 99～1.342 75,当含有牛乳乳清的食品因掺杂水分、浓度改变或品种改变等而引起食品的品质发生变化时,折光率也常常会发生变化。所以测定折光率可以初步判断该类食品是否正常,比如牛乳掺水后其乳清折光率降低,故测定牛乳乳清的折光率可以了解乳糖的含量,判断牛乳是否掺水。

(4)对于番茄酱、果酱等食品,也可先通过测定折光率的方法测得可溶性固形物含量,然后查表获得其总固形物的含量来反映食品品质。

微课

折光计

三、　常用的折光计

测定物质折光率的仪器称为折光计,其种类很多,食品工业中最常用的是阿贝折光计和手持式折光计。

恩斯特·卡尔·阿贝

（一）阿贝折光计

1.阿贝折光计的结构及原理

图 1-2-1 是一种典型的阿贝折光计的结构,图 1-2-2 是它的实物。其中心部件是由两块直角棱镜组成的棱镜组,下面一块是可以启闭的辅助棱镜,其斜面是磨砂的,液体试样夹在辅助棱镜与测量棱镜之间,展开成一薄层。光由光源经反射镜反射至辅助棱镜,磨砂的斜面发生漫射,因此从液体试样层进入测量棱镜的光线各个方向都有,从测量棱镜的直角边上方可观察到临界折射现象。转动棱镜组转轴的手柄,调节棱镜组的角度,使分界线正好落在测量望远镜视野的十字线交点上。由于刻度盘与棱镜组的转轴是同轴的,因此与试样折光率相对应的临界角位置能通过刻度盘反映出来。为使用方便,阿贝折光计光源采用日光而不用单色光。但日光通过棱镜时由于其不同波长的光的折光率不同,因而产生色散,使分界线模糊。为此在测量望远镜的镜筒下面设计了一套消色散棱镜,旋转消色调节旋钮,就可以使色散现象消除。

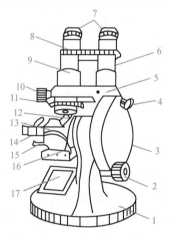

图 1-2-1 　阿贝折光计的结构

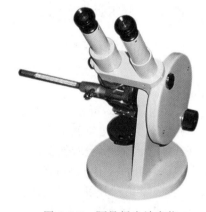

图 1-2-2 　阿贝折光计实物

1—底座;	2—棱镜调节旋钮;	3—圆盘组(内有刻度盘);
4—小反光镜;	5—支架;	6—读数镜筒;	7—目镜;
8—观测镜筒;	9—分界线调节螺丝;	10—消色调节旋钮;
11—色散刻度尺;	12—棱镜锁紧扳手;	13—棱镜组;
14—温度计插座;	15—恒温计接头;	16—主轴;	17—反光镜

2.使用方法

（1）准备

将阿贝折光计安放在光亮处,但应避免阳光的直接照射,以免液体试样受热迅速蒸发。用乳胶管把测量棱镜和辅助棱镜上保温套的进出水口与恒温槽串接起来,装上温度计,恒温温度以折光计上温度计读数为准。

学习笔记

（2）校正

折光计通常以测定蒸馏水折光率的方法进行校正。在 20 ℃ 条件下折光计应表示出折光率为 1.333 0 或可溶性固形物为 0。若校正时温度不在 20 ℃，应查出该温度下蒸馏水的折光率再进行校准。对于高出刻度值部分，应用具有一定折光率的标准玻璃块（仪器配件）校正。其校正方法是打开进光棱镜，在标准玻璃块的抛光面上滴一滴溴化萘，将其粘在折光棱镜表面，使标准玻璃块抛光的一端向下，以接收光线，测得的折光率应与标准玻璃块的折光率一致。校正时若有偏差，可先使读数指示于蒸馏水或标准玻璃块的折光率值，再调节分界线调节螺丝，使明暗分界线恰好通过十字线交点。

（3）试样测量

a.以脱脂棉球蘸取乙醇擦净棱镜表面，待乙醇挥发后，用末端熔圆的玻璃棒蘸取试液 1～2 滴，滴于进光棱镜磨砂面上。迅速闭合两块棱镜，静置 1 min，调节反光镜，使镜筒内视野最亮。

b.用目镜观察，转动棱镜调节旋钮，使视野分为明暗两部分。

c.旋转消色调节旋钮，使视野中只有黑白两种颜色。

d.旋转棱镜调节旋钮，使明暗分界线在十字线交点上，如图 1-2-3 所示。

（a）未调节右边旋钮前在右边目镜看到的图像，此时颜色是散的　　（b）调节右边旋钮直到出现明显的分界线为止　　（c）调节左边旋钮使分界线经过交点为止，并在左边目镜中读数

图 1-2-3　调节过程中在观测镜筒看到的图像颜色变化

e.从读数镜筒中读取折光率或质量分数。

f.记录测定样液时的温度，查表进行校正。

g.打开棱镜，用水、乙醇或乙醚擦净棱镜表面及其他各机件。在测定水溶性样品后，水洗后用脱脂棉吸干水分，若为油性样品，必须用乙醇、乙醚或二甲苯等擦拭。

（二）手持式折光计

手持式折光计是一种常用于测量蔗糖浓度的专用折光计。手持式折光计由检测棱镜、盖板及观测镜筒和外套组成，如图 1-2-4 所示。手持式折光计测定范围通常为 0～90%，其刻度标准温度为 20 ℃，若测量时为非标准温度，则需进行温度校正。该仪器操作简单、便于携带，常用于生产现场检验。

微课

手持折光计的使用

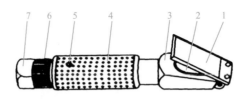

图 1-2-4　手持式折光计

1—盖板；2—检测棱镜；3—棱镜座；4—观测镜筒和外套；

5—调节螺丝；6—视度调节圈；7—目镜

任务准备

通过对标准的解读,将测定饮料中可溶性固形物所需仪器和设备记入表 1-2-1。

表 1-2-1　　　　　　　　　　　　所需仪器和设备

序号	名称	规格
1	阿贝折光计或其他折光计	测量范围为 0～80%,精确度为 ±0.1%
2	组织捣碎机	

任务实施

操作视频

饮料中可溶性
固形物的测定

一、　操作要点(表 1-2-2)

表 1-2-2　　　　　　　　　　　　操作要点

序号	内容	操作方法	操作提示	评价标准
1	制样	将待测样品置于组织捣碎机中捣碎,用四层纱布挤出滤液,弃去最初几滴,收集滤液供测试用	要弃去初滤液	• 正确捣碎、移取试样 • 四层纱布过滤,过滤操作规范 • 弃去初滤液 • 试液均匀
2	阿贝折光计校正	打开进光棱镜,在标准玻璃块的抛光面上滴一滴溴化萘,将其粘在折射棱镜表面,使标准玻璃块抛光的一端向下,以接收光线,测得的折光率应与标准玻璃块的折光率一致。校正时若有偏差,可先使读数指示于标准玻璃块的折光率值,再调节分界线调节螺丝,使明暗分界线恰好通过十字线交点	通常用测定蒸馏水折光率的方法进行校正。在 20 ℃ 条件下折光计应表示出折光率为 1.333 0 或可溶性固形物为 0。若校正时温度不在 20 ℃,应查出该温度下蒸馏水的折光率再进行校正。对于折光率读数较高的折光计,通常是用具有一定折光率的标准玻璃块来校正	• 设置 15～25 ℃ 温度环境 • 清洁棱镜面 • 棱镜调节正确 • 色散棱镜调节正确 • 读数正确

（续表）

序号	内容	操作方法	操作提示	评价标准
3	加样	分开折光计两面棱镜,用脱脂棉蘸乙醇擦净棱镜表面。待乙醇挥发后,用末端熔圆的玻璃棒蘸取试液 1~2 滴,滴于进光棱镜磨砂面上。迅速闭合两块棱镜,静置 1 min,调节反光镜,使镜筒内视野最亮	1.勿使玻璃棒触及镜面 2.对颜色较深的样品宜用反射光进行测定,以减少误差。方法是调整反光镜,使光线从折射棱镜的侧孔进入	• 试液滴加量合适 • 滴管不碰触棱镜面 • 动作要迅速
4	调光	对准光源,通过目镜观察接物镜。旋转棱镜调节旋钮,使视野分成明暗两部分,再旋转消色调节旋钮,使明暗界限清晰,并使其分界线恰好在十字线交点上	读数时,有时在目镜中观察不到清晰的明暗分界线,而是畸形的,这是由于棱镜间未充满液体。若出现弧形光环,则可能是由于光线未经过棱镜而直接照射到聚光透镜上	• 调节反光镜对光 • 视野调整清晰无色散
5	读数	读取目镜视野中的质量分数或折光率。记录测定样液时的温度,查表进行校正	折光计上的刻度是在标准温度 20 ℃ 下刻制的,如测定温度不是 20 ℃,应对测定结果进行温度校正。当测定温度高于 20 ℃ 时应加上校正数;低于 20 ℃ 时则减去校正数	• 准确读数 • 正确测定样液温度 • 正确进行温度校正
6	结束工作	打开棱镜,用水、乙醇或乙醚擦净棱镜表面及其他各机件	在测定水溶性样品后,水洗后要用脱脂棉吸干水分,若为油性样品,必须用乙醇、乙醚或二甲苯等擦拭	• 擦净镜面 • 仪器装盒

二、数据记录及处理(表1-2-3)

表 1-2-3　　　　　饮料中可溶性固形物测定数据

基本信息	样品名称		样品编号	
	检测项目		检测日期	
	检测依据		检测方法	
记录数据	样品编号		1	2
	可溶性固形物读数/%			
	样液温度 t/℃			
	20 ℃时可溶性固形物含量/%			
结果评判	精密度评判			
	20 ℃可溶性固形物含量平均值/%			
检验结论				

三、问题探究

1. 在使用阿贝折光计测定饮料的折光率时,加样过程中小明发现棱镜表面不洁净,他该如何处理?

若棱镜表面不清洁,可滴加少量乙醇,用擦镜纸顺一个方向轻擦镜面,不可来回擦。待镜面洗净干燥后,滴1~2滴样液于进光棱镜磨砂面上,迅速闭合两块棱镜。

2. 小明作为一名新手,第一次使用折光计,该如何读取折光率数值?

转动棱镜调节旋钮,在目镜中观察明暗分界线上下移动,旋转消色调节旋钮,使视野中只有黑白两种颜色。旋转棱镜调节旋钮,当视场中黑白分界线在十字线交点时,观察读数镜筒视场所指示刻度值,如目镜读数标尺刻度为百分数,即可溶性固形物的百分含量。为了使读数准确,GB/T 12143—2008中要求同一样品测定两次,然后取平均值。如图1-2-5所示。

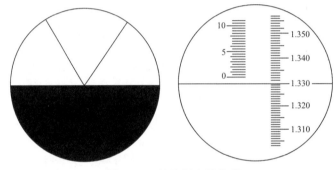

图 1-2-5　读取折光计数据

3. 小明测定饮料中固形物含量时,目镜读数标尺为折光率,该如何换算为可溶性固形物含量(%)?

先把测定温度下的折光率校正为20 ℃时的折光率,然后按表1-2-4换算为可溶性固形物含量(%)。

表 1-2-4　　　　　20 ℃时折光率与可溶性固形物含量换算

折光率	可溶性固形物/%	折光率	可溶性固形物/%	折光率	可溶性固形物/%	折光率	可溶性固形物/%	折光率	可溶性固形物/%	折光率	可溶性固形物/%
1.333 0	0.0	1.354 9	14.5	1.379 3	29.0	1.406 6	43.5	1.437 3	58.0	1.471 3	72.5
1.333 7	0.5	1.355 7	15.0	1.380 2	29.5	1.407 6	44.0	1.438 5	58.5	1.472 7	73.0
1.334 4	1.0	1.356 5	15.5	1.381 1	30.0	1.408 6	44.5	1.439 6	59.0	1.473 5	73.5
1.335 1	1.5	1.357 3	16.0	1.382 0	30.5	1.409 6	45.0	1.440 7	59.5	1.474 9	74.0
1.335 9	2.0	1.358 2	16.5	1.382 9	31.0	1.410 7	45.5	1.441 8	60.0	1.476 2	74.5
1.336 7	2.5	1.359 0	17.0	1.383 8	31.5	1.411 7	46.0	1.442 9	60.5	1.477 4	75.0
1.337 3	3.0	1.359 8	17.5	1.384 7	32.0	1.412 7	46.5	1.444 1	61.0	1.478 7	75.5
1.338 1	3.5	1.360 6	18.0	1.385 6	32.5	1.413 7	47.0	1.445 3	61.5	1.479 9	76.0
1.338 8	4.0	1.361 4	18.5	1.386 5	33.0	1.414 7	47.5	1.446 4	62.0	1.481 2	76.5

折光率	可溶性固形物/%	折光率	可溶性固形物/%	折光率	可溶性固形物/%	折光率	可溶性固形物/%	折光率	可溶性固形物/%	折光率	可溶性固形物/%
1.339 5	4.5	1.362 2	19.0	1.387 4	33.5	1.415 8	48.0	1.447 5	62.5	1.482 5	77.0
1.340 3	5.0	1.363 1	19.5	1.388 3	34.0	1.416 9	48.5	1.448 6	63.0	1.483 8	77.5
1.341 1	5.5	1.363 9	20.0	1.389 3	34.5	1.417 9	49.0	1.449 7	63.5	1.485 0	78.0
1.341 8	6.0	1.364 7	20.5	1.390 2	35.0	1.418 9	49.5	1.450 9	64.0	1.486 3	78.5
1.342 5	6.5	1.365 5	21.0	1.391 1	35.5	1.420 0	50.0	1.452 1	64.5	1.487 6	79.0
1.343 3	7.0	1.366 3	21.5	1.392 0	36.0	1.421 1	50.5	1.453 2	65.0	1.488 8	79.5
1.344 1	7.5	1.367 2	22.0	1.392 9	36.5	1.422 1	51.0	1.454 4	65.5	1.490 1	80.0
1.344 8	8.0	1.368 1	22.5	1.393 9	37.0	1.423 1	51.5	1.455 5	66.0	1.491 4	80.5
1.345 6	8.5	1.368 9	23.0	1.394 9	37.5	1.424 2	52.0	1.457 0	66.5	1.492 7	81.0
1.346 4	9.0	1.369 8	23.5	1.395 8	38.0	1.425 2	52.5	1.458 1	67.0	1.494 1	81.5
1.347 1	9.5	1.370 6	24.0	1.396 8	38.5	1.426 4	53.0	1.459 3	67.5	1.495 4	82.0
1.347 9	10.0	1.371 5	24.5	1.397 7	39.0	1.427 5	53.5	1.460 5	68.0	1.496 7	82.5
1.348 7	10.5	1.372 2	25.0	1.398 7	39.5	1.428 5	54.0	1.461 6	68.5	1.498 0	83.0
1.349 4	11.0	1.373 1	25.5	1.399 7	40.0	1.429 6	54.5	1.462 8	69.0	1.499 3	83.5
1.350 2	11.5	1.374 0	26.0	1.400 7	40.5	1.430 7	55.0	1.463 9	69.5	1.500 7	84.0
1.351 0	12.0	1.374 9	26.5	1.401 6	41.0	1.431 8	55.5	1.465 1	70.0	1.502 0	84.5
1.351 8	12.5	1.375 8	27.0	1.402 6	41.5	1.432 9	56.0	1.466 3	70.5	1.503 3	85.0
1.352 6	13.0	1.376 7	27.5	1.403 6	42.0	1.434 0	56.5	1.467 6	71.0		
1.353 3	13.5	1.377 5	28.0	1.404 6	42.5	1.435 1	57.0	1.468 8	71.5		
1.354 1	14.0	1.378 1	28.5	1.405 6	43.0	1.436 2	57.5	1.470 0	72.0		

4.如何将测定温度下的可溶性固形物含量换算为 20 ℃时可溶性固形物含量？

如测定温度不是 20 ℃,应对测定结果进行温度校正。按表 1-2-5 换算为 20 ℃时可溶性固形物含量(%)。其中测定温度高于 20 ℃时应加上校正值,低于 20 ℃时则减去校正值。

表 1-2-5 　　　　　　　　　　　20 ℃时可溶性固形物含量对温度的校正

温度/℃	可溶性固形物含量/%										
	0	5	10	15	20	25	30	40	50	60	70
	应减去之校正值										
15	0.27	0.29	0.31	0.33	0.34	0.34	0.35	0.37	0.38	0.39	0.40
16	0.22	0.24	0.25	0.26	0.27	0.28	0.28	0.30	0.30	0.31	0.32
17	0.17	0.18	0.19	0.20	0.21	0.21	0.21	0.22	0.22	0.23	0.24
18	0.12	0.13	0.13	0.14	0.14	0.14	0.14	0.15	0.15	0.16	0.16
19	0.06	0.06	0.06	0.07	0.07	0.07	0.07	0.08	0.08	0.08	0.08

（续表）

温度 /℃	可溶性固形物读数/%										
	0	5	10	15	20	25	30	40	50	60	70
	应加上之校正值										
21	0.06	0.07	0.07	0.07	0.07	0.08	0.08	0.08	0.08	0.08	0.08
22	0.13	0.13	0.14	0.14	0.15	0.15	0.15	0.15	0.16	0.16	0.16
23	0.19	0.20	0.21	0.22	0.22	0.23	0.23	0.23	0.24	0.24	0.24
24	0.26	0.27	0.28	0.29	0.30	0.30	0.31	0.31	0.31	0.32	0.32
25	0.33	0.35	0.36	0.37	0.38	0.38	0.39	0.40	0.40	0.40	0.40

任务总结

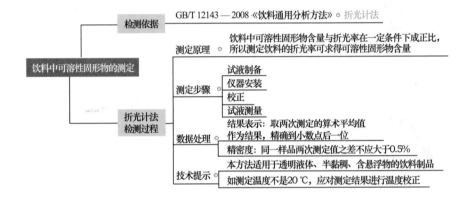

任务评价

饮料中可溶性固形物测定评价见表1-2-6。

表 1-2-6　　　　　　　　　饮料中可溶性固形物测定评价

评价类别	项目	要求	互评	师评
专业能力（60%）	方案（10%）	正确选用标准（5%）		
		所设计实验方案可行性强（5%）		
	实施（30%）	制备试液均匀（5%）		
		正确校正折光计（5%）		
		正确调光（10%）		
		准确读数（5%）		
		测试结束后正确清洁折光计（5%）		
	结果（20%）	原始数据记录准确、美观（5%）		
		正确保留有效数字（5%）		
		温度正确校正（5%）		
		精密度符合要求（5%）		

(续表)

评价类别	项目	要求	互评	师评
职业素养（40%）	解决问题(5%)	及时发现问题并提出解决方案(5%)		
	团队协作(10%)	小组成员合作良好,对小组有贡献(10%)		
	职业规范(10%)	着装规范(5%)		
		节约、环保意识(5%)		
	职业道德(5%)	诚信意识(5%)		
	职业精神(10%)	爱岗敬业、吃苦耐劳精神(5%)		
		严谨求实、精益求精的科学态度(5%)		
合计				

任务拓展

依据1+X粮农食品安全评价及食品检验管理职业技能等级证书要求,课外应加强以下方面的学习和训练。

1.通过学习折光计测定饮料中可溶性固形物的含量,进一步了解和熟悉阿贝折光计的使用方法。

2.以可溶性固形物测定的学习为例,通过查阅相关资料了解测定环境要求,掌握温度对测定的影响及相应校正方法。

任务巩固

在线自测

1.填写流程图

请将饮料折光率测定的流程图填写完整。

试样混匀→□□□□□□→加样→对光→□□□□□□→消色散→读数→记录样液温度→仪器清洁

2.计算题

测定果汁饮料固形物含量,当溶液温度为 17 ℃时,测得固形物含量为 16.7%,计算 20 ℃时固形物的含量。

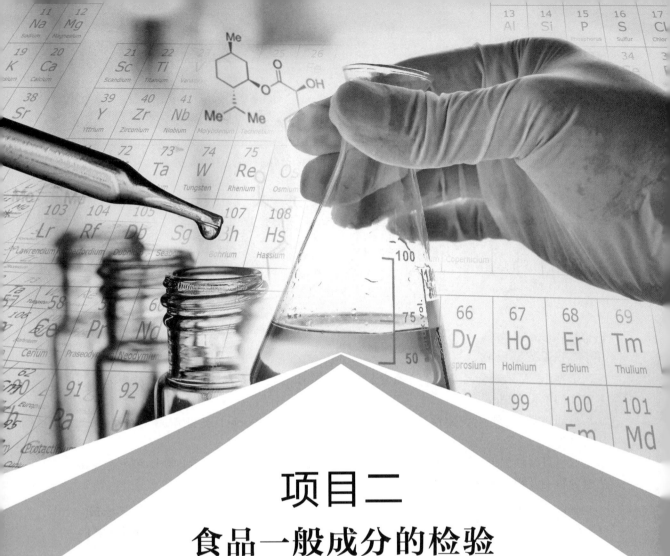

项目二
食品一般成分的检验

项目描述

微课

食品一般成分
的检验概述

  食品的一般成分包含水分、灰分、酸类物质、脂肪、糖类、蛋白质和维生素等，这些是食品中固有的营养成分。这些物质赋予了食品一定的组织结构、风味、口感以及营养价值，这些成分含量的高低往往是确定食品品质的关键指标。

  在本项目的学习中，通过查阅相关的食品标准，利用现有工作条件，分别完成食品中水分、灰分、酸度、脂肪、糖类、蛋白质的测定，分析测定结果，填写检验报告。

任务一　水分的测定

 任务目标

1.能正确使用电热恒温干燥箱、天平、干燥器等仪器;

2.能进行样品制备及恒重等基本操作,能用直接干燥法测定样品的水分含量;

3.能如实填写原始数据,正确处理检测数据,规范填写检验报告;

4.培养求真务实的职业态度和精益求精的工匠精神。

 任务背景

乳粉应具有一定的水分含量。但水分含量过高,会促进乳粉中残存的微生物生长繁殖,产生乳酸,从而使乳粉中的酪蛋白发生变性而变得不可溶,降低了乳粉的溶解度,同时产生褐变,并有陈腐味。小明最近接到了一项检验某品牌乳粉中水分含量是否合格的任务。

 任务描述

乳粉是以生牛(羊)乳为原料,经加工制成的粉状产品。乳粉中水分含量的多少,直接影响乳粉的感官性状,水分过高,可能导致营养素流失、微生物滋长、乳粉结块变质等问题。因此,乳粉中水分的含量是乳粉质量的重要指标之一。

《食品安全国家标准 乳粉》(GB 19644—2010)中规定乳粉的水分含量≤5.0%。

 任务分析

通过查阅《食品安全国家标准 乳粉》(GB 19644—2010)和《食品安全国家标准 食品中水分的测定》(GB 5009.3—2016),小组讨论后制订检验方案,测定乳粉中水分的含量,并评价乳粉水分是否符合规定。

微课

水分测定的
意义和方法

一、 水分测定的意义

水分是食品的重要组成成分,其含量可影响食品的感官性状、结构以及加工、贮藏等特性。食品去除水分后剩下的干基称为总固形物,它是指导生产、评价食品营养价值的一个重要指标。因此,食品水分的测定是一个很重要的检测项目,它在计算生产中的物料平衡、实行工艺监督以及保证产品质量等方面都具有很重要的意义。部分食品的水分含量见表 2-1-1。

表 2-1-1 部分食品的水分含量

食品名称	水分/%	食品名称	水分/%	食品名称	水分/%
新鲜蔬菜	80～97	猪肉	38～73	面粉	12～14
水果	87～89	羊肉	39～67	面包	32～36
鱼贝类	70～85	鸡肉	71.8	脱水蔬菜	6～9
鲜蛋	67～74	太仓肉松	≤20	全脂乳粉	≤2.5～3.0
牛肉	47～71	广式腊肠	≤25	牛乳	87
奶油	≤16.0				

二、 食品中水分的存在形式

食品中的水分按其存在形式分为自由水和结合水两大类。

(1)自由水(游离水):指存在于动植物细胞外各种毛细管和腔体中的水分,包括吸附于食品表面的吸附水。自由水易于分离除去。

(2)结合水:指食品中与非水组分结合最牢固的水,如葡萄糖、乳糖的结晶水及与食品中淀粉、纤维素、蛋白质,果胶中的氨基、羟基、羧基、巯基通过氢键结合的水。结合水不容易用蒸发的方式分离除去。

三、 水分活度

食品中水分的测定方法只能定量地测定出食品中水分的总含量,而不能反映水分的存在状态。水分活度则可以反映食品中水分存在的状态,同时,还能反映水分与食品的结合程度或游离程度。结合程度越高,水分活度值越低;结合程度越低,水分活度值越高。

水分活度是指食品中水分产生的蒸气压与相同温度下纯水的饱和蒸气压的比值,即

$$A_w = \frac{p}{p_0} = \frac{R_H}{100}$$

式中　A_w——水分活度；

p——食品中水分蒸汽压，Pa；

p_0——相同温度下纯水的饱和蒸汽压，Pa；

R_H——平衡相对湿度。

水分活度值对食品的色、香、味、组织结构以及食品的稳定性都有重要影响，微生物的生命活动及各种化学、生物化学变化都要求有一定的 A_w 值，故 A_w 值对食品保藏具有重要的意义。可以利用水分活度原理来控制水分活度，从而提高产品质量，延长食品保藏期。故食品中水分活度值的测定已逐渐成为食品检验中的一个重要项目。

微课
直接干燥法1

微课
直接干燥法2

四、水分的测定方法

食品中水分测定的方法很多，通常可分为两大类：直接法和间接法。

直接法是利用水分本身的物理、化学性质去掉样品中的水分，再对其进行定量分析的方法，如干燥法、蒸馏法等；间接法是利用食品的相对密度、折光率、电导率、介电常数等物理常数测定水分的方法，间接法不需要除去样品中的水分。直接法的准确度高于间接法。实际工作中测定水分的方法应根据食品的性质和检验目的来确定。

参照《食品安全国家标准 食品中水分的测定》(GB 5009.3—2016)，水分的测定方法有直接干燥法、减压干燥法、蒸馏法和卡尔·费休法。

3D虚拟仿真
称量瓶

3D虚拟仿真
干燥器

(一)直接干燥法 ✦✦✦

1. 原理

利用食品中水分的物理性质，在 101.3 kPa（一个大气压），温度 101～105 ℃下采用挥发的方法测定样品中干燥减失的质量，包括吸湿水、部分结晶水和该条件下能挥发的物质，再通过干燥前、后的质量称量数值计算出水分的含量。

2. 仪器和设备

(1)铝制或玻璃制的扁形称量瓶。

(2)电热恒温干燥箱。

(3)干燥器：内附有效干燥剂。

(4)天平：感量为 0.1 mg。

3D虚拟仿真
电子天平

3D虚拟仿真
干燥箱

3. 试剂和材料

本方法所用试剂均为分析纯,水为 GB/T 6682—2008 规定的三级水。

(1)盐酸(6 mol/L):量取 100 mL 盐酸(优级纯),加水稀释至 200 mL。

(2)氢氧化钠溶液(6 mol/L):称取 24 g 氢氧化钠(优级纯),加水溶解并稀释至 100 mL。

(3)海砂:取用水洗去泥土的海砂、河砂、石英砂或类似物,先用 6 mol/L 盐酸煮沸 0.5 h,用水洗至中性,再用 6 mol/L 氢氧化钠溶液煮沸 0.5 h,用水洗至中性,经 105 ℃ 干燥备用。

4. 分析步骤

(1)固体试样:取洁净铝制或玻璃制的扁形称量瓶,置于 101～105 ℃ 干燥箱中,瓶盖斜支于瓶边,加热 1 h,取出盖好,置干燥器内冷却 0.5 h,称量,并重复干燥至前、后两次质量差不超过 2 mg,即视为恒重。将混合均匀的试样迅速磨细至颗粒直径小于 2 mm,不易研磨的样品应尽可能切碎,称取 2～10 g 试样(精确至 0.000 1 g),放入此称量瓶中,试样厚度不超过 5 mm,如为疏松试样,厚度不超过 10 mm,加盖,精密称量后,置于 101～105 ℃ 干燥箱中,瓶盖斜支于瓶边,干燥 2～4 h 后,盖好取出,放入干燥器内冷却 0.5 h 后称量。然后放入 101～105 ℃ 干燥箱中干燥 1 h 左右,取出,放入干燥器内冷却 0.5 h 后再称量。并重复以上操作至前、后两次质量差不超过 2 mg,即视为恒重。(两次恒重值在最后计算时,取质量较小的一次称量值)

(2)半固体或液体试样:取洁净的称量瓶,内加 10 g 海砂及一根小玻璃棒,置于 101～105 ℃ 干燥箱中,干燥 1 h 后取出,放入干燥器内冷却 0.5 h 后称量,并重复干燥至恒重。然后称取 5～10 g 试样(精确至 0.000 1 g),置于称量瓶中,用小玻璃棒搅匀后放在沸水浴上蒸干,并随时搅拌,擦去皿底的水滴,置于 101～105 ℃ 干燥箱中干燥 4 h 后盖好取出,放入干燥器内冷却 0.5 h 后称量。以下按(1)自"然后放入 101～105 ℃ 干燥箱中干燥 1 h 左右……"起进行操作。

5. 分析结果的表述

试样中水分的含量按下式进行计算

$$X = \frac{m_1 - m_2}{m_1 - m_3} \times 100$$

式中　X——试样中水分的含量,g/100 g;

　　　m_1——称量瓶(加海砂、玻璃棒)和试样的质量,g;

　　　m_2——称量瓶(加海砂、玻璃棒)和试样干燥后的质量,g;

　　　m_3——称量瓶(加海砂、玻璃棒)的质量,g;

　　　100——单位换算系数。

水分含量≥1 g/100 g 时,计算结果保留三位有效数字;水分含量<1 g/100 g 时,结果保留两位有效数字。

6. 精密度

在重复性条件下获得的两次独立测定结果的绝对差值不得超过算术平均值的 10%。

7. 注释说明

(1)适用范围:此法适用于在 101～105 ℃ 下,蔬菜、谷物及其制品、水产品、豆制品、乳制品、肉制品、卤菜制品、粮食(水分含量低于 18%)、油料(水分含量低于 13%)、淀粉及茶叶类等食品中水分的测定,不适用于水分含量小于 0.5 g/100 g 的样品。

(2)样品应当符合下述三个条件:①水分是样品中唯一的挥发成分;②可以较彻底地去除水分;③在加热过程中,如果样品中其他组分之间发生化学反应,由此而引起的质量变化可以忽略不计。

(3)测定时称样数量一般控制在其干燥后的残留物量在 1.5~3 g 为宜。对于水分含量较低的固态、浓稠态食品,将称样数量控制在 3~5 g。

(4)在干燥过程中,一些食品原料可能易形成硬皮或结块,从而造成不稳定或错误的水分测定结果。为避免出现这种情况,可以使用清洁、干燥的海砂和样品一起搅拌均匀,再将样品加热干燥直至恒重。加入海砂的作用是防止食品结块,同时增大受热与蒸发面积,加速水分蒸发,缩短分析时间。

(二)减压干燥法

1.原理

利用食品中水分的物理性质,在 40~53 kPa 压力下加热至 60 ℃±5 ℃,采用减压干燥方法去除试样中的水分,再通过干燥前、后试样的称量数值计算出水分的含量。

微课

减压干燥法

2.仪器和设备

(1)真空干燥箱。

(2)铝制或玻璃制的扁形称量瓶。

(3)干燥器:内附有效干燥剂。

(4)天平:感量为 0.1 mg。

3.分析步骤

(1)试样的制备:粉末和结晶试样直接称取;较大块、坚硬试样经研钵粉碎,混匀备用。

(2)测定:取已恒重的称量瓶称取 2~10 g(精确至 0.000 1 g)试样,放入真空干燥箱内,将真空干燥箱连接真空泵,抽出真空干燥箱内空气(所需压力一般为 40~53 kPa),并同时加热至所需温度 60 ℃±5 ℃。关闭真空泵上的活塞,停止抽气,使真空干燥箱内保持一定的温度和压力,经 4 h 后,打开活塞,使空气经干燥装置缓缓通入真空干燥箱内,待压力恢复正常后再打开。取出称量瓶,放入干燥器中 0.5 h 后称量,并重复以上操作至前后两次质量差不超过 2 mg,即视为恒重。

4.分析结果的表述

同直接干燥法。

学习笔记

5.精密度

在重复性条件下获得的两次独立测定结果的绝对差值不得超过算术平均值的10%。

6.注释说明

(1)适用范围:此法适用于高温易分解的样品及水分较多的样品(如糖、味精等食品)中水分的测定,不适用于添加了其他原料的糖果(如奶糖、软糖等食品)中水分的测定,不适用于水分含量小于0.5 g/100 g的样品(糖和味精除外)中水分的测定。

(2)真空干燥箱内各部位温度要求均匀一致,若干燥时间短,更应严格控制。例如,当干燥温度为70 ℃时,温度只要相差±1 ℃,对分析结果就会有较大的影响,因此对真空干燥箱控温精度要求高。

微课

蒸馏法

（三）蒸馏法

1.原理

利用食品中水分的物理化学性质,使用水分测定器将食品中的水分与甲苯或二甲苯共同蒸出,根据接收的水的体积计算出试样中水分的含量。本方法适用于含较多其他挥发性物质的食品,如香辛料等。

2.仪器和设备

(1)水分测定器:如图2-1-1所示(带可调电热套)。水分接收管容量为5 mL,最小刻度为0.1 mL,容量误差小于0.1 mL。

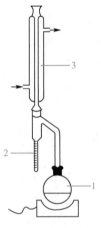

图2-1-1　水分测定器

1—250 mL蒸馏瓶;2—水分接收管(有刻度);3—冷凝管

学习笔记

(2)天平:感量为0.1 mg。

3.试剂和材料

本方法所用试剂均为分析纯,水为GB/T 6682—2008规定的三级水。

甲苯或二甲苯:取甲苯或二甲苯,先以水饱和后,分去水层,进行蒸馏,收集馏出液备用。

4.分析步骤

准确称取适量试样(应使最终蒸出的水在 2～5 mL,但最多取样量不得超过蒸馏瓶的 2/3),放入 250 mL 蒸馏瓶中,加入新蒸馏的甲苯(或二甲苯)75 mL,连接冷凝管与水分接收管,从冷凝管顶端注入甲苯,装满水分接收管。同时做甲苯(或二甲苯)的试剂空白试验。

加热,慢慢蒸馏,使每秒钟的馏出液为 2 滴,待大部分水分蒸出后,加速蒸馏,约每秒钟 4 滴,当水分全部蒸出后,接收管内的水分体积不再增大时,从冷凝管顶端加入甲苯冲洗。如冷凝管壁附有水滴,可用附有小橡皮头的铜丝擦一下,再蒸馏片刻至接收管上部及冷凝管壁无水滴附着,接收管水平面保持 10 min 不变为蒸馏终点,读取接收管中水层的体积。

5.分析结果的表述

试样中的水分含量按下式进行计算

$$X = \frac{V - V_0}{m} \times 100$$

式中　X——试样中水分的含量,mL/100 g(或按水在 20 ℃的密度 0.998 20 g/mL 计算质量);

　　　V——水分接收管内水分的体积,mL;

　　　V_0——做试剂空白试验时,水分接收管内水分的体积,mL;

　　　m——试样的质量,g;

　　　100——单位换算系数。

用重复性条件下获得的两次独立测定结果的算术平均值表示,结果保留三位有效数字。

6.精密度

在重复性条件下获得的两次独立测定结果的绝对差值不得超过算术平均值的 10%。

7.注释说明

(1)适用范围:此法适用于含水较多又有较多挥发性成分的水果、香辛料及调味品、肉与肉制品等食品中水分的测定,不适用于水分含量小于 1 g/100 g 的样品。

(2)有机溶剂的种类很多,最常用的是苯、甲苯或二甲苯。要根据样品的性质来选择有机溶剂。对热不稳定的食品,一般不采用二甲苯,常选用甲苯或甲苯-二甲苯的混合液。

(3)加热温度不宜太高,温度太高时冷凝管上端水汽难以全部回收。蒸馏时间一般为 2～3 h,试样不同,蒸馏时间各异。

(4)为了避免水分接收管和冷凝管壁附着水滴,仪器必须洗涤干净。

五、 水分活度的测定方法

食品中水分活度的测定方法很多,《食品安全国家标准 食品水分活度的测定》(GB 5009.238—2016)给出了康卫氏皿扩散法和水分活度仪扩散法两种方法测定食品的水分活度。

1.康卫氏皿扩散法

在密封、恒温的康卫氏皿中,试样分别在较高和较低的标准饱和溶液中扩散平衡后,根据试样质量的变化量,求出样品的 A_w 值。

2.水分活度仪扩散法

在密闭、恒温的水分活度仪测量舱内,试样中的水分扩散平衡。此时水分活度仪测量舱内的传感器或数字化探头显示出的响应值即为样品的水分活度(A_w)。在试样测定前需用饱和盐溶液校正水分活度仪。

任务准备

通过对标准的解读,将测定乳粉中水分所需仪器和设备记入表 2-1-2。

表 2-1-2 所需仪器和设备

序号	名称	规格
1	天平	感量为 0.1 mg
2	电热恒温干燥箱	
3	铝制或玻璃制的扁形称量瓶	
4	干燥器	内附有效干燥剂

任务实施

操作视频

乳粉中水分的测定

一、 操作要点(表 2-1-3)

表 2-1-3 操作要点

序号	内容	操作方法	操作提示	评价标准
1	准备称量瓶	称量瓶在 101～105 ℃的干燥箱中进行重复干燥,使其达到恒重(两次称量质量差不超过 2 mg)	称量瓶放入干燥箱内,盖子应打开,斜支于瓶边,取出时先盖好盖子,用纸带取出,放入干燥器内,冷却后称重	• 称量瓶规格选择正确,清洗干净 • 称量瓶及瓶盖排列在隔板的较中心部位 • 干燥箱温度设置合理,恒重终点判断准确

（续表）

序号	内容	操作方法	操作提示	评价标准
2	称样	称取2～5 g(精确至0.000 1 g)混合均匀的乳粉样品于已恒重的称量瓶中	用增量法称量	• 称量操作正确熟练 • 取样量合适
3	试样干燥	将称量瓶置于101～105 ℃干燥箱中,瓶盖斜支于瓶边,干燥2～4 h后,盖好取出,放入干燥器内冷却0.5 h后称量	称量瓶从干燥箱中取出后,应迅速放入干燥器中进行冷却	• 烘干温度、时间设置合理 • 天平、干燥器操作熟练
4	试样恒重	将称量瓶再次放入101～105 ℃干燥箱中干燥1 h左右,取出,放入干燥器内冷却0.5 h后称量。重复以上操作至恒重	前后两次质量差不超过2 mg即为恒重	• 烘干温度、时间设置合理 • 恒重终点判断准确

二、数据记录及处理(表2-1-4)

表 2-1-4 　　　　　　　　　　　　乳粉中水分测定数据

基本信息	样品名称		样品编号	
	检测项目		检测日期	
	检测依据		检测方法	
检测数据	样品编号		1	2
	称量瓶干燥时间/h			
	称量瓶质量 m_3/g			
	(称量瓶+试样)质量 m_1/g			
	试样质量 m/g			
	试样干燥时间/h			
	干燥后(称量瓶+试样)质量 m_2/g			
数据处理	计算公式			
	水分含量 X/[g·(100 g)$^{-1}$]			
结果评判	精密度评判			
	$\overline{X}$/[g·(100 g)$^{-1}$]			
	乳粉中水分含量评判依据			
	乳粉中水分含量评判结果			
结果讨论				

三、问题探究

1.实验室有多种规格和型号的称量瓶,在测定水分时小明该如何选择适宜的称量瓶?

称量瓶分为玻璃制和铝制。前者能耐酸碱,不受样品性质的限制,故常用于干燥法。铝制称量瓶质量轻,导热性强,但对酸性食品不适宜,常用于减压干燥法。称量瓶规格的选择,以样品置于其中平铺开后厚度不超过瓶高的1/3为宜。

2.实验室内有2台电热干燥箱,小明该选择哪一台测定水分?

电热干燥箱有多种形式,一般使用强力循环通风式,其风量较大,烘干大量试样时效率高,但烘干质轻试样有时会飞散,若仅做测定水分含量用,最好采用风量可调节的干燥箱。为保证测定温度恒定,并减少取出过程中因吸湿而产生的误差,一批测定的称量瓶最好为8～12个,并排放在隔板的较中心部位。

3.小明在检查时发现干燥器内的硅胶干燥剂是粉红色的,是否可以继续使用?他该如何处理?

干燥器内一般用硅胶做干燥剂,硅胶吸湿后效能会降低,故当硅胶蓝色减退或变红时,需及时换出,可置于135℃左右干燥箱中烘2～3 h,使其再生后再使用。硅胶若吸附油脂等,吸湿能力也会大大降低。

任务总结

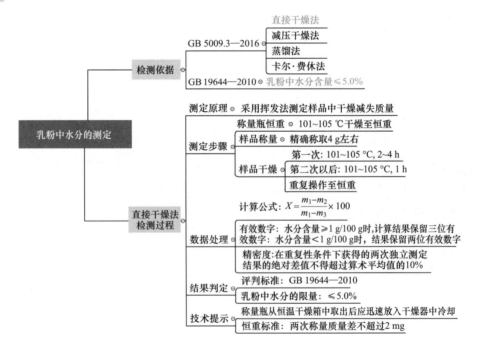

任务评价

乳粉中水分测定评价见表2-1-5。

表 2-1-5　　　　　　　　　　　　乳粉中水分测定评价

评价类别	项目	要求	互评	师评
专业能力（60%）	方案（10%）	正确选用标准（5%）		
		所设计实验方案可行性强（5%）		
	实施（30%）	称量瓶规格选择正确,清洗干净（5%）		
		称量瓶及瓶盖放于干燥箱中位置正确（5%）		
		烘干温度合理,恒重判断准确（5%）		
		天平操作熟练（5%）		
		干燥箱、干燥器使用正确（5%）		
		时间安排合理（5%）		
	结果（20%）	原始数据记录准确、美观（5%）		
		公式正确,计算过程正确（5%）		
		正确保留有效数字（5%）		
		精密度符合要求（5%）		
职业素养（40%）	解决问题（5%）	及时发现问题并提出解决方案（5%）		
	团队协作（10%）	小组成员合作良好,对小组有贡献（10%）		
	职业规范（10%）	着装规范（5%）		
		安全意识（5%）		
	职业道德（5%）	诚信意识（5%）		
	职业精神（10%）	吃苦耐劳、甘于奉献精神（5%）		
		耐心细致、精益求精的科学态度（5%）		
合计				

任务拓展

依据 1＋X 粮农食品安全评价及食品检验管理职业技能等级证书要求,针对水分的测定,课外应加强以下方面的学习和训练。

1. 通过测定乳粉中水分的含量,学习和领会直接干燥法测定水分的操作要点及操作条件的选择。

2. 以直接干燥法学习为主,延伸学习减压干燥法、蒸馏法测定水分的含量。

任务巩固

在线自测

1. 填写流程图

请将乳粉中水分测定的流程补充完整。

样品混匀→□□□□→称量样品＋称量瓶质量→□□□□→冷却→称量样品＋

称量瓶质量→□□□□→□□□□→称量→……□□□□→结果计算

2.计算题

小明测定某乳粉的水分含量时,用干燥恒重为 22.360 8 g 的称量瓶称取样品 2.672 0 g,置于 100 ℃的恒温干燥箱中干燥 3 h 后,置于干燥器内冷却后称重为 24.805 3 g;重新置于 100 ℃的恒温干燥箱中干燥 0.5 h,完毕后取出置于干燥器冷却后称重为 24.762 8 g;再置于 100 ℃的恒温干燥箱中干燥 0.5 h,完毕后取出置于干燥器冷却后称重为 24.763 5 g。要求小明按照原始记录求实事求是地记录检测数据,问此乳粉中水分含量应为多少?

任务二　灰分的测定

 任务目标

1.能正确使用高温炉、天平、干燥器等仪器;
2.能进行炭化、灰化、恒重等基本操作,正确测定食品中的灰分含量;
3.能如实填写原始数据,正确处理检测数据,规范填写检验报告;
4.培养文化自信和民族自信,增强民族自豪感。

 任务背景

灰分是茶叶检验项目中唯一一种既具有品质判定意义又具有卫生检验意义的化学指标,在国内外茶叶进出口检验及国内监督检查中,大都将灰分列为必检项目。小明接到了检验某北方知名绿茶中总灰分含量是否合格的任务。

 任务描述

茶叶灰分检验项目常有三项:

(1)茶叶总灰分检验:总灰分主要是衡量茶叶的干净程度,一般占茶叶干物质总量的 3.5%～7.0%。一般而言,高档茶灰分含量较低,粗老、含梗多的茶叶总灰分含量高。

(2)茶叶水溶性灰分检验:水溶性灰分和茶叶品质呈正相关。鲜叶越幼嫩,则含钾、磷较多,水溶性灰分含量越高,茶叶品质越好。随着茶芽新梢的生长、叶片的老化,钙、镁含量逐渐增加,总灰分含量增加,水溶性灰分含量减少,说明茶叶品质差。因此,水溶性灰分含量高低,是区别鲜叶老嫩的标志之一。

(3)酸不溶性灰分检验:酸不溶性灰分含量高,是矿质元素夹杂物过多的表现,表明茶叶品质差。

茶叶灰分检验通常只做总灰分项目,但如果产品标准有要求,则其余指标也必须检验。《食品安全国家标准 绿茶》(GB/T 14456.1—2017)中规定绿茶的总灰分含量≤7.5%。

 任务分析

通过查阅《食品安全国家标准 绿茶》(GB/T 14456.1—2017)和《食品安全国家标准 食品

中灰分的测定》(GB 5009.4—2016),小组讨论后制订检验方案,测定绿茶中总灰分,并评价绿茶中总灰分含量是否合规。

相关知识

一、灰分的概念

食品中的灰分是指食品经高温(500～600 ℃)灼烧后所残留的无机物质,又称总灰分(粗灰分)。灰分是标志食品中无机成分总量的一项指标。

食品的组成十分复杂,除含有大量有机物质外,还含有较丰富的无机成分。当食品在500～600 ℃灼烧灰化时,将发生一系列物理和化学变化。水分及挥发性物质以气态逸出;有机物质中的碳、氮、氢等元素与有机物质本身的氧及空气中的氧生成二氧化碳、氮的氧化物及水分而散失;有机酸的金属盐转变为碳酸盐或金属氧化物;有些组分转变成氧化物、磷酸盐、硫酸盐或卤化物;有的元素直接挥发散失(如氯、碘、铅等),或生成容易挥发的化合物(如磷、硫以含氧酸的形式挥发)。

微课

灰分的概念

因此,食品灰化后残留的灰分与食品中原来存在的无机成分在数量和组成上并不完全相同,元素的挥发使食品中的无机成分减少,形成的碳酸盐又使无机成分增多,故食品灰化后残留的灰分并不能准确地表示食品中原来的无机成分的总量。

二、灰分的分类

食品的灰分按其溶解性可分为总灰分、水溶性灰分、水不溶性灰分和酸不溶性灰分等。

(1)总灰分主要是金属氧化物和无机盐。

(2)水溶性灰分主要是可溶性的钾、钠、钙、镁等元素的氧化物和可溶性盐类。

(3)水不溶性灰分主要是铁、铝等的氧化物、碱土金属的碱性磷酸盐以及污染混入食品中的泥沙等机械性物质。

(4)酸不溶性灰分主要是污染混入的泥沙和食品组织中存在的微量硅。

微课

灰分分类与
测定意义

三、测定灰分的意义

灰分是某些食品的重要质量控制指标,也是食品常规分析的项目之一。

(1)食品的总灰分含量是控制食品成品或半成品质量的重要依据，可以判断食品是否掺假。如牛乳中的总灰分在牛乳中的含量是恒定的，一般在0.68%～0.74%，平均值接近0.70%，因此可以用牛乳中总灰分测定值判定牛乳是否掺水，若掺水，则灰分降低。另外，还可以判断浓缩比，如果测出牛乳灰分在1.4%左右，说明牛乳浓缩一倍。

(2)无机盐是人类生命活动不可缺少的物质，是评判食品营养价值的一个评价指标。故测定灰分总含量，在评价食品品质方面有重要意义，是评价食品质量的指标之一。如黄豆是营养价值较高的食物，除富含蛋白质外，还含有较丰富的钙、磷、钾以及微量的铜、铁、锌等，灰分含量高达5.0%。

(3)测定灰分总含量也是评判食品加工精度的重要指标。如麦子中麸皮的灰分比胚乳的含量高20倍，在面粉加工中，常以总灰分含量评价面粉加工精度（等级），例如，富强粉为0.3%～0.5%，标准粉为0.6%～0.9%。即面粉的加工精度越高，灰分就越低。

(4)常用水不溶性灰分、酸不溶性灰分作为判断食品受污染程度的控制指标。如果灰分含量超过了正常范围，则说明食品在生产中使用了不合乎卫生标准要求的原料或食品添加剂。

四、灰分的测定方法

食品中灰分的测定依据《食品安全国家标准 食品中灰分的测定》（GB 5009.4—2016）。标准中第一法规定了食品中灰分的测定方法，第二法规定了食品中水溶性灰分和水不溶性灰分的测定方法，第三法规定了食品中酸不溶性灰分的测定方法。

（一）食品中总灰分的测定

1.原理

食品经灼烧后所残留的无机物质称为灰分。灰分数值经灼烧称重后计算得出。

2.仪器和设备

(1)高温炉：最高使用温度≥950℃。

(2)天平：感量分别为0.1 mg、1 mg、0.1 g。

(3)石英坩埚或瓷坩埚。

(4)干燥器（内有干燥剂）。

(5)电热板。

(6)恒温水浴锅：控温精度为±2℃。

3.试剂和材料

本方法所用试剂均为分析纯，水为GB/T 6682—2008规定的三

微课

总灰分的测定1

级水。

（1）乙酸镁溶液（80 g/L）：称取 8.0 g 乙酸镁加水溶解并定容至 100 mL，混匀。

（2）乙酸镁溶液（240 g/L）：称取 24.0 g 乙酸镁加水溶解并定容至 100 mL，混匀。

（3）10％盐酸溶液：量取 24 mL 分析纯浓盐酸用蒸馏水稀释至 100 mL。

4. 坩埚预处理

（1）含磷量较高的食品和其他食品

取大小适宜的石英坩埚或瓷坩埚置于高温炉中，在 550 ℃±25 ℃下灼烧 30 min，冷却至 200 ℃左右，取出，放入干燥器中冷却 30 min，准确称量。重复灼烧至前、后两次称量相差不超过 0.5 mg 为恒重。

（2）淀粉类食品

将坩埚先用沸腾的稀盐酸洗涤，再用大量自来水洗涤，最后用蒸馏水冲洗。将洗净的坩埚置于高温炉内，在 900 ℃±25 ℃下灼烧 30 min，并在干燥器内冷却至室温，称重，精确至 0.000 1 g。

5. 称样

微课

总灰分的测定2

含磷量较高的食品和其他食品：灰分大于或等于 10 g/100 g 的试样称取 2～3 g（精确至 0.000 1 g）；灰分小于或等于 10 g/100 g 的试样称取 3～10 g（精确至 0.000 1 g，对于灰分含量更低的样品可适当增加称样量）。淀粉类食品：迅速称取样品 2～10 g（马铃薯淀粉、小麦淀粉以及大米淀粉至少称 5 g，玉米淀粉和木薯淀粉称 10 g），精确至 0.000 1 g。将样品均匀分布在坩埚内，不要压紧。

6. 测定

（1）含磷量较高的豆类及其制品、肉禽及其制品、蛋及其制品、水产及其制品、乳及乳制品

①称取试样后，加入 1.00 mL 乙酸镁溶液（240 g/L）或 3.00 mL 乙酸镁溶液（80 g/L），使试样完全润湿。放置 10 min 后，在水浴上将水分蒸干，在电热板上以小火加热使试样充分炭化至无烟，然后置于高温炉中，在 550 ℃±25 ℃下灼烧 4 h。冷却至 200 ℃左右，取出，放入干燥器中冷却 30 min，称量前如发现灼烧残渣有炭粒时，应向试样中滴入少许水湿润，使结块松散，蒸干水分再次灼烧至无炭粒即表示灰化完全，方可称量。重复灼烧至前后两次称量相差不超过 0.5 mg 为恒重。

②吸取 3 份与①相同浓度和体积的乙酸镁溶液，做三次试剂空白试验。当三次试验结果的标准偏差小于 0.003 g 时，取算术平均值作为空白值。若标准偏差大于或等于 0.003 g 时，应重新做试剂空白试验。

（2）淀粉类食品

将坩埚置于高温炉口或电热板上，半盖坩埚盖，小心加热使样品在通气情况下完全炭化至无烟，即刻将坩埚放入高温炉内，将温度升高至

小提示

炭化目的：

①防止在灼烧时因温度过高而使试样中的水分急剧蒸发飞扬；②防止糖、蛋白质、淀粉等易发泡膨胀的物质在高温下发泡膨胀而溢出坩埚；③防止直接灰化时炭粒被包住，灰化不完全。

900 ℃±25 ℃,保持此温度直至剩余的碳全部消失为止,一般 1 h 可灰化完毕,冷却至 200 ℃左右,取出,放入干燥器中冷却 30 min,称量前如发现灼烧残渣有炭粒,应向试样中滴入少许水湿润,使结块松散,蒸干水分再次灼烧至无炭粒即表示灰化完全,方可称量。重复灼烧至前后两次称量相差不超过 0.5 mg 为恒重。

（3）其他食品

液体和半固体试样应先在沸水浴上蒸干。固体或蒸干后的试样,先在电热板上以小火加热使试样充分炭化至无烟,然后置于高温炉中,在 550 ℃±25 ℃下灼烧 4 h。冷却至 200 ℃左右,取出,放入干燥器中冷却 30 min,称量前如发现灼烧残渣有炭粒,应向试样中滴入少许水湿润,使结块松散,蒸干水分再次灼烧至无炭粒即表示灰化完全,方可称量。重复灼烧至前后两次称量相差不超过 0.5 mg 为恒重。

7. 分析结果的表述

（1）以试样质量计

①试样中灰分的含量,加了乙酸镁溶液的试样,按式（1）计算

$$X_1 = \frac{m_1 - m_2 - m_0}{m_3 - m_2} \times 100 \tag{1}$$

式中　X_1——加了乙酸镁溶液试样中灰分的含量,g/100 g;

　　　m_0——氧化镁（乙酸镁灼烧后生成物）的质量,g;

　　　m_1——坩埚和灰分的质量,g;

　　　m_2——坩埚的质量,g;

　　　m_3——坩埚和试样的质量,g;

　　　100——单位换算系数。

②试样中灰分的含量,未加乙酸镁溶液的试样,按式（2）计算

$$X_2 = \frac{m_1 - m_2}{m_3 - m_2} \times 100 \tag{2}$$

式中　X_2——未加乙酸镁溶液试样中灰分的含量,g/100 g;

　　　m_1——坩埚和灰分的质量,g;

　　　m_2——坩埚的质量,g;

　　　m_3——坩埚和试样的质量,g;

　　　100——单位换算系数。

（2）以干物质计

①加了乙酸镁溶液的试样中灰分的含量,按式（3）计算

$$X_1 = \frac{m_1 - m_2 - m_0}{(m_3 - m_2) \times w} \times 100 \tag{3}$$

式中　X_1——加了乙酸镁溶液试样中灰分的含量,g/100 g;

　　　m_0——氧化镁（乙酸镁灼烧后生成物）的质量,g;

　　　m_1——坩埚和灰分的质量,g;

　　　m_2——坩埚的质量,g;

　　　m_3——坩埚和试样的质量,g;

　　　w——试样干物质含量（质量分数）,%;

　　　100——单位换算系数。

②未加乙酸镁溶液的试样中灰分的含量,按式(4)计算

$$X_2 = \frac{m_1 - m_2}{(m_3 - m_2) \times w} \times 100 \tag{4}$$

式中　X_2——未加乙酸镁溶液的试样中灰分的含量,g/100 g;

　　　m_1——坩埚和灰分的质量,g;

　　　m_2——坩埚的质量,g;

　　　m_3——坩埚和试样的质量,g;

　　　w——试样干物质含量(质量分数),%;

　　　100——单位换算系数。

试样中灰分含量≥10 g/100 g 时,保留三位有效数字;试样中灰分含量<10 g/100 g 时,保留两位有效数字。

8.精密度

在重复性条件下获得的两次独立测定结果的绝对差值不得超过算术平均值的 5%。

9.注释说明

(1)适用范围

此法适用于食品中灰分的测定(淀粉类灰分的方法适用于灰分质量分数不大于 2% 的淀粉和变性淀粉)。

(2)样品预处理

①果汁、牛乳等液体样品:准确称取适量样品于已知质量的瓷坩埚中,置于水浴上蒸发至近干,再进行炭化。不能用高温炉直接烘干,样品会沸腾溅失,影响结果。

②果蔬、动物组织等水分较多的样品:先制备成均匀的试样,再准确称取适量试样于已知质量的坩埚中,置于干燥箱中干燥,再进行炭化。也可取测定水分后的干燥试样直接炭化。

③谷物、豆类等水分含量较少的固体样品:先粉碎成均匀的试样,取适量试样于已知质量的坩埚中再进行炭化。

④富含脂肪的样品:把样品制备均匀,准确称取一定量试样,先抽提脂肪,再将残留物移入已知质量的坩埚中,进行炭化。

(3)测定条件的选择

①取样量

应根据样品的种类和性状来决定,同时应考虑称量误差。一般以灼烧后得到的灰分量为 10~100 mg 来决定取样量。

②灰化容器

测定灰分通常以坩埚作为灰化容器。坩埚分瓷坩埚、铂坩埚、石英坩埚等多种。其中最常用的是瓷坩埚,它具有耐高温、耐酸、价格低廉等优点,但耐碱性能较差,当灰化碱性食品(如水果、蔬菜、豆类时),瓷坩埚内壁的釉层会部分溶解,反复多次使用后,往往难以得到恒重;石英坩埚的理化性质与瓷坩埚相近,但其价格昂贵,较少使用;铂坩埚具有耐高温、耐碱、导热性好、吸湿性小等优点,但价格昂贵。

灰化容器的大小要根据样品性状来选用,需进行前处理的液态样品、加热膨胀的样品及灰分含量低、取样量大的样品,需选用稍大些的坩埚,但灰化容器过大会增大称量误差。

③灰化温度

灰化温度因样品不同而有差异,一般鱼类及海产品、谷类及其制品、乳制品(奶油除外)不高于 550 ℃;果蔬及其制品、砂糖及其制品、肉制品不高于 525 ℃。温度过高,将引起钾、钠、氯等元素的挥发损失,而且磷酸盐、硅酸盐类也会熔融,将炭粒包藏起来,使炭粒无法氧化。温度过低,则灰化速度慢、时间长,不易灰化完全,也不利于除去过剩的碱(碱性食品)吸收的二氧化碳。

微课

其他灰分的测定

④灰化时间

一般以灼烧至灰分呈白色或浅灰色,无炭粒存在并达到恒重为止。灰化达到恒重的时间因试样不同而异。

应指出,某些样品即使灰化完全,残灰也不一定呈白色或浅灰色,如铁含量高的食品,残灰呈褐色;锰、铜含量高的食品,残灰呈蓝绿色;有时即使残灰的表面呈白色,内部仍残留炭粒。所以应根据样品的组成、性状注意观察残灰的颜色,正确判断灰化程度。

⑤加速灰化的方法

对一些难灰化的样品,如动物性食品、蛋白质含量较高的食品,为缩短灰化周期,可加速灰化过程,一般可采用下述方法。

a.改变操作方法:试样经初步灼烧后,取出冷却,从灰化容器边缘慢慢加入少量去离子水(不可直接洒在残灰上,以防残灰飞扬),使水溶性盐类溶解,被包住的炭粒暴露出来,在水浴上蒸发至干涸,置于 120～130 ℃干燥箱中充分干燥(充分去除水分,以防再灰化时因加热使残灰飞散),再灼烧到恒重。

b.添加灰化助剂,如硝酸、过氧化氢、碳酸铵,这类物质在灼烧后会完全消失,不会增加残留灰分的质量。

c.添加氧化镁、碳酸钙等惰性不熔物质,它们和灰分混杂在一起,使炭粒不受覆盖。此法应同时做空白试验。

(二)食品水溶性灰分和水不溶性灰分的测定

学习笔记

1.原理

用热水提取总灰分,经无灰滤纸过滤,灼烧,称量残留物,测得水不溶性灰分,由总灰分和水不溶性灰分的质量之差计算水溶性灰分。

2.仪器和设备

(1)高温炉:最高温度≥950 ℃。

(2)天平:感量分别为 0.1 mg、1 mg、0.1 g。

(3)石英坩埚或瓷坩埚。

(4)干燥器(内有干燥剂)。

(5)无灰滤纸。

(6)漏斗。

(7)表面皿:直径为 6 cm。

（8）烧杯（高型）：容量为 100 mL。

（9）恒温水浴锅：控温精度为±2 ℃。

3.试剂和材料

本方法所用水为 GB/T 6682—2008 规定的三级水。

4.分析步骤

（1）按总灰分的测定方法测定总灰分的质量 m_4。

（2）用约 25 mL 热蒸馏水分次将总灰分从坩埚中洗入 100 mL 烧杯中，盖上表面皿，用小火加热至微沸，防止溶液溅出。趁热用无灰滤纸过滤，并用热蒸馏水分次洗涤杯中残渣，直至滤液和洗涤液体积约达 150 mL 为止，将滤纸连同残渣移入原坩埚内，放在沸水浴锅上小心地蒸去水分，然后将坩埚烘干并移入高温炉，以 550 ℃±25 ℃ 灼烧至无炭粒（一般需 1 h）。待炉温降至 200 ℃时，放入干燥器内，冷却至室温，称重（精确至 0.000 1 g）。再放入高温炉内，以 550 ℃±25 ℃ 灼烧 30 min，如前冷却并称重。如此重复操作，直至连续两次称重之差不超过 0.5 mg 为止，记下最低质量。

5.分析结果的表述

（1）以试样质量计

①水不溶性灰分的含量，按式（5）计算

$$X_1=\frac{m_1-m_2}{m_3-m_2}\times100 \tag{5}$$

式中　X_1——水不溶性灰分的含量，g/100 g；

　　　m_1——坩埚和水不溶性灰分的质量，g；

　　　m_2——坩埚的质量，g；

　　　m_3——坩埚和试样的质量，g；

　　　100——单位换算系数。

②水溶性灰分的含量，按式（6）计算

$$X_2=\frac{m_4-m_5}{m_0}\times100 \tag{6}$$

式中　X_2——水溶性灰分的含量，g/100 g；

　　　m_0——试样的质量，g；

　　　m_4——总灰分的质量，g；

　　　m_5——水不溶性灰分的质量，g；

　　　100——单位换算系数。

（2）以干物质计

①水不溶性灰分的含量，按式（7）计算

$$X_1=\frac{m_1-m_2}{(m_3-m_2)\times w}\times100 \tag{7}$$

式中　X_1——水不溶性灰分的含量，g/100 g；

　　　m_1——坩埚和水不溶性灰分的质量，g；

　　　m_2——坩埚的质量，g；

m_3——坩埚和试样的质量,g;

w——试样干物质含量(质量分数),%;

100——单位换算系数。

②水溶性灰分的含量,按式(8)计算

$$X_2 = \frac{m_4 - m_5}{m_0 \times w} \times 100 \tag{8}$$

式中　X_2——水溶性灰分的含量,g/100 g;

m_0——试样的质量,g;

m_4——总灰分的质量,g;

m_5——水不溶性灰分的质量,g;

w——试样干物质含量(质量分数),%;

100——单位换算系数。

试样中灰分含量≥10 g/100 g 时,保留三位有效数字;试样中灰分含量<10 g/100 g 时,保留两位有效数字。

6. 精密度

在重复性条件下获得的两次独立测定结果的绝对差值不得超过算术平均值的5%。

(三)食品中酸不溶性灰分的测定

1. 原理

用盐酸溶液处理总灰分,过滤、灼烧、称量残留物。

2. 仪器和设备

(1)高温炉:最高温度≥950 ℃。

(2)天平:感量分别为 0.1 mg、1 mg、0.1 g。

(3)石英坩埚或瓷坩埚。

(4)干燥器(内有干燥剂)。

(5)无灰滤纸。

(6)漏斗。

(7)表面皿:直径为 6 cm。

(8)烧杯(高型):容量为 100 mL。

(9)恒温水浴锅:控温精度为±2 ℃。

3. 试剂和材料

本方法所用试剂均为分析纯,水为 GB/T 6682—2008 规定的三级水。

10%盐酸溶液:取 24 mL 分析纯浓盐酸用蒸馏水稀释至 100 mL。

4. 分析步骤

(1)按总灰分的测定方法制备总灰分。

(2)用 25 mL 10%盐酸溶液将总灰分分次洗入 100 mL 烧杯中,盖上表面皿,在沸水浴上小心加热,至溶液由浑浊变为透明时,继续加热 5 min,趁热用无灰滤纸过滤,用沸蒸馏水少量反复洗涤烧杯和滤纸上的残留物,直至中性(约 150 mL)。将滤纸连同残渣移入原坩埚内,在沸水浴上小心蒸去水分,移入高温炉内,以 550 ℃±25 ℃灼烧至无炭粒(一般需 1 h)。待炉温降至 200 ℃时,取出坩埚,放入干燥器内,冷却至室温,称重(精确至 0.000 1 g)。再放入高温炉内,以 550 ℃±25 ℃灼烧 30 min,如前冷却并称重。如此重复操作,直至连续两次称重之差不超过 0.5 mg 为止,记下最低质量。

5. 分析结果的表述

(1)以试样质量计,酸不溶性灰分的含量,按式(9)计算

$$X_1 = \frac{m_1 - m_2}{m_3 - m_2} \times 100 \tag{9}$$

式中 X_1——酸不溶性灰分的含量,g/100 g;

m_1——坩埚和酸不溶性灰分的质量,g;

m_2——坩埚的质量,g;

m_3——坩埚和试样的质量,g;

100——单位换算系数。

(2)以干物质计,酸不溶性灰分的含量,按式(10)计算

$$X_1 = \frac{m_1 - m_2}{(m_3 - m_2) \times w} \times 100 \tag{10}$$

式中 X_1——酸不溶性灰分的含量,g/100 g;

m_1——坩埚和酸不溶性灰分的质量,g;

m_2——坩埚的质量,g;

m_3——坩埚和试样的质量,g;

w——试样干物质含量(质量分数),%;

100——单位换算系数。

试样中灰分含量≥10 g/100 g 时,保留三位有效数字;试样中灰分含量<10 g/100 g 时,保留两位有效数字。

6. 精密度

在重复性条件下获得的两次独立测定结果的绝对差值不得超过算术平均值的5%。

任务准备

通过对标准的解读,将测定绿茶中总灰分所需仪器和设备记入表 2-2-1。

表 2-2-1　所需仪器和设备

序号	名称	规格
1	高温炉	最高温度≥950 ℃
2	天平	感量分别为 0.1 mg、1 mg、0.1 g
3	坩埚	石英坩埚或瓷坩埚
4	电热板	
5	干燥器	内附有干燥剂

任务实施

微课　　　　微课

绿茶中总灰
分的测定1

绿茶中总灰
分的测定2

一、操作要点（表 2-2-2）

表 2-2-2　　　　　　　　　　　　　　　　操作要点

序号	内容	操作方法	操作提示	评价标准
1	瓷坩埚准备	将瓷坩埚用稀盐酸煮 1～2 h，晾干后编号。置于 550 ℃±25 ℃ 高温炉中灼烧 30 min。冷却至 200 ℃ 左右，取出，放入干燥器中冷却 30 min，准确称量。重复灼烧至前、后两次称量之差不超过 0.5 mg 为恒重	1.用三氯化铁与蓝墨水的混合液在瓷坩埚外壁及盖上编号 2.高温炉第一次使用或长期停用后再次使用时，必须进行烘干 3.灼烧后瓷坩埚应冷却至 200 ℃ 以下再移入干燥器，否则易造成残灰飞散，且冷却后干燥器盖不易打开	• 瓷坩埚正确酸煮、标记 • 依照高温炉操作规程进行开机、设置温度 • 坩埚盖一起放入高温炉灼烧 • 取出时瓷坩埚放在炉门口降温至 200 ℃ 左右 • 瓷坩埚灼烧至恒重
2	称样	准确称取磨碎混匀的绿茶试样 3 g 于坩埚内	用万分之一天平称量试样，精确至 0.000 1 g	• 正确使用粉碎机 • 称样操作规范 • 称样量符合标准要求，平行样称样量相近
3	炭化	在电热板上以小火加热使试样充分炭化至无烟	如果炭化不完全，可滴加数滴纯净的橄榄油以助炭化和灰化	• 热源强度控制得当 • 正确判断炭化终点 • 操作过程无安全隐患
4	灰化	炭化后，将坩埚移入 550 ℃±25 ℃ 高温炉内，灼烧 4 h，冷却后称量。重复灼烧至前、后两次称量相差不超过 0.5 mg 为恒重	1.冷却至 200 ℃ 左右，取出，放入干燥器中冷却 30 min 再称量 2.如发现灼烧残渣有炭粒，应向试样中滴少许水湿润，蒸干水分再次灼烧至无炭粒方可称量	• 灼烧温度选择合理 • 正确操作高温炉 • 正确操作干燥器 • 正确判断灰化终点 • 操作过程无安全隐患

二、数据记录及处理（2-2-3）

表 2-2-3　　　　　　　　　　　绿茶中总灰分测定数据

基本信息	样品名称		样品编号	
	检测项目		检测日期	
	检测依据		检测方法	

（续表）

样品编号		1		2	
记录数据	空坩埚灰化时间/h				
	空坩埚质量 m_2/g				
	坩埚＋试样质量 m_3/g				
	试样灰化时间/h				
	坩埚＋灰分质量 m_1/g				
数据处理	总灰分计算公式				
	总灰分含量 X/$[g \cdot (100\ g)^{-1}]$				
结果评判	精密度评判				
	$\overline{X}$/$[g \cdot (100\ g)^{-1}]$				
	绿茶中总灰分含量评判依据				
	绿茶中总灰分含量评判结果				
检验结论					

三、问题探究

1.测定茶叶中的灰分时,小明不能确定灰化的时间,他该如何判断灰化是否完全?

样品灰化的时间可通过观察灰分的颜色和是否达到恒重来判定。一般以灼烧至灰分呈白色或浅灰色无炭粒存在并达到恒重为止。但有的样品即使灰化完全,残灰也不一定呈白色或浅灰色。如含铁高的样品残灰呈褐色,含锰和铜高的样品残灰呈蓝色。有时即使残灰的表面呈白色,内部仍残留炭粒。因此应根据样品的组成、性状来观察残灰的颜色,以便正确判断灰化程度。

2.小明灰化样品时灼烧了近 10 个小时,仍有炭粒存在,他该如何加快灰化的速度呢?

对一些难灰化的样品,为缩短灰化周期,一般可采用下述方法来加速灰化过程。

(1)改变操作方法:试样经初步灼烧后,取出冷却,从灰化容器边缘慢慢加入少量去离子水(不可直接洒在残灰上,以防残灰飞扬),使水溶性盐类溶解,被包住的炭粒暴露出来,在水浴上蒸发至干涸,置于 120~130 ℃干燥箱中充分干燥,再灼烧至恒重。

(2)添加灰化助剂,如硝酸、过氧化氢、碳酸铵,这类物质在灼烧后完全消失,不会增加残留灰分的质量。

(3)添加氧化镁、碳酸钙等惰性不熔物质,这类物质和灰分混杂在一起,使炭粒不受覆盖。此法应同时做空白试验。

食品理化检验技术

任务总结

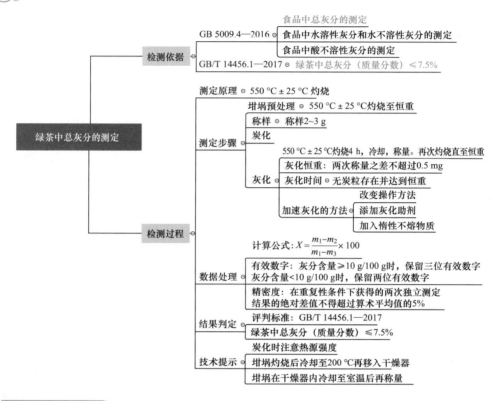

任务评价

绿茶中总灰分测定评价见表 2-2-4。

表 2-2-4　　　　　　　　　　　　　绿茶中总灰分测定评价

评价类别	项目	要求	互评	师评
专业能力 (60%)	方案(10%)	正确选用标准(5%)		
		所设计实验方案可行性强(5%)		
	实施(30%)	瓷坩埚酸煮、标记(5%)		
		瓷坩埚灼烧至恒重(5%)		
		炭化操作正确,炭化至无烟(5%)		
		高温炉温度设置合理(5%)		
		灰化操作正确(5%)		
		能正确判断灰化是否完全(5%)		
	结果(20%)	原始数据记录准确、美观(5%)		
		公式正确,计算过程正确(5%)		
		正确保留有效数字(5%)		
		精密度符合要求(5%)		

（续表）

评价类别	项目	要求	互评	师评
职业素养 （40%）	解决问题（5%）	及时发现问题并提出解决方案（5%）		
	团队协作（10%）	小组成员合作良好,对小组有贡献（10%）		
	职业规范（10%）	着装规范（5%）		
		安全、环保意识（5%）		
	职业道德（5%）	诚信意识（5%）		
	职业精神（10%）	耐心细致、吃苦耐劳精神（5%）		
		严谨求实、精益求精的科学态度（5%）		
合计				

任务拓展

依据 1+X 粮农食品安全评价及食品检验管理职业技能等级证书要求,针对灰分的测定,课外应加强以下方面的学习和训练。

1.通过测定绿茶中总灰分的含量,进一步熟悉炭化、灰化、恒重的操作要点。

2.以总灰分的测定为主,延伸至学习水溶性灰分、水不溶性灰分和酸不溶性灰分的测定。

任务巩固

1.填写流程图

在线自测

怀疑大豆干制品中掺有滑石粉时,可采用总灰分测定方法进行确定,试将大豆中灰分测定的流程补充完整。

样品制备→□□□→称样→□□□→灰化→降温→冷却→□□□→复烧→降温→冷却……□□□→结果计算

2.计算题

中国是茶的故乡,也是茶文化的发源地。茶是中华民族举国之饮,食用、解渴,都可以饮用茶。小明测定茶叶中的灰分含量时,称取试样 3.976 0 g,置于干燥恒重为 45.358 5 g 的瓷坩埚中,小心炭化完毕,再于 550 ℃ 的高温炉中灰化 4 h 后,置于干燥器内冷却称重为 45.584 1 g;重新置于 550 ℃ 高温炉中灰化 1 h,完毕后取出置于干燥器冷却后称重为 45.582 6 g;再置于 550 ℃ 高温炉中灰化 1 h,完毕后取出置于干燥器冷却后称重为 45.582 5 g。问被测定的茶叶灰分含量为多少?

任务三 酸度的测定

 任务目标

1. 能查阅并正确选用酸度测定的国家标准;
2. 能正确处理样品,测定样品酸度并准确判断滴定终点;
3. 能准确记录、处理检测数据,规范填写检验报告;
4. 培养遵纪守法、诚实守信的职业品格;
5. 培养精益求精、追求卓越的工匠精神。

 任务背景

酸度是评价配方乳粉质量的重要指标之一,直接影响乳粉的质量和口感,测定乳粉中的复原乳酸度可以判定其新鲜程度,有利于乳粉最终品质的确定。小明最近接到了一项检验某品牌乳粉酸度是否达标的任务。

 任务描述

复原乳酸度是乳粉的一项理化指标。将一定量的乳粉溶于水中,制成复原乳,以酚酞做指示剂,硫酸钴做参比溶液,用氢氧化钠标准溶液滴定复原乳可计算复原乳酸度。

《食品安全国家标准 乳粉》(GB 19644—2010)中规定乳粉(以牛乳为原料)的复原乳酸度≤18 ˚T。

 任务分析

通过查阅《食品安全国家标准 乳粉》(GB 19644—2010)和《食品安全国家标准 食品酸度的测定》(GB 5009.239—2016),小组讨论后制订检验方案,测定乳粉的复原乳酸度,按照标准给出的公式,结合乳粉水分测定的结果计算出乳粉酸度,并判断乳粉的复原乳酸度是否合规。

 相关知识

食品中的酸味物质,包括有机酸、无机酸、酸式盐和某些酸性化合物(如单宁、蛋白质分解产物等)。

一、 酸在食品中的作用

1. 显味剂

酸味物质是食品重要的显味剂,对食品的风味有很大的影响,其中大多数的有机酸具有很浓的水果香味,能刺激食欲,促进消化。有机酸在维持人体体液酸碱平衡方面起着重要的作用。

2. 保持颜色稳定

食品中酸味物质的存在,即 pH 的高低,对保持食品颜色的稳定性也有一定的作用。例如,在水果加工过程中,如果加酸降低介质的pH,可抑制水果的酶促褐度;选用 pH 为 6.5~7.2 的沸水热烫蔬菜,能很好地保持绿色蔬菜特有的鲜绿色。

3. 防腐作用

酸味物质在食品中还能起到一定的防腐作用。当食品的 pH 小于2.5 时,除霉菌外,大部分微生物的生长都受到了抑制;若将醋酸的浓度控制在 6%,可有效抑制腐败菌的生长。

微课

食品中的酸

二、 食品中酸度的表示方法

食品中的酸度通常用总酸度、有效酸度、挥发性酸度、牛乳酸度等来表示。

1. 总酸度

总酸度又称为可滴定酸度,是指食品中所有酸性物质的总量,包括已解离的酸浓度和未解离的酸浓度,常采用标准碱液来滴定,并以试样中代表酸的百分含量表示。

2. 有效酸度

有效酸度指食品中呈离子状态的氢离子的活度。常用 pH 计进行测定,用 pH 表示。

3. 挥发性酸度

挥发性酸度指所有低相对分子质量的脂肪酸。例如游离态或结合态的乙酸和丙酸,但甲酸除外。挥发性酸度可用直接法或间接法进行测定。

4. 牛乳酸度

牛乳酸度有两种:外表酸度和真实酸度。外表酸度与真实酸度之和即为牛乳的总酸度,其大小可通过标准碱液滴定来测定。

外表酸度又叫固有酸度(潜在酸度),是指刚挤出来的新鲜牛乳本

微课

酸度的概念

学习笔记

身所具有的酸度,主要来源于鲜牛乳中酪蛋白、白蛋白、柠檬酸盐及磷酸盐等酸性成分。外表酸度在鲜牛乳中占 0.15％～0.18％(以乳酸计)。

真实酸度又叫发酵酸度,是指牛乳在放置过程中,在乳酸菌作用下乳糖发酵产生乳酸而升高的那部分酸度。若牛乳含酸量在 0.15％～0.20％,即认为有乳酸存在。习惯上把含酸量在 0.20％以上的牛乳列为不新鲜牛乳。

牛乳酸度有两种表示方法:①用°T 表示,是指滴定 100 mL 牛乳所消耗的 0.100 0 mol/L 氢氧化钠标准溶液的体积,或滴定 10 mL 牛乳所消耗的 0.100 0 mol/L 氢氧化钠标准溶液的体积乘以 10,新鲜牛乳的酸度为 16～18 °T;②用乳酸的百分含量表示,与总酸度的计算方法一样,用乳酸表示牛乳的酸度。

酸度测定的意义

三、 酸度测定的意义

1. 判断果蔬的成熟程度

不同种类的水果和蔬菜,酸的含量因成熟度、生长条件而异。一般成熟度越高,酸的含量越低,故通过对酸度的测定可判断原料的成熟度。如番茄在成熟过程中,总酸度从绿熟期的 0.94％下降到完熟期的 0.64％,同时糖的含量增加,糖酸比增大,具有良好的口感。

2. 判断食品的新鲜程度

例如,新鲜牛奶中的乳酸含量过高,说明牛奶已腐败变质;水果制品中有游离的半乳糖醛酸,说明受到霉烂水果的污染。

3. 酸度是反映食品质量的指标之一

食品中有机酸含量的多少,直接影响食品的风味、色泽、稳定性和品质的高低。如酒的生产中,对麦芽汁、发酵液、酒曲等的酸度都有一定的要求。发酵制品(如白酒、啤酒、酱油、食醋等)中的酸度也是一个重要的质量指标。

总酸的测定

四、 食品中有机酸的种类与含量

1. 食品中常见的有机酸种类

食品中常见的有机酸有苹果酸、柠檬酸、酒石酸、草酸、琥珀酸、乳酸及乙酸等。这些有机酸有的是食品原料中固有的,如蔬菜制品中的有机酸;有的是在食品加工中人为加入的,如饮料中的有机酸;有的是在生产加工、贮存过程中产生的,如酸奶、食醋中的有机酸。

2.食品中常见的有机酸含量

果蔬中有机酸的含量取决于其品种、成熟度以及产地气候条件等因素,其他食品中有机酸的含量取决于其原料种类、产品配方以及工艺过程等。

五、 酸度的测定方法

食品酸度的测定可以参照《食品安全国家标准 食品酸度的测定》(GB 5009.239—2016)和《食品安全国家标准 食品中总酸的测定》(GB 12456—2021)。

(一)总酸的测定——酚酞指示剂法

本法参照《食品安全国家标准 食品酸度的测定》(GB 5009.239—2016)。

1.原理

试样经过处理后,以酚酞作为指示剂,用 0.100 0 mol/L 氢氧化钠标准溶液滴定至中性,记录消耗氢氧化钠标准溶液的体积,经计算确定试样的酸度。

2.仪器和设备

(1)天平:感量为 0.001 g。

(2)碱式滴定管:容量为 10 mL,最小刻度为 0.05 mL。

(3)碱式滴定管:容量为 25 mL,最小刻度为 0.1 mL。

(4)水浴锅。

(5)锥形瓶:100 mL、150 mL、250 mL。

(6)具塞磨口锥形瓶:250 mL。

(7)粉碎机:可使粉碎的样品 95% 以上通过 CQ16 筛[相当于孔径 0.425 mm(40 目)],粉碎样品时磨腔不应发热。

(8)振荡器:往返式,振荡频率为 100 次/min。

(9)中速定性滤纸。

(10)移液管:10 mL、20 mL。

(11)量筒:50 mL、250 mL。

(12)玻璃漏斗和漏斗架。

3.试剂和材料

本方法所用试剂均为分析纯,水为 GB/T 6682—2008 规定的三级水。

(1)氢氧化钠标准溶液(0.100 0 mol/L):称取 0.75 g 于 105～110 ℃干燥箱中干燥至恒重的工作基准试剂邻苯二甲酸氢钾,加 50 mL 无二氧化碳的水溶解,加 2 滴酚酞指示液(10 g/L),用配制好

课程思政

滴定分析的前世今生

3D虚拟仿真

滴定管

学习笔记

的氢氧化钠溶液滴定至溶液呈粉红色,并保持30 s。同时做空白试验。

(2)参比溶液:将3 g七水硫酸钴溶于水中,并定容至100 mL。

(3)酚酞指示液:称取0.5 g酚酞溶于75 mL体积分数为95%的乙醇中,并加入20 mL水,然后滴加0.100 0 mol/L氢氧化钠溶液至微粉色,再加入水定容至100 mL。

(4)中性乙醇-乙醚混合液:取等体积的乙醇、乙醚混合后加3滴酚酞指示液,以氢氧化钠溶液(0.100 0 mol/L)滴至微红色。

(5)不含二氧化碳的蒸馏水:将水煮沸15 min,逐出二氧化碳,冷却,密闭。

4.分析步骤

(1)乳粉

①试样制备

将样品全部移入约两倍于样品体积的洁净干燥容器中(带密封盖),立即盖紧容器,反复旋转振荡,使样品彻底混合。在此操作过程中,应尽量避免样品暴露在空气中。

②测定

称取4 g样品(精确到0.01 g)于三只250 mL锥形瓶中。用量筒量取96 mL约20 ℃的不含二氧化碳的蒸馏水,使样品复溶,搅拌,然后静置20 min。

向一只装有96 mL约20 ℃的不含二氧化碳的蒸馏水的锥形瓶中加入2.0 mL参比溶液,轻轻转动,使之混合,得到标准参比颜色。如果要测定多个相似的产品,则此参比溶液可用于整个测定过程,但时间不得超过2 h。

向另两只装有试样溶液的锥形瓶中加入2.0 mL酚酞指示液,轻轻转动,使之混合。用25 mL碱式滴定管向该锥形瓶中滴加氢氧化钠溶液,边滴加边转动锥形瓶,直到颜色与参比溶液的颜色相似,且5 s内不消退,整个滴定过程应在45 s内完成。滴定过程中,向锥形瓶中吹氮气,防止溶液吸收空气中的二氧化碳。记录所用氢氧化钠溶液的体积(V_1),精确至0.05 mL,代入式(1)中进行计算。

③空白滴定

用96 mL不含二氧化碳的蒸馏水做空白试验,读取所消耗氢氧化钠标准溶液的体积(V_0)。空白试验所消耗的氢氧化钠标准溶液的体积应不小于零,否则应重新制备和使用符合要求的蒸馏水。

(2)乳及其他乳制品

①制备参比溶液

向装有等体积相应溶液的锥形瓶中加入2.0 mL参比溶液,轻轻转动,使之混合,得到标准参比颜色。如果要测定多个相似的产品,则此参比溶液可用于整个测定过程,但时间不得超过2 h。

②巴氏杀菌乳、灭菌乳、生乳、发酵乳

称取 10 g(精确到 0.001 g)已混匀的试样,置于 150 mL 锥形瓶中,加入 20 mL 新煮沸并冷却至室温的水,混匀,加入 2.0 mL 酚酞指示液,混匀后用氢氧化钠标准溶液滴定,边滴加边转动锥形瓶,直到颜色与参比溶液的颜色相似,且 5 s 内不消退,整个滴定过程应在 45 s 内完成。滴定过程中,向锥形瓶中吹氮气,防止溶液吸收空气中的二氧化碳。记录消耗的氢氧化钠标准溶液体积(V_2),代入式(2)中进行计算。

③奶油

称取 10 g(精确到 0.001 g)已混匀的试样,置于 250 mL 锥形瓶中,加入 30 mL 中性乙醇-乙醚混合液,混匀,加入 2.0 mL 酚酞指示液,混匀后用氢氧化钠标准溶液滴定,边滴加边转动锥形瓶,直到颜色与参比溶液的颜色相似,且 5 s 内不消退,整个滴定过程应在 45 s 内完成。滴定过程中,向锥形瓶中吹氮气,防止溶液吸收空气中的二氧化碳。记录消耗的氢氧化钠标准溶液体积(V_2),代入式(2)中进行计算。

④炼乳

称取 10 g(精确到 0.001 g)已混匀的试样,置于 250 mL 锥形瓶中,加入 60 mL 新煮沸并冷却至室温的水溶解,混匀,加入 2.0 mL 酚酞指示液,混匀后用氢氧化钠标准溶液滴定,边滴加边转动锥形瓶,直到颜色与参比溶液的颜色相似,且 5 s 内不消退,整个滴定过程应在 45 s 内完成。滴定过程中,向锥形瓶中吹氮气,防止溶液吸收空气中的二氧化碳。记录消耗的氢氧化钠标准溶液体积(V_2),代入式(2)中进行计算。

⑤干酪素

称取 5 g(精确到 0.001 g)经研磨混匀的试样于锥形瓶中,加入 50 mL 不含二氧化碳的蒸馏水,于室温(18~20 ℃)下放置 4~5 h,或在水浴锅中加热到 45 ℃,并在此温度下保持 30 min,再加 50 mL 不含二氧化碳的蒸馏水,混匀后,通过干燥的滤纸过滤。吸取滤液 50 mL 于锥形瓶中,加入 2.0 mL 酚酞指示液,混匀后用氢氧化钠标准溶液滴定,边滴加边转动锥形瓶,直到颜色与参比溶液的颜色相似,且 5 s 内不消退,整个滴定过程应在 45 s 内完成。滴定过程中,向锥形瓶中吹氮气,防止溶液吸收空气中的二氧化碳。记录消耗的氢氧化钠标准溶液体积(V_3),代入式(3)进行计算。

⑥空白滴定

用等体积的不含二氧化碳的蒸馏水做空白试验,读取耗用氢氧化钠标准溶液的体积(V_0)(适用于②④⑤的样品)。用 30 mL 中性乙醇-乙醚混合液做空白试验,读取耗用氢氧化钠标准溶液的体积(V_0)(适用于③的样品)。

空白试验所消耗的氢氧化钠标准溶液的体积应不小于零,否则应重新制备和使用符合要求的蒸馏水或中性乙醇-乙醚混合液。

(3)淀粉及其衍生物

①样品预处理

样品应充分混匀。

②称样

称取样品 10 g(精确至 0.1 g),移入 250 mL 锥形瓶内,加入 100 mL 水,振荡并混合均匀。

③滴定

向一只装有 100 mL 约 20 ℃ 的水的锥形瓶中加入 2.0 mL 参比溶液,轻轻转动,使之混合,得到标准参比颜色。如果要测定多个相似的产品,则此参比溶液可用于整个测定过程,但时间不得超过 2 h。

向装有样品的锥形瓶中加入 2~3 滴酚酞指示液,混匀后用氢氧化钠标准溶液滴定,边滴加边转动锥形瓶,直到颜色与参比溶液的颜色相似,且 5 s 内不消退,整个滴定过程应在 45 s 内完成。滴定过程中,向锥形瓶中吹氮气,防止溶液吸收空气中的二氧化碳。读取耗用氢氧化钠标准溶液的体积(V_4),代入式(4)中进行计算。

④空白滴定

用 100 mL 不含二氧化碳的蒸馏水做空白试验,读取耗用氢氧化钠标准溶液的体积(V_0)。空白试验所消耗的氢氧化钠标准溶液的体积应不小于零,否则应重新制备和使用符合要求的蒸馏水。

(4)粮食及其制品

①试样制备

取混合均匀的样品 80~100 g,用粉碎机粉碎,粉碎细度要求 95% 以上通过 CQ16 筛[孔径 0.425 mm(40 目)],粉碎后的全部筛分样品充分混合,装入磨口锥形瓶中,制备好的样品应立即测定。

②测定

称取制备好的试样 15 g,置入 250 mL 具塞磨口锥形瓶,加入不含二氧化碳的蒸馏水 150 mL(V_{51})(先加少量水与试样混成稀糊状,再全部加入),滴入三氯甲烷 5 滴,加塞后摇匀,在室温下放置提取 2 h,每隔 15 min 摇动 1 次(或置于振荡器上振荡 70 min),浸提完毕后静置数分钟用中速定性滤纸过滤,用移液管吸取滤液 10 mL(V_{52}),注入 100 mL 锥形瓶中,再加不含二氧化碳的蒸馏水 20 mL 和酚酞指示液 3 滴,混匀后用氢氧化钠标准溶液滴定,边滴加边转动锥形瓶,直到颜色与参比溶液的颜色相似,且 5 s 内不消退,整个滴定过程应在 45 s 内完成。滴定过程中,向锥形瓶中吹氮气,防止溶液吸收空气中的二氧化碳。记下所消耗的氢氧化钠标准溶液体积(V_5),代入式(5)中进行计算。

③空白滴定

用 30 mL 不含二氧化碳的蒸馏水做空白试验,记下所消耗的氢氧化钠标准溶液体积(V_0)。

5. 分析结果的表述

乳粉试样中的酸度数值以吉尔涅尔度(°T)表示,按式(1)计算

$$X_1 = \frac{c_1 \times (V_1 - V_0) \times 12}{m_1 \times (1-w) \times 0.100\ 0} \tag{1}$$

式中 X_1——试样的酸度,度(°T)(以 100 g 干物质为 12% 的复原乳所消耗的 0.1 mol/L 氢氧化钠标准溶液体积计,mL/100 g);

c_1——氢氧化钠标准溶液的浓度,mol/L;

V_1——滴定时所消耗氢氧化钠标准溶液的体积,mL;

V_0——空白试验所消耗氢氧化钠标准溶液的体积,mL;

12——12 g 乳粉相当 100 mL 复原乳(脱脂乳粉应为 9 g,脱脂乳清粉应为 7 g);

m_1——称取样品的质量,g;

w——试样中水分的质量分数,g/100 g;

$1-w$——试样中乳粉的质量分数,g/100 g;

0.100 0——酸度理论定义氢氧化钠标准溶液的摩尔浓度,mol/L。

以重复性条件下获得的两次独立测定结果的算术平均值表示,结果保留三位有效数字。

巴氏杀菌乳、灭菌乳、生乳、发酵乳、奶油和炼乳试样中的酸度数值以吉尔涅尔度(°T)表示,按式(2)计算

$$X_2 = \frac{c_2 \times (V_2 - V_0) \times 100}{m_2 \times 0.100\ 0} \tag{2}$$

式中　X_2——试样的酸度,度(°T)(以 100 g 样品所消耗的 0.1 mol/L 氢氧化钠标准溶液体积计,mL/100 g);

c_2——氢氧化钠标准溶液的浓度,mol/L;

V_2——滴定时所消耗氢氧化钠标准溶液的体积,mL;

V_0——空白试验所消耗氢氧化钠标准溶液的体积,mL;

100——100 g 试样;

m_2——试样的质量,g;

0.100 0——酸度理论定义氢氧化钠标准溶液的浓度,mol/L。

以重复性条件下获得的两次独立测定结果的算术平均值表示,结果保留三位有效数字。

干酪素试样中的酸度数值以吉尔涅尔度(°T)表示,按式(3)计算

$$X_3 = \frac{c_3 \times (V_3 - V_0) \times 100 \times 2}{m_3 \times 0.100\ 0} \tag{3}$$

式中　X_3——试样的酸度,度(°T)(以 100 g 样品所消耗的 0.1 mol/L 氢氧化钠标准溶液体积计,mL/100 g);

c_3——氢氧化钠标准溶液的浓度,mol/L;

V_3——滴定时所消耗氢氧化钠标准溶液的体积,mL;

V_0——空白试验所消耗氢氧化钠标准溶液的体积,mL;

100——100 g 试样;

2——试样的稀释倍数;

m_3——试样的质量,g;

0.100 0——酸度理论定义氢氧化钠标准溶液的浓度,mol/L。

以重复性条件下获得的两次独立测定结果的算术平均值表示,结果保留三位有效数字。

淀粉及其衍生物试样中的酸度数值以吉尔涅尔度(°T)表示,按式(4)计算

$$X_4 = \frac{c_4 \times (V_4 - V_0) \times 10}{m_4 \times 0.100\ 0} \tag{4}$$

式中 X_4——试样的酸度,度(°T)(以 10 g 样品所消耗的 0.1 mol/L 氢氧化钠标准溶液体积计,mL/10 g);

   c_4——氢氧化钠标准溶液的浓度,mol/L;

   V_4——滴定时所消耗氢氧化钠标准溶液的体积,mL;

   V_0——空白试验所消耗氢氧化钠标准溶液的体积,mL;

   10——10 g 试样;

   m_4——试样的质量,g;

   0.100 0——酸度理论定义氢氧化钠标准溶液的浓度,mol/L。

以重复性条件下获得的两次独立测定结果的算术平均值表示,结果保留三位有效数字。

粮食及其制品试样中的酸度数值以(°T)表示,按式(5)计算

$$X_5 = (V_5 - V_0) \times \frac{V_{51}}{V_{52}} \times \frac{c_5}{0.100\ 0} \times \frac{10}{m_5} \tag{5}$$

式中 X_5——试样的酸度,度(°T)(以 10 g 样品所消耗的 0.1 mol/L 氢氧化钠标准溶液体积计,mL/10 g);

   V_5——试样滤液消耗氢氧化钠标准溶液的体积,mL;

   V_0——空白试验消耗氢氧化钠标准溶液的体积,mL;

   V_{51}——浸提试样的水体积,mL;

   V_{52}——用于滴定的试样滤液体积,mL;

   c_5——氢氧化钠标准溶液的浓度,mol/L;

   0.100 0——酸度理论定义氢氧化钠标准溶液的浓度,mol/L;

   10——10 g 试样;

   m_5——试样的质量,g。

以重复性条件下获得的两次独立测定结果的算术平均值表示,结果保留三位有效数字。

6. 精密度

在重复性条件下获得的两次独立测定结果的绝对差值不得超过算术平均值的 10%。

7. 注释说明

(1)适用范围:本法适用于生乳及乳制品、淀粉及其衍生物、粮食及其制品酸度的测定。

(2)若样液有颜色,则在滴定前用与样液同体积的不含二氧化碳的蒸馏水稀释。

(二)酸碱指示剂滴定法

本法参照《食品安全国家标准 食品中总酸的测定》(GB 12456—2021)。

1.原理

根据酸碱中和原理,用碱液滴定试液中的酸,以酚酞为指示剂确定滴定终点。按碱液的消耗量计算食品中的总酸含量。

2.仪器和设备

(1)天平:感量为 0.01 g 和 0.1 mg。

(2)碱式滴定管:容量为 10 mL,最小刻度为 0.05 mL。

(3)碱式滴定管:容量为 25 mL,最小刻度为 0.1 mL。

(4)水浴锅。

(5)锥形瓶:100 mL、150 mL、250 mL。

(6)移液管:25 mL、50 mL、100 mL。

(7)均质器。

(8)超声波发生器。

(9)研钵。

(10)组织捣碎机。

3.试剂和材料

本方法所用试剂均为分析纯,水为 GB/T 6682—2008 规定的二级水。

(1)无二氧化碳的水:将水煮沸 15 min 以逐出二氧化碳,冷却,密闭。

(2)酚酞指示液(10 g/L):称取 1 g 酚酞,溶于乙醇(95%),用乙醇(95%)稀释至 100 mL。

(3)氢氧化钠标准溶液(0.1 mol/L):按照 GB/T 5009.1—2003 的要求配制和标定,或购买经国家认证并授予标准物质证书的标准滴定溶液。

(4)氢氧化钠标准溶液(0.01 mol/L):用移液管吸取 100 mL 0.1 mol/L 氢氧化钠标准溶液至容量瓶,用水稀释到 1 000 mL,现用现配,必要时重新标定。

(5)氢氧化钠标准溶液(0.05 mol/L):用移液管吸取 50 mL 0.1 mol/L 氢氧化钠标准溶液至容量瓶,用水稀释到 100 mL,现用现配,必要时重新标定。

4.分析步骤

(1)试样的制备

试样放置常温密封保存。

①液体样品

不含二氧化碳的样品:充分混合均匀,置于密闭玻璃容器内。

含二氧化碳的样品:至少取 200 g 样品(精确至 0.01 g)于 500 mL 烧杯中,在减压下摇动 3~4 min,以除去液体样品中的二氧化碳。

小提示

因为食品中有机酸均为弱酸,用强碱滴定生成强碱弱酸盐,水溶液偏碱性,与酚酞变色点相当。且酚酞变色范围落在突跃区间,所以测定食品总酸度时选酚酞做指示剂是最佳选择,误差小。

学习笔记

②固体样品

取有代表性的样品至少 200 g(精确至 0.01 g),置于研钵或组织捣碎机中,加入与样品等量的无二氧化碳的水,用研钵研碎或用组织捣碎机捣碎,混匀成浆状后置于密闭玻璃容器内。

③固液混合样品

按样品的固、液体比例至少取 200 g(精确至 0.01 g),用研钵研碎或用组织捣碎机捣碎,混匀后置于密闭玻璃容器内。

(2)待测溶液的制备

①液体样品

称取 25 g(精确至 0.01 g)或用移液管吸取 25.0 mL 试样至 250 mL 容量瓶中,用无二氧化碳的水定容至刻度,摇匀。用快速滤纸过滤,收集滤液,用于测定。

②其他样品

称取 25 g 试样(精确至 0.01 g),置于 150 mL 带有冷凝管的锥形瓶中,加入约 50 mL 80 ℃无二氧化碳的水,混合均匀,置于沸水浴中煮沸 30 min(摇动 2~3 次,使试样中的有机酸全部溶于溶液中),取出,冷却至室温,用无二氧化碳的水定容至 250 mL,用快速滤纸过滤,收集滤液,用于测定。

(3)分析步骤

①根据试样总酸的可能含量,使用移液管吸取 25 mL、50 mL 或者 100 mL 试液,置于 250 mL 锥形瓶中,加入 2~4 滴(10 g/L)酚酞指示液,用 0.1 mol/L 氢氧化钠标准溶液(若为白酒等样品,总酸≤4 g/kg,可用 0.01 mol/L 或 0.05 mol/L 氢氧化钠标准溶液)滴定至微红色且 30 s 不褪色。记录消耗 0.1 mol/L 氢氧化钠标准溶液的体积。

②空白试验

按①的操作,用同体积无二氧化碳的水代替试液做空白试验,记录消耗氢氧化钠标准溶液的体积。

5.分析结果的表述

总酸的含量按式(6)计算

$$X = \frac{c \times (V_1 - V_2) \times k \times F}{m} \times 1\ 000 \tag{6}$$

式中　X——试样中总酸的含量,g/kg 或 g/L;

　　　c——氢氧化钠标准溶液的浓度,mol/L;

　　　V_1——滴定试液时消耗氢氧化钠标准溶液的体积,mL;

　　　V_2——空白试验时消耗氢氧化钠标准溶液的体积,mL;

　　　k——酸的换算系数:苹果酸,0.067;乙酸,0.060;酒石酸,0.075;柠檬酸,0.064;柠檬酸(含一分子结晶水),0.070;乳酸,0.090;盐酸,0.036;硫酸,0.049;磷酸,0.049;

　　　F——试样的稀释倍数;

　　　m——试样的质量或吸取试样的体积,g 或 mL;

　　　1 000——换算系数。

计算结果以重复性条件下获得的两次独立测定结果的算术平均值表示,结果保留到小数点后两位。

6.精密度

在重复性条件下获得的两次独立测定结果的绝对差值不得超过算术平均值的10%。

7.注释说明

(1)适用范围:本法适用于果蔬制品、饮料(澄清透明类)、白酒、米酒、白葡萄酒、啤酒和白醋中总酸的测定。

(2)因食品中含有多种有机酸,总酸的测定结果通常以样品中含量最多的那种酸表示,结果中需注明以哪种酸计,例如一般分析葡萄及其制品时,用酒石酸表示;分析柑橘类果实及其制品时,用柠檬酸表示;分析苹果及其制品时,用苹果酸表示;分析酒类、调味品时,用乙酸表示。

(3)若样液有颜色,则在滴定前用与样液同体积的不含二氧化碳的蒸馏水稀释。若样液颜色过深或浑浊,则宜用电位滴定法。

(三)挥发性酸度的测定

正常生产的食品中,其挥发性酸的含量较稳定,若在生产中使用了不合格的原料,或违反正常的工艺进行操作,则会由于糖的发酵而使挥发性酸含量增加,降低食品品质。故挥发性酸的含量是某些食品的一项质量控制指标。

挥发性酸度的测定方法包括直接法和间接法。直接法是通过水蒸气蒸馏或溶剂萃取,把挥发性酸分离出来,然后用标准碱液滴定;间接法是将挥发性酸蒸发除去后,用标准碱液滴定不挥发性酸,最后从总酸中减去不挥发性酸即得挥发性酸的含量。直接法操作方便,较常用,适用于挥发性酸含量较高的试样。若蒸馏液有损失或被污染,或试样中挥发性酸含量较低时,宜选用间接法。

水果和蔬菜产品中挥发性酸度的测定可以参照《水果和蔬菜产品中挥发性酸度的测定方法》(GB/T 10467—1989)。

1.原理

试样经酒石酸酸化后,用水蒸气蒸馏带出挥发性酸类,以酚酞为指示剂,用氢氧化钠标准溶液滴定馏出液。

2.仪器和设备

(1)蒸馏装置,如图 2-3-1 所示。

(2)高速组织捣碎机。

(3)天平:感量为 0.01 g 和 0.1 mg。

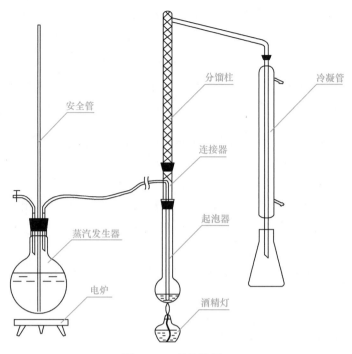

安全管

分馏柱

冷凝管

连接器

蒸汽发生器

起泡器

电炉

酒精灯

图 2-3-1　蒸馏装置

3.试剂和材料

(1)酒石酸。

(2)鞣酸。

(3)氢氧化钙:澄清的饱和溶液。

(4)氢氧化钙稀溶液:1 体积饱和氢氧化钙溶液加 4 体积水。

(5)氢氧化钠标准溶液(0.100 0 mol/L):配制和标定方法按
GB/T 601—2016 操作。

(6)酚酞:称取 1 g 酚酞,溶解在 100 mL 95%(V/V)乙醇溶液中。

4.样品的制备

(1)新鲜果蔬样品(苹果、橘子、冬瓜等)

取待测样品适量,洗净、沥干,可食部分按四分法取样于捣碎机中,
加定量水捣成匀浆。多汁果蔬类可直接捣浆。

(2)液体制品和容易分离出液体的制品(果汁、糖浆水、泡菜水等)

将样品充分混匀,若样品有固体颗粒,可过滤分离。若样品在发酵
过程中含有二氧化碳,用量筒量取约 100 mL 样品于 500 mL 长颈瓶
中,在减压下振摇 2~3 min,除去二氧化碳。为避免形成泡沫,可在样
品中加入少量消泡剂,例如 50 mL 样品加入 0.2 g 鞣酸。

(3)黏稠或固态制品(橘酱、果酱、干果等)

必要时除去果核、果籽,加定量水软化后于捣碎机中,捣成匀浆。

(4)冷冻制品(速冻马蹄、青刀豆等)

将冷冻制品于密闭容器中解冻后,定量转移至捣碎机中捣碎均匀。

5. 分析步骤

（1）取样

①液体样品

用移液管吸取 20 mL 试样于起泡器中，如样品挥发性酸度强，可少取，但需加水至总容量 20 mL。

②黏稠的样品或固态的样品或冷冻制品

称取试样 10 g±0.01 g 于起泡器中，加水至总容量 20 mL。

（2）蒸馏

将氢氧化钙稀溶液注入蒸汽发生器至其容积的 2/3，加 0.5 g 酒石酸和约 0.2 g 鞣酸于起泡器里的试样中。连接蒸馏装置，加热蒸汽发生器和起泡器。若起泡器内容物最初的容量超过 20 mL，调节加热量使容量浓缩到 20 mL，在整个蒸馏过程中，使起泡器内容物保持恒定（20 mL）。蒸馏时间为 15～20 min。收集馏出液于锥形瓶中，直至馏出液体积为 250 mL 时停止蒸馏。

（3）滴定

在 250 mL 馏出液中滴加 2 滴酚酞指示液，用氢氧化钠标准溶液滴定至呈现淡粉红色，保持 15 s 不褪色。

6. 分析结果的表述

挥发性酸度以每 100 mL 或 100 g 样品中乙酸质量表示，分别由式（7）和式（8）求得

$$X_1 = \frac{c \times V \times 0.06 \times 100}{V_0} \tag{7}$$

式中　X_1——每 100 mL 样品中乙酸质量，g/100 mL；

　　　c——氢氧化钠标准溶液的浓度，mol/L；

　　　V——滴定样品时消耗氢氧化钠标准溶液的体积，mL；

　　　V_0——试样的体积，mL；

　　　0.06——与 c＝1.000 mol/L 的 1.00 mL 的氢氧化钠标准溶液相当的乙酸质量，g；

　　　100——100 mL 试样。

$$X_2 = \frac{c \times V \times 0.06 \times 100}{m} \tag{8}$$

式中　X_2——每 100 g 样品中乙酸质量，g/100 g；

　　　m——试样的质量，g。

对同一操作者，连续两次测定结果之差，每 100 mL 或 100 g 样品中乙酸相差不得超过 12 mg。若重复性符合要求，取连续两次测定值的算术平均值作为结果。

7. 注释说明

（1）适用范围：本法适用于所有新鲜果蔬产品，也适用于加或未加二氧化硫、山梨酸、苯甲酸、甲酸等化学防腐剂的果蔬制品的测定。

（2）若制品含二氧化硫、山梨酸、苯甲酸、甲酸等防腐剂，则测定馏出液中防腐剂的量，以校正其滴定结果。

(四)有效酸度的测定

在食品酸度测定中,有效酸度(pH)的测定往往比测定总酸度更具有实际意义,更能说明问题。例如,人的味觉只对 H^+ 有感觉,所以,总酸度高,口感不一定酸。在一定的 pH 下,人类对酸味的感受强度不同,其酸味的强度顺序为醋酸>甲酸>乳酸>草酸>盐酸。

pH 测定方法有 pH 试纸法、比色法和酸度计法等,其中酸度计法操作简便且结果准确,是最常用的方法。

肉及肉制品、水产品中牡蛎(蚝、海蛎子)以及罐头食品 pH 的测定参照《食品安全国家标准 食品 pH 值的测定》(GB 5009.237—2016)。

1. 原理

利用玻璃电极作为指示电极,甘汞电极或银-氯化银电极作为参比电极,当试样或试样溶液中氢离子浓度发生变化时,指示电极和参比电极之间的电动势也随之发生变化而产生直流电势(电位差),通过前置放大器输入 A/D 转换器,达到测量 pH 的目的。

2. 仪器和设备

(1)机械设备:用于试样的均质化,包括高速旋转的切割机,或多孔板的孔径不超过 4 mm 的绞肉机。

(2)pH 计:准确度为 0.01。仪器应有温度补偿系统,若无温度补偿系统,应在 20 ℃以下使用,并能防止外界感应电流的影响。

(3)复合电极:由玻璃指示电极和 Ag/AgCl 或 Hg/Hg_2Cl_2 参比电极组装而成。

(4)均质器:转速可达 20 000 r/min。

(5)磁力搅拌器。

3. 试剂和材料

除非另有说明,本方法所用试剂均为分析纯,水为 GB/T 6682—2008 规定的三级水。用于配制缓冲溶液的水应新煮沸,或用不含二氧化碳的氮气排除了二氧化碳。

(1)pH 3.57 的缓冲溶液(20 ℃):酒石酸氢钾在 25 ℃配制的饱和水溶液,此溶液的 pH 在 25 ℃时为 3.56,而在 30 ℃时为 3.55。或使用经国家认证并授予标准物质证书的标准溶液。

(2)pH 4.00 的缓冲溶液(20 ℃):于 110~130 ℃将邻苯二甲酸氢钾干燥至恒重,并于干燥器内冷却至室温。称取邻苯二甲酸氢钾 10.211 g(精确至 0.001 g),加入 800 mL 水溶解,用水定容至 1 000 mL。此溶液的 pH 在 0~10 ℃ 时为 4.00,在 30 ℃ 时为 4.01。或使用经国家认证并授予标准物质证书的标准溶液。

(3)pH 5.00 的缓冲溶液(20 ℃):将柠檬酸氢二钠配制成 0.1 mol/L 的溶液即可。或使用经国家认证并授予标准物质证书的标准溶液。

(4)pH 5.45 的缓冲溶液(20 ℃):称取 7.010 g(精确至 0.001 g)一水柠檬酸,加入 500 mL 水溶解,加入 375 mL 1.0 mol/L 氢氧化钠溶液,用水定容至 1 000 mL。此溶液的 pH 在 10 ℃时为 5.42,在 30 ℃时为 5.48。或使用经国家认证并授予标准物质证书的标准溶液。

(5)pH 6.88 的缓冲溶液(20 ℃):于 110~130 ℃将无水磷酸二氢钾和无水磷酸氢二钠干燥至恒重,于干燥器内冷却至室温。称取上述磷酸二氢钾 3.402 g(精确至 0.001 g)和磷酸氢二钠 3.549 g(精确至 0.001 g),溶于水中,用水定容至 1 000 mL。此溶液的 pH 在 0 ℃时为 6.98,在 10 ℃时为 6.92,在 30 ℃时为 6.85。或使用经国家认证并授予标准物质证书的标准溶液。

(6)氢氧化钠标准溶液(1.000 mol/L):称取 40 g 氢氧化钠,溶于水中,用水稀释至 1 000 mL,按 GB/T 601—20 进行标定。或使用经国家认证并授予标准物质证书的标准溶液。

(7)氯化钾标准溶液(0.100 0 mol/L):称取 7.5 g 氯化钾于 1 000 mL 容量瓶中,加水溶解,用水稀释至刻度(若待测试样处在僵硬前的状态,需加入已用氢氧化钠溶液调节 pH 至 7.0 的 925 mg/L 碘乙酸溶液,以阻止糖酵解)。或使用经国家认证并授予标准物质证书的标准溶液。

小贴士

以上缓冲液一般可保存 2~3 月,但发现有浑浊、发霉或沉淀等现象时,不能继续使用。

4. 试样制备

(1)肉及肉制品

①取样

实验室所收到的样品要具有代表性且在运输和贮藏过程中没受损或发生变化,取有代表性的样品且根据实际情况使用 1~2 个不同水的梯度进行溶解。

②非均质化的试样

在试样中选取有代表性的 pH 测试点。

③均质化的试样

使用机械设备将试样均质。注意避免试样的温度超过 25 ℃。若使用绞肉机,试样至少通过该仪器两次,将试样装入密封的容器里,防止变质和成分变化。试样应尽快进行分析,均质化后最长不超过 24 h。

(2)水产品中牡蛎(蚝、海蛎子)

称取 10 g(精确至 0.01 g)绞碎试样,加新煮沸后冷却的水至 100 mL,摇匀,浸渍 30 min 后过滤或离心,取约 50 mL 滤液于 100 mL 烧杯中。

(3)罐头食品

①液态制品混匀备用,固相和液相分开的制品则取混匀的液相部分备用。

②稠厚或半稠厚制品以及难以从中分出汁液的制品[比如糖浆、果酱、果(菜)浆类、果冻等]:取一部分样品在混合机或研钵中研磨,如果得到的试样仍太稠厚,加入等量的刚煮沸过的水,混匀备用。

学习笔记

5.测定

(1)pH 计的校正

用两个已知精确 pH 的缓冲溶液(尽可能接近待测溶液的 pH),在测定温度下用磁力搅拌器搅拌的同时校正 pH 计。若 pH 计不带温度补偿系统,应保证缓冲溶液的温度在 20 ℃±2 ℃范围内。

(2)试样(仅用于肉及肉制品)

在均质化试样中,加入 10 倍于待测试样质量的氯化钾溶液,用均质器进行均质。

(3)均质化试样的测定

取一定量能够浸没或埋置电极的试样,将电极插入试样中,将 pH 计的温度补偿系统调至试样温度。若 pH 计不带温度补偿系统,应保证待测试样的温度在 20 ℃±2 ℃范围内。采用适合于所用 pH 计的步骤进行测定,读数显示稳定以后,直接读数,精确至 0.01。

同一个制备试样至少要进行两次测定。

(4)非均质化试样的测定

用小刀或大头针在试样上打一个孔,以免复合电极破损。

将 pH 计的温度补偿系统调至试样的温度。若 pH 计不带温度补偿系统,应保证待测试样的温度在 20 ℃±2 ℃范围内。采用适合于所用 pH 计的步骤进行测定,读数显示稳定以后,直接读数,精确至 0.01。

鲜肉通常保存于 0~5 ℃,测定时需要用带温度补偿系统的 pH 计在同一点重复测定。必要时可在试样的不同点重复测定,测定点的数目根据试样的性质和大小而定。

同一个制备试样至少要进行两次测定。

(5)电极的清洗

用脱脂棉先后蘸乙醚和乙醇擦拭电极,最后用水冲洗并按生产商的要求保存电极。

6.分析结果的表达

(1)非均质化试样的测定

同一试样上同一点的测定,取两次测定的算数平均值作为结果。pH 读数精确至 0.05。同一试样上不同点的测定,描述所有的测定点及各自的 pH。

(2)均质化试样的测定

结果精确至 0.05。

7.精密度

在重复性条件下获得的两次独立测定结果的 pH 绝对差值不得超过 0.1pH。

8.注释说明

(1)本法适用于肉及肉制品中均质化产品的 pH 测试以及屠宰后的畜体、胴体和瘦肉的 pH 非破坏性测定、水产品中牡蛎(蚝、海蛎子)pH 的测定和罐头食品 pH 的测定。

(2)由于样品的 pH 可能会因吸收 CO_2 等而发生改变,因此试液制备后应立即测定。

任务准备

通过对标准的解读,将测定乳粉复原乳酸度所需仪器和设备、试剂分别记入表 2-3-1 和表 2-3-2。

表 2-3-1   所需仪器和设备

序号	名称	规格
1	天平	感量为 0.001 g
2	碱式滴定管	容量为 25 mL，最小刻度为 0.1 mL
3	振荡器	往返式，振荡频率为 100 次/min

表 2-3-2   所需试剂

序号	名称	规格
1	氢氧化钠标准溶液	0.100 0 mol/L
2	参比溶液	3 g 七水硫酸钴溶于 100 mL 水中
3	酚酞指示液	

任务实施

操作视频

乳粉酸度的测定

一、操作要点(表 2-3-3)

表 2-3-3   操作要点

序号	内容	操作方法	操作提示	评价标准
1	氢氧化钠标准溶液的制备	准确称取约 0.75 g 烘至恒重的邻苯二甲酸氢钾，用 50 mL 无二氧化碳的水溶于锥形瓶中，加两滴酚酞指示液，用氢氧化钠标准溶液滴定至粉红色，并保持 30 s。同时做空白试验	参照 GB/T 601—2016《化学试剂 标准滴定溶液的制备》	• 滴定操作规范 • 滴定终点判断准确 • 读数方法正确 • 氢氧化钠标准溶液浓度计算正确
2	试样制备	将样品全部移入约两倍于样品体积的洁净干燥容器中(带密封盖)，立即盖紧容器，反复旋转振荡，使样品彻底混合	在此操作过程中，应尽量避免样品暴露在空气中	• 样品移入干燥容器时动作迅速 • 样品混合充分
3	样品复原	分别称取 4 g 样品(精确到 0.01 g)于三只 250 mL 锥形瓶中。用量筒量取 96 mL 约 20 ℃ 不含二氧化碳的水，使样品复溶，搅拌，然后静置 20 min	样品加水后要搅拌充分	• 样品称量操作规范 • 量筒使用规范 • 样品搅拌充分
4	参比溶液制备	向其中一只锥形瓶加入 2.0 mL 硫酸钴的参比溶液，轻轻转动，使之混合，得到标准参比颜色	如果要测定多个相似的产品，则此参比溶液可用于整个测定过程，但时间不得超过 2 h	• 硫酸钴加入量适宜 • 参比溶液混合均匀

食品理化检验技术

（续表）

序号	内容	操作方法	操作提示	评价标准
5	试样滴定	向另两只装有试样溶液的锥形瓶中加入 2.0 mL 酚酞指示液，轻轻转动，使之混合。用 25 mL 碱式滴定管向锥形瓶中滴加氢氧化钠标准溶液，边滴加边转动锥形瓶，直到颜色与参比溶液的颜色相似，且 5 s 内不消退。记录所用氢氧化钠标准溶液的体积 (V)，精确至 0.05 mL	1. 整个滴定过程应在 45 s 内完成 2. 滴定过程中，要向锥形瓶中吹氮气，防止溶液吸收空气中的二氧化碳	• 滴定操作规范 • 终点判断准确 • 读数方法正确 • 数据记录正确
6	空白试验	用 96 mL 不含二氧化碳的蒸馏水做空白试验，读取所消耗氢氧化钠标准溶液的体积 (V_0)	空白试验所消耗的氢氧化钠标准溶液的体积应不小于零，否则应重新制备和使用符合要求的蒸馏水	• 正确制备空白试样 • 滴定操作正确 • 终点判断准确 • 数据记录正确

二、数据记录及处理（表2-3-4）

表 2-3-4 乳粉中酸度测定数据

基本信息	样品名称		样品编号	
	检测项目		检测日期	
	检测依据		检测方法	
检测数据	样品编号		1	2
	样品质量 m/g			
	样品中水分的质量分数 $w/[g \cdot (100\,g)^{-1}]$			
	氢氧化钠标准溶液的浓度 $c/(mol \cdot L^{-1})$			
	滴定样液消耗氢氧化钠标准溶液的体积 V/mL			
	空白试验消耗氢氧化钠标准溶液的体积 V_0/mL			
数据处理	计算公式			
	乳粉酸度 $X/°T$			
结果评判	精密度评判			
	$\overline{X}/°T$			
	乳粉酸度评判依据			
	乳粉酸度评判结果			
检验结论				

84

三、　问题探究

1.小明在测定乳粉酸度时是如何判定滴定终点的,为何这么做?

滴定的终点是以预先准备好的硫酸钴溶液进行比色而判定。这是因为乳粉复溶后呈乳白色,而酚酞指示剂终点呈微红色,滴定终点不易辨认,测定结果可能产生较大误差,用硫酸钴做参比,终点明显,便于观察。

2.小明想知道为何在计算乳粉酸度的公式中要乘系数 12?

这是因为 12 g 乳粉相当 100 mL 复原乳。

任务总结

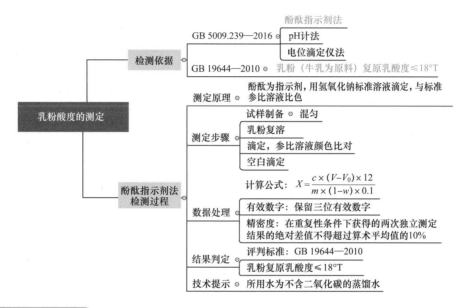

任务评价

乳粉酸度测定评价见表 2-3-5。

表 2-3-5　　　　　　　　　　　　乳粉酸度测定评价

评价类别	项目	要求	互评	师评
专业能力 (60%)	方案(10%)	正确选用标准(5%)		
		所设计实验方案可行性强(5%)		
	实施(30%)	氢氧化钠标准溶液配制标定方法正确(10%)		
		氢氧化钠标准溶液的浓度计算正确(5%)		
		试样的称取量合理(5%)		
		滴定操作正确、终点判断准确(10%)		
	结果(20%)	原始数据记录准确、美观(5%)		
		公式正确,计算过程正确(5%)		
		正确保留有效数字(5%)		
		精密度符合要求(5%)		

食品理化检验技术

(续表)

评价类别	项目	要求	互评	师评
职业素养 （40%）	解决问题（5%）	及时发现问题并提出解决方案（5%）		
	团队协作（10%）	小组成员合作良好,对小组有贡献（10%）		
	职业规范（10%）	着装规范（5%）		
		节约、环保意识（5%）		
	职业道德（5%）	诚信意识（5%）		
	职业精神（10%）	耐心细致、吃苦耐劳精神（5%）		
		严谨求实、精益求精的科学态度（5%）		
合计				

 任务拓展

依据1+X粮农食品安全评价及食品检验管理职业技能等级证书要求,针对酸度的测定,课外应加强以下方面的学习和训练。

1.通过测定乳粉酸度,拓展学习pH计法和电位滴定法测定酸度,达到举一反三的目的。

2.技能训练以总酸度的测定为主,通过查阅相关资料强化挥发性酸度和有效酸度测定的相关内容。

任务巩固

在线自测

1.填写流程图

假设你是某食品检验中心的检验员,让你来判断某乳粉酸度是否合格,如何进行测定?请补充完整测定流程。

制备氢氧化钠标准溶液→试样制备→乳粉复溶→□□□□□□→试样溶液加入酚酞指示液后滴定→根据□□□判断滴定终点→记录氢氧化钠标准溶液消耗体积→空白滴定→结果计算

2.计算题

(1)我国是世界上谷物酿醋最早的国家,自古以来,醋对我们的生活就很重要。小明在测定食醋酸度时,取2 mL食醋进行蒸馏,收集馏出液180 mL,滴定馏出液消耗0.098 8 mol/L氢氧化钠标准溶液10.15 mL,空白滴定消耗氢氧化钠标准溶液0.15 mL。求食醋中挥发性酸的含量。

(2)新鲜牛乳助力健康中国,牛奶酸度是反映牛奶新鲜程度的重要指标。小明在测定牛乳酸度时,称取120 g固体氢氧化钠,用100 mL水溶解冷却后置于塑料瓶中,密封数日澄清后,取上层清液5.60 mL,用煮沸并冷却的蒸馏水定容至1 000 mL。然后称取0.300 0 g邻苯二甲酸氢钾放入锥形瓶中,用50 mL水溶解后,加入酚酞指示剂后用上述氢氧化钠溶液滴定至终点耗去15.00 mL。准确移取牛乳样品10 mL,用蒸馏水20 mL稀释,加入2.0 mL酚酞指示液,混匀后用上述氢氧化钠标准溶液滴定,边滴加边转动锥形瓶,直到颜色与参比溶液的颜色相似,且5 s内不消退,消耗了氢氧化钠溶液1.8 mL,请计算该乳样的吉尔涅尔度（°T）是多少?

86

任务四 脂肪的测定

任务目标

1. 能查阅并解读脂肪测定的国家标准;
2. 能规范地使用索氏抽提器,准确地判断抽提终点;
3. 能如实填写原始数据,正确处理检测数据,规范填写检验报告;
4. 培养科学探索精神和社会责任意识。

任务背景

很多人都爱吃方便面,不仅因为它便捷,还因为它够香酥,但是方便面多数经过油炸,脂肪含量高,吃多了有害健康。小明最近接到了一项检验某品牌油炸方便面中脂肪含量是否超标的任务。

任务描述

学习笔记

以小麦粉和(或)其他谷物粉、淀粉等为主要原料,添加或不添加辅料,经加工制成的面饼,添加或不添加方便调料的面条类预包装方便食品,包括油炸方便面和非油炸方便面。采用油炸工艺干燥的方便面叫作油炸方便面。

油炸方便面脂肪含量相对较高,且大多用脂肪酸含量较高的棕榈油炸制,长期摄入会增加患心血管疾病的风险。脂肪含量的多少是油炸方便面产品的重要质量指标,《方便面》(LS/T 3211—1995)中规定油炸方便面脂肪含量≤24.0%。

任务分析

通过查阅《方便面》(LS/T 3211—1995)和《食品安全国家标准 食品中脂肪的测定》(GB 5009.6—2016),小组讨论后制订检验方案,测定油炸方便面中脂肪的含量,并判断是否合规。

相关知识

一、 **食品中的脂类物质及脂肪含量**

微课

食品中的脂类物质

食品中的脂类主要包括脂肪(甘油三酯)和一些类脂质,如脂肪酸、磷脂、糖脂、甾醇、固醇等。食品中的脂类有95%是甘油三酯,5%是其他脂类。大多数动物性食品及某些植物性食品(如种子、果实、果仁)都含有天然脂肪或类脂化合物。各种食品的含脂量不同,其中植物性或动物性油脂中脂肪含量较高,而水果、蔬菜中脂肪含量很低。不同食品的脂肪含量见表2-4-1。

表 2-4-1　　　　　　　　　　　　　　不同食品的脂肪含量　　　　　　　　　　　　　　%

食品名称	脂肪含量	食品名称	脂肪含量
猪肉(肥)	90.3	核桃	66.6
花生仁	39.2	青菜	0.2
柠檬	0.9	苹果	0.2
牛乳	≥3	香蕉	0.8
全脂炼乳	≥8	全脂乳粉	25～30

二、　脂肪的存在形式

食品中脂肪的存在形式有游离态和结合态两种。游离态脂肪如动物性脂肪及植物性油脂;结合态脂肪如天然存在的磷脂、糖脂、脂蛋白及某些加工食品(如焙烤食品及麦乳精等)中的脂肪,与蛋白质或碳水化合物等成分形成结合态。对大多数食品来说,游离态脂肪是主要的,结合态脂肪含量较少。

三、　脂肪的测定意义

脂肪是食品中重要的营养成分之一,在食品生产加工过程中,原料、半成品、成品的脂类含量直接影响到产品的外观、风味、口感、组织结构、品质等。如蔬菜本身的脂肪含量较低,在生产蔬菜罐头时,添加适量的脂肪可以改善产品的风味。对于面包之类焙烤食品,过量的脂肪特别是卵磷脂等成分对面包的柔软度、面包的体积及其结构都有一定的影响。因此,食品中脂肪含量是食品质量管理中的一项重要指标。测定食品中脂肪含量,不仅可以用来评价食品的品质,衡量食品的营养价值,而且对实现生产过程的质量管理、工艺监督等方面有着重要的意义。

四、　脂肪的测定方法

脂类的共同特点是在水中的溶解度小,但能溶于有机溶剂。因此,脂肪的测定都是根据"相似相溶"原理,选择适当的有机溶剂,将样品中的脂肪抽出,蒸发除去有机溶剂后,剩余的物质即为脂肪。常用的溶剂有乙醚、石油醚、氯仿-甲醇混合溶剂等。食品的种类不同,其中脂肪的含量及其存在形式也不同,测定脂肪的方法就不同。

参照《食品安全国家标准　食品中脂肪的测定》(GB 5009.6—2016),脂肪的测定方法有索氏抽提法、酸水解法、碱水解法和盖勃法。

(一)索氏抽提法

微课

索氏抽提法

1.原理

脂肪易溶于有机溶剂。试样直接用无水乙醚或石油醚等溶剂抽提后,蒸发除去溶剂,干燥,得到游离态脂肪的含量。

2.仪器和设备

(1)索氏抽提器,如图 2-4-1所示。

(2)恒温水浴锅。

(3)天平:感量为 0.001 g 和 0.000 1 g。

(4)电热鼓风干燥箱。

(5)干燥器:内装有效干燥剂,如硅胶。

(6)滤纸筒。

(7)蒸发皿。

3.试剂和材料

除非另有说明,本方法所用试剂均为分析纯,水为 GB/T 6682—2008 规定的三级水。

(1)无水乙醚($C_4H_{10}O$)。

(2)石油醚(C_nH_{2n+2}):石油醚沸程为 30~60 ℃。

(3)石英砂。

(4)脱脂棉。

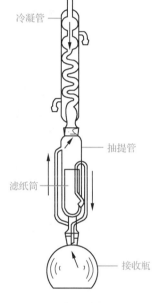

图 2-4-1 索氏抽提器

（图中标注：冷凝管、抽提管、滤纸筒、接收瓶）

课程思政

弗朗茨·冯·索克莱特

3D虚拟仿真

索氏提取器

4.分析步骤

(1)试样处理

①固体试样:称取充分混匀后的试样 2~5 g,精确至 0.001 g,全部移入滤纸筒内。

②液体或半固体试样:称取混匀后的试样 5~10 g,精确至 0.001 g,置于蒸发皿中,加入约 20 g 石英砂,于沸水浴上蒸干后,在电热鼓风干燥箱中于 100 ℃±5 ℃干燥 30 min 后,取出,研细,全部移入滤纸筒内。蒸发皿及粘有试样的玻璃棒,均用沾有乙醚的脱脂棉擦净,并将棉花放入滤纸筒内。

(2)抽提

将滤纸筒放入索氏抽提器的抽提管内,连接已干燥至恒重的接收瓶,由抽提器冷凝管上端加入无水乙醚或石油醚至瓶内容积的 2/3 处,于水浴上加热,使无水乙醚或石油醚不断回流抽提(6~8 次/h),一般抽提 6~10 h。提取结束时,用磨砂玻璃棒接取 1 滴提取液,磨砂玻璃棒上无油斑表明提取完毕。

学习笔记

小提示

提取后接收瓶烘干称量过程中,反复加热会因脂类氧化而增重,故在恒重中若质量增加时,应以增重前的质量作为恒重。

微课

酸水解法

学习笔记

(3)称量

取下接收瓶,回收无水乙醚或石油醚,待接收瓶内溶剂剩余 1～2 mL 时在水浴上蒸干,再于 100 ℃±5 ℃干燥箱中干燥 1 h,放干燥器内冷却 0.5 h 后称量。重复以上操作直至恒重(直至两次称量的差不超过 2 mg)。

5. 分析结果的表述

试样中脂肪的含量按下式计算

$$X = \frac{m_1 - m_0}{m_2} \times 100$$

式中 X——试样中脂肪的含量,g/100 g;

m_1——恒重后接收瓶和脂肪的质量,g;

m_0——接收瓶的质量,g;

m_2——试样的质量,g;

100——单位换算系数。

计算结果表示到小数点后一位。

6. 精密度

在重复性条件下获得的两次独立测定结果的绝对差值不得超过算术平均值的 10%。

7. 注释说明

(1)适用范围:本法适用于水果、蔬菜及其制品、粮食及粮食制品、肉及肉制品、蛋及蛋制品、水产及其制品、焙烤食品、糖果等食品中游离态脂肪含量的测定。

(2)乙醚若放置时间过长,会产生过氧化物,过氧化物不稳定,当蒸馏或干燥时会发生爆炸,故使用前应严格检查,并除去过氧化物。

①检查方法:取 5 mL 乙醚于试管中,加 1 mL KI 溶液(100 g/L),充分振摇 1 min,静置分层。若有过氧化物则释放出游离碘,水层是黄色(或加 4 滴 5 g/L 淀粉指示剂显蓝色),则该乙醚需处理后再使用。

②除去过氧化物的方法:将乙醚倒入蒸馏瓶中,加一段无锈铁丝或铝丝,收集重新蒸馏后的乙醚。

(二)酸水解法

1. 原理

食品中的结合态脂肪必须用强酸使其游离出来,游离出的脂肪易溶于有机溶剂。试样经盐酸水解后用无水乙醚或石油醚提取,除去溶剂即得到游离态和结合态脂肪的总含量。

2. 仪器

(1)恒温水浴锅。

(2)电热板:满足 200 ℃高温。

(3)锥形瓶。

(4)天平:感量为 0.1 g 和 0.001 g。

(5)电热鼓风干燥箱。

3.试剂

(1)乙醇(C_2H_5OH)。

(2)无水乙醚($C_4H_{10}O$)。

(3)石油醚(C_nH_{2n+2}):石油醚沸程为 30～60 ℃。

(4)盐酸溶液(2 mol/L):量取 50 mL 盐酸,加到 250 mL 水中,混匀。

(5)碘液(0.05 mol/L):称取 6.5 g 碘和 25 g 碘化钾于少量水中溶解,稀释至 1 L。

(6)蓝色石蕊试纸。

(7)脱脂棉。

(8)滤纸:中速。

4.分析步骤

(1)试样酸水解

①肉制品

称取混匀后的试样 3～5 g,精确至 0.001 g,置于锥形瓶(250 mL)中,加入 50 mL 2 mol/L 盐酸溶液和数粒玻璃珠,盖上表面皿,于电热板上加热至微沸,保持 1 h,每 10 min 旋转摇动 1 次。取下锥形瓶,加入 150 mL 热水,混匀,过滤。锥形瓶和表面皿用热水洗净,热水一并过滤。沉淀物用热水洗至中性(用蓝色石蕊试纸检验,中性时试纸不变色)。将沉淀物和滤纸置于大表面皿上,于 100 ℃±5 ℃干燥箱内干燥 1 h,冷却。

②淀粉

根据总脂肪含量的估计值,称取混匀后的试样 25～50 g,精确至 0.1 g,倒入烧杯并加入 100 mL 水。将 100 mL 盐酸缓慢加到 200 mL 水中,并将该溶液在电热板上煮沸后加入样品液中,加热此混合液至沸腾并维持 5 min,停止加热后,取几滴混合液于试管中,待冷却后加入 1 滴碘液,若无蓝色出现,可进行下一步操作。若出现蓝色,应继续煮沸混合液,并用上述方法不断地进行检查,直至确定混合液中不含淀粉为止,再进行下一步操作。

将盛有混合液的烧杯置于恒温水浴锅(70～80 ℃)中 30 min,不停地搅拌,以确保温度均匀,使脂肪析出。用滤纸过滤冷却后的混合液,并用干滤纸片取出黏附于烧杯内壁的脂肪。为确保定量的准确性,应将冲洗烧杯的水进行过滤。在室温下用水冲洗沉淀物和干滤纸片,直至滤液用蓝色石蕊试纸检验不变色。将含有沉淀物的滤纸和干滤纸片折叠后,放置于大表面皿上,在 100 ℃±5 ℃的电热鼓风干燥箱内干燥 1 h。

③其他食品

固体试样:称取 2～5 g,精确至 0.001 g,置于 50 mL 试管内,加入 8 mL 水,混匀后再加 10 mL 盐酸。将试管放入 70～80 ℃水浴锅中,每隔 5～10 min 以玻璃棒搅拌 1 次,至试样消化完全为止,需要 40～50 min。

液体试样:称取约 10 g,精确至 0.001 g,置于 50 mL 试管内,加 10 mL 盐酸。其余操作同固体试样。

(2)抽提

①肉制品、淀粉

将干燥后的试样装入滤纸筒内,将滤纸筒放入索氏抽提器的抽提管内,连接已干燥至恒重的接收瓶,由抽提器冷凝管上端加入无水乙醚或石油醚至瓶内容积的 2/3 处,于水浴上加热,使无水乙醚或石油醚不断回流抽提(6~8 次/h),一般抽提 6~10 h。提取结束时,用磨砂玻璃棒接取 1 滴提取液,磨砂玻璃棒上无油斑表明提取完毕。

②其他食品

取出试管,加入 10 mL 乙醇,混合。冷却后将混合物移入 100 mL 具塞量筒中,以 25 mL 无水乙醚分数次洗试管,一并倒入量筒中。待无水乙醚全部倒入量筒后,加塞振摇 1 min,小心开塞,放出气体,再塞好,静置 12 min,小心开塞,并用乙醚冲洗塞及量筒口附着的脂肪。静置 10~20 min,待上部液体清晰,吸出上清液于已恒重的锥形瓶内,再加 5 mL 无水乙醚于具塞量筒内,振摇,静置后,仍将上层乙醚吸出,放入原锥形瓶内。

(3)称量

取下接收瓶,回收无水乙醚或石油醚,待接收瓶内溶剂剩余 1~2 mL 时在水浴上蒸干,再于 100 ℃±5 ℃干燥箱中干燥 1 h,放干燥器内冷却 0.5 h 后称量。重复以上操作直至恒重(直至两次称量的差不超过 2 mg)。

5.分析结果的表述

同索氏抽提法。

6.精密度

在重复性条件下获得的两次独立测定结果的绝对差值不得超过算术平均值的 10%。

7.注释说明

(1)适用范围:本法适用于水果、蔬菜及其制品、粮食及粮食制品、肉及肉制品、蛋及蛋制品、水产及其制品、焙烤食品、糖果等食品中游离态脂肪及结合态脂肪总量的测定。

(2)其他固体试样酸水解时加入 8 mL 水是为防止加盐酸时干试样固化。

任务准备

通过对标准的解读,将测定油炸方便面中脂肪所需仪器和设备、试剂分别记入表 2-4-2 和表 2-4-3。

表 2-4-2　　　　　　　　　　　　　　　　　所需仪器和设备

序号	名称	规格
1	索氏抽提器	
2	恒温水浴锅	
3	天平	感量为 0.001 g 和 0.000 1 g
4	电热鼓风干燥箱	
5	干燥器	内装有效干燥剂
6	滤纸筒	
7	脱脂棉	

表 2-4-3　　　　　　　　　　　　　　　　　　所需试剂

序号	名称	规格
1	石油醚	分析纯,沸程为 30~60 ℃
2	无水乙醚	分析纯,不含过氧化物

任务实施

一、 操作要点(表 2-4-4)

微课
油炸方便面中
粗脂肪的测定

表 2-4-4   操作要点

序号	内容	操作方法	操作提示	评价标准
1	索氏抽提器准备	使用前将索氏抽提器各部位充分洗涤并用蒸馏水清洗,烘干。接收瓶在电热鼓风干燥箱内干燥至恒重	抽提脂肪之前应将各部分洗涤干净并干燥,接收瓶需烘干至恒重	• 冷凝管、抽提管、接收瓶清洗干净、无油污 • 接收瓶达到恒重
2	滤纸筒制备	裁剪约 8 cm×15 cm 的滤纸,折成底端封口的纸筒,筒内底部放小片脱脂棉,于 95~105 ℃烘干至恒重,置于干燥器中备用	滤纸筒的大小要根据索氏抽提器的规格来确定	• 滤纸筒大小合适 • 滤纸筒折叠正确 • 测定过程中不漏底
3	试样处理	样品用研钵捣碎、研细,混合均匀。称取充分混匀后的试样 2~5 g 于烘干的滤纸筒内,精确至 0.001 g	1.若样品粒度过大,细胞被破坏的程度不够,不利于油分子向外渗透,溶剂扩散溶解较缓慢 2.试样应烘干,但在干燥箱中干燥时间不能过长	• 正确制备试样,粉碎粒度合适 • 样品烘干温度、时间控制合理 • 取样量合适 • 称量操作规范
4	试样包扎	用脱脂棉蘸少量石油醚搽净器具上的试样和脂肪一并放入滤纸筒内,上面塞入厚度为 0.5 cm 左右的脱脂棉,压住试样	若试样包扎过松,使细微的试样流入接收瓶中,致使油脂浑浊,影响结果准确度;反之,若试样包扎过紧,不利于溶剂渗透,影响抽提速度	• 试样包扎方法正确 • 试样包扎松紧适度
5	连接装置	将滤纸筒放入索氏抽提器的抽提筒内,连接已干燥至恒重的接收瓶	1.索氏抽提装置搭建的顺序要由下至上 2.将滤纸筒放入索氏抽提器内,高度不能超过回流弯管,否则提取剂不易穿透样品,造成脂肪不能全部提出	• 索氏抽提装置连接正确 • 滤纸筒高度不超过回流弯管 • 冷凝水连接正确 • 装置密闭性良好
6	抽提	由冷凝管上端加入石油醚至瓶内容积的 2/3 处,于水浴上加热	1.为防止石油醚挥发至空气中,可在冷凝管上端连接氯化钙管或塞一团干燥的脱脂棉 2.抽提速度一般在 6~8 次/h 3.提取结束时,用磨砂玻璃棒接取 1 滴提取液,玻璃棒上无油斑表明提取完毕	• 提取液回流速度控制适宜 • 准确判断抽提是否完全

（续表）

序号	内容	操作方法	操作提示	评价标准
7	回收溶剂	取下接收瓶，回收石油醚，待接收瓶内溶剂剩余 1～2 mL 时在水浴上蒸干	回收溶剂的方法：当溶剂在抽提管内即将虹吸时，立即取下抽提管，将其下口放到盛石油醚的试剂瓶口，使之倾斜，让液面超过虹吸管，溶剂即经虹吸管流入瓶内	• 抽提结束后及时回收溶剂 • 回收操作正确
8	称量	将接收瓶于 100 ℃±5 ℃ 干燥箱中干燥 1 h，放入干燥器内冷却 0.5 h 后称量。重复以上操作直至恒重（两次称量差不超过 2 mg）	醚浸出物在干燥箱中干燥的时间不能过长，否则反复加热后，会因脂类氧化而增重	• 干燥箱温度、时间控制合理 • 干燥操作正确 • 正确使用干燥器 • 称量操作规范 • 恒重判断准确

二、数据记录及处理（表 2-4-5）

表 2-4-5　　　　　　　　　　油炸方便面中脂肪测定数据

基本信息	样品名称		样品编号	
	检测项目		检测日期	
	检测依据		检测方法	
检测数据	样品编号		1	2
	试样质量 m_2/g			
	接收瓶质量 m_0/g			
	（接收瓶＋脂肪质量）m_1/g			
数据处理	计算公式			
	脂肪含量 X/[g·(100 g)$^{-1}$]			
结果评判	精密度评判			
	$\overline{X}$/[g·(100 g)$^{-1}$]			
	油炸方便面脂肪含量评判依据			
	油炸方便面脂肪含量评判结果			
检测结果				

三、问题探究

1. 测定油炸方便面中脂肪含量时，实验室里用于加热的装置有水浴锅和电炉，小明该选择哪个用于回流加热呢？

乙醚、石油醚是挥发性溶剂，属易燃易爆液体，所以在操作过程中严禁有明火存在或用明火加热，所以应当选择水浴锅进行回流加热。还要注意抽提室的通风换气，防止空气中有机溶剂蒸汽着火或爆炸。

2.在抽提过程中,实验室里石油醚味道很大,为了自身和他人健康,小明该怎么办呢?

首先,操作要在通风橱中进行。其次,抽提时冷凝管上端最好连接一支氯化钙干燥管,如无此装置可塞一团干燥的脱脂棉,这样可避免石油醚挥发。

任务总结

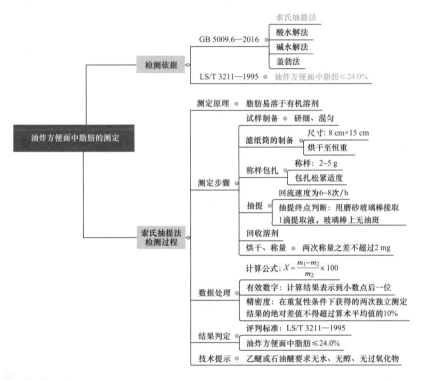

任务评价

油炸方便面中脂肪测定数据评价见表2-4-6。

表2-4-6　　　　　　　　　油炸方便面中脂肪测定评价

评价类别	项目	要求	互评	师评
专业能力 (60%)	方案(10%)	正确选用标准(5%)		
		所设计实验方案可行性强(5%)		
	实施(30%)	索氏抽提器清洗、烘干,接收瓶干燥至恒重(5%)		
		试样包扎正确(5%)		
		提取装置安装正确(5%)		
		提取液回流速度适宜(5%)		
		抽提终点判断准确(5%)		
		提取液回收操作正确(5%)		

(续表)

评价类别	项目	要求	互评	师评
专业能力 (60%)	结果(20%)	原始数据记录准确、美观(5%)		
		公式正确,计算过程正确(5%)		
		正确保留有效数字(5%)		
		精密度符合要求(5%)		
职业素养 (40%)	解决问题(5%)	及时发现问题并提出解决方案(5%)		
	团队协作(10%)	小组成员合作良好,对小组有贡献(10%)		
	职业规范(10%)	着装规范(5%)		
		节约、安全、环保意识(5%)		
	职业道德(5%)	诚信意识(5%)		
	职业精神(10%)	耐心细致、甘于奉献精神(5%)		
		严谨求实、精益求精的科学态度(5%)		
合计				

任务拓展

依据1+X粮农食品安全评价及食品检验管理职业技能等级证书要求,针对脂肪的测定,课外应加强以下方面的学习和训练。

1. 以粗脂肪测定的学习为例,掌握提取剂的选择及提取温度、提取时间的控制。

2. 通过油炸方便面中粗脂肪测定的训练,延伸至酸水解法测定总脂肪含量的学习,达到举一反三的目的。

任务巩固

在线自测

1. 填写流程图

请将索氏抽提法测定油炸方便面中脂肪含量的流程填写完整。

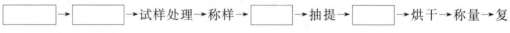

□ → □ →试样处理→称样→ □ →抽提→ □ →烘干→称量→复烘→……恒重→数据记录→结果计算

2. 计算题

小明对花生仁样品中的粗脂肪含量进行检测,操作如下:

(1)准确称取已干燥至恒重的接收瓶质量为45.3857 g。

(2)称取粉碎均匀的花生仁3.2656 g,用滤纸严密包裹好后,放入抽提管内。

(3)在已干燥至恒重的接收瓶中注入2/3的无水乙醚,并安装好索氏抽提装置,在45~50 ℃的水浴中抽提5 h,检查证明抽提完全。

(4)冷却后,将接收瓶取下,并与蒸馏装置连接,水浴蒸馏回收至无乙醚滴出后,取下接收瓶充分挥发乙醚,置于 105 ℃ 干燥箱内干燥 2 h,取出冷却至室温,称重为 46.758 8 g,第二次同样干燥后称重为 46.702 0 g,第三次同样干燥后称重为 46.701 0 g,第四次同样干燥后称重为 46.701 8 g。

请根据小明的数据计算被检花生仁的粗脂肪含量。

任务五　还原糖的测定

任务目标

1. 能查阅并解读还原糖测定的国家标准;
2. 能正确配制葡萄糖标准溶液,能用直接滴定法测定还原糖含量;
3. 能分析影响还原糖测定结果精密度和准确度的因素;
4. 能准确记录、处理检测数据,规范填写检验报告;
5. 弘扬我国优秀传统文化和精神,激发民族自豪感和责任感;
6. 培养安全、规范、节约的职业意识。

任务背景

镇江香醋以糯米为原料,还原糖的来源主要是原料的糖化以及煎煮工序中补加的蔗糖在酸性条件下不断分解得到的。如果还原糖过低,有可能醋已经出现二次发酵,导致还原糖被分解,总酸会升高,产品会出现胀瓶或胀气现象,产品形态也会出现拉丝或分层现象。同时,糖对醋的风味也有一定影响。小明最近就接到了一项检验镇江香醋中还原糖含量是否合规的任务。

任务描述

镇江香醋是产自镇江地区的一种风味独特的酿造米醋,它以糯米、麸皮、大糠为主要原料,采用传统复式糖化、乙醇发酵、固态分层醋酸发酵、加炒米色淋醋等特殊工艺制作,再经陈酿而成的香气浓郁、酸而不涩的食醋。

镇江香醋中还原糖为 2%～3.5%,经 2 年以上陈酿后也可高达 4%～5%,其中以葡萄糖、果糖为多,还有甘露糖、阿拉伯糖、核糖、木糖、棉子糖、纤维二糖、甘油、山梨醇、糊精等。非还原糖主要是蔗糖,为调配时加入。

任务分析

通过查阅《地理标志产品 镇江香醋》(GB/T 18623—2011)和《食品安全国家标准 食品中还原糖的测定》(GB 5009.7—2016),小组讨论后制订检验方案,测定镇江香醋中还原糖的含量,并判断还原糖(以葡萄糖计)含量与镇江香醋的等级是否相符。

微课

碳水化合物概述

相关知识

一、 碳水化合物的种类

碳水化合物是由 C、H、O 三种元素组成的一大类化合物,统称为糖类。糖类物质是食品工业的主要原料和辅助材料,是大多数食品的主要成分之一。

碳水化合物按化学结构可分为单糖、低聚糖和多糖。

单糖是糖的最基本组成单位,是指用水解方法不能将其再分解的碳水化合物。食品中单糖主要有葡萄糖、果糖、半乳糖,它们都是含有六个碳原子的多羟基醛或多羟基酮,它们都具有还原性,容易被一些弱氧化剂如斐林试剂、多伦试剂等氧化。

低聚糖是水解后产生 2～10 个单糖的糖,根据单糖分子的数目可分为双糖、三糖等。食品中的低聚糖主要是指双糖,根据两个单糖分子之间的结合方式不同,双糖分为还原性双糖和非还原性双糖。还原性双糖主要有乳糖和麦芽糖;非还原性双糖主要是蔗糖,蔗糖没有还原性,但可以在一定条件下被水解为具有还原性的葡萄糖和果糖。

多糖是由多个单糖分子缩合而成的高分子化合物,如淀粉、糊精、果胶、纤维素等。多糖不具有还原性,但在酸或酶的作用下可以分步水解,最后得到具有还原性的葡萄糖等。

具有还原性的糖称为还原糖,不具有还原性的糖称为非还原糖。具有还原性的糖和在测定条件下能被水解为还原性单糖的蔗糖的总量称为总糖。

二、 食品中糖类物质测定的意义

食品中糖类物质的测定,在食品工业中具有十分重要的意义。在食品加工工艺中,糖类对改变食品的形态、组织结构、物化性质以及色、香、味等感官指标起着十分重要的作用。如食品加工中常需要控制一定量的糖酸比;糖果中糖的组成及比例直接关系到其风味和品质;糖的焦糖化作用及羰氨反应既可使食品获得诱人的色泽和风味,又能引起食品的褐变,必须根据工艺需要加以控制。食品中糖类含量也在一定程度上标志着营养价值的高低,是某些食品的主要质量指标。因此,糖类的测定是食品分析的主要项目之一。

三、 食品中糖类物质的测定

由于碳水化合物结构复杂,种类繁多,所以其检测方法也各不相

学习笔记

同。通常以还原糖的测定为基础,普遍利用氧化还原反应,如直接滴定法和高锰酸钾滴定法。对于非还原糖,经酸或酶水解为还原糖再测定,此法测得的为糖的总量,不能确定糖的种类及每种糖的含量。

利用色谱法可以对样品中的各种糖类进行分离、定量。目前利用气相色谱法和高效液相色谱法分离及定量食品中的各种糖类已得到广泛应用;近年来发展起来的离子交换色谱法具有灵敏度高、选择性好等优点,已成为一种卓有成效的糖的色谱分析法。

微课
碳水化合物的测定方法

四、 还原糖的测定

在糖类中,分子中含有游离醛基或酮基的单糖和含有游离醛基的二糖都具有还原性。还原糖包括葡萄糖、果糖、半乳糖、乳糖、麦芽糖等。其他双糖(如蔗糖)、三糖乃至多糖(如糊精、淀粉等)本身不具有还原性,属于非还原糖,但都可以通过水解生成相应的还原性单糖,测定水解液的还原糖含量就可以求得样品中相应糖类的含量。因此,还原糖的测定是一般糖类定量的基础。

参照《食品安全国家标准 食品中还原糖的测定》(GB 5009.7—2016),还原糖的测定方法有直接滴定法、高锰酸钾滴定法、铁氰化钾法和奥氏试剂滴定法。

(一)直接滴定法

1. 原理

试样经处理除去蛋白质等杂质后,以亚甲蓝做指示剂,在加热条件下滴定标定过的碱性酒石酸铜溶液(已用还原糖标准溶液标定),根据样品液消耗体积计算还原糖含量。

微课
直接滴定法1

2. 仪器和设备

(1)天平:感量为 0.1 mg。

(2)水浴锅。

(3)可调温电炉。

(4)酸式滴定管:25 mL。

(5)干燥箱。

3. 试剂和材料

除非另有说明,本方法所用试剂均为分析纯,水为 GB/T 6682—2008 规定的三级水。

(1)盐酸溶液(1+1,体积比):量取盐酸 50 mL,加水 50 mL 混匀。

(2)碱性酒石酸铜甲液:称取硫酸铜($CuSO_4 \cdot 5H_2O$)15 g 及亚甲蓝 0.05 g 溶于水中,并稀释至 1 000 mL。

(3)碱性酒石酸铜乙液:称取酒石酸钾钠($C_4H_4O_6KNa \cdot 4H_2O$)

50 g 和氢氧化钠 75 g 溶于水中,再加入亚铁氰化钾 4 g 完全溶解后,用水定容至 1 000 mL,贮存于橡胶塞玻璃瓶中。

(4)乙酸锌溶液(219 g/L):称取乙酸锌[Zn(CH₃COO)₂·2H₂O] 21.9 g,加冰乙酸 3 mL,加水溶解并定容至 100 mL。

(5)亚铁氰化钾溶液(106 g/L):称取亚铁氰化钾[K₄Fe(CN)₆·3H₂O]10.6 g,加水溶解并定容至 100 mL。

(6)氢氧化钠溶液(40 g/L):称取氢氧化钠 4 g,加水溶解并定容至 100 mL。

(7)葡萄糖标准溶液(1.0 mg/mL):准确称取在干燥箱中经过 98~100 ℃干燥 2 h 后的葡萄糖($C_6H_{12}O_6$)1 g,加水溶解后加入盐酸溶液(1+1)5 mL,并用水定容至 1 000 mL。此溶液每毫升相当于 1.0 mg 葡萄糖。

(8)果糖标准溶液(1.0 mg/mL):准确称取在干燥箱中经过 98~100 ℃干燥 2 h 的果糖($C_6H_{12}O_6$)1 g,加水溶解后加入盐酸溶液(1+1)5 mL,并用水定容至 1 000 mL。此溶液每毫升相当于 1.0 mg 果糖。

(9)乳糖标准溶液(1.0 mg/mL):准确称取在干燥箱中经过 94~98 ℃干燥 2 h 的乳糖(含水)($C_6H_{12}O_6·H_2O$)1 g,加水溶解后加入盐酸溶液(1+1)5 mL,并用水定容至 1 000 mL。此溶液每毫升相当于 1.0 mg 乳糖(含水)。

(10)转化糖标准溶液(1.0 mg/mL):准确称取 1.052 6 g 蔗糖($C_{12}H_{22}O_{11}$),用 100 mL 水溶解,置于具塞锥形瓶中,加盐酸溶液(1+1)5 mL,在 68~70 ℃水浴中加热 15 min,放置至室温,转移至 1 000 mL 容量瓶中并加水定容至 1 000 mL,每毫升标准溶液相当于 1.0 mg 转化糖。

4. 分析步骤

(1)试样制备

①含淀粉的食品:称取粉碎或混匀后的试样 10~20 g(精确至 0.001 g),置于 250 mL 容量瓶中,加水 200 mL,在 45 ℃水浴中加热 1 h,并时时振摇,冷却后加水至刻度,混匀,静置,沉淀。吸取 200.0 mL 上清液置于另一 250 mL 容量瓶中,缓慢加入乙酸锌溶液 5 mL 和亚铁氰化钾溶液 5 mL,加水至刻度,混匀,静置 30 min,用干燥滤纸过滤,弃去初滤液,取后续滤液备用。

②乙醇饮料:称取混匀后的试样 100 g(精确至 0.01 g),置于蒸发皿中,用氢氧化钠溶液中和至中性,在水浴上蒸发至原体积的 1/4 后,移入 250 mL 容量瓶中,缓慢加入乙酸锌溶液 5 mL 和亚铁氰化钾溶液 5 mL,加水至刻度,混匀,静置 30 min,用干燥滤纸过滤,弃去初滤液,取后续滤液备用。

③碳酸饮料:称取混匀后的试样 100 g(精确至 0.01 g)置于蒸发皿中,在水浴上微热搅拌除去二氧化碳后,移入 250 mL 容量瓶中,用水

微课

直接滴定法2

小提示

滴定必须在沸腾条件下进行:①可以加快还原糖与 Cu²⁺ 的反应速度;②亚甲蓝的反应是可逆的,还原型亚甲蓝会被空气中的氧所氧化,此外氧化亚铜也易被空气中的氧氧化。保持沸腾可以防止空气进入,避免亚甲蓝和氧化亚铜被氧化而增加耗糖量。

洗涤蒸发皿,洗液并入容量瓶,加水至刻度,混匀后备用。

④其他食品:称取粉碎后的固体试样 2.5~5.0 g(精确至 0.001 g)或混匀后的液体试样 5~25 g(精确至 0.001 g),置于 250 mL 容量瓶中,加水 50 mL,缓慢加入乙酸锌溶液 5 mL 和亚铁氰化钾溶液 5 mL,加水至刻度,混匀,静置 30 min,用干燥滤纸过滤,弃去初滤液,取后续滤液备用。

(2)碱性酒石酸铜溶液的标定

吸取碱性酒石酸铜甲液 5.0 mL 和碱性酒石酸铜乙液 5.0 mL,置于 150 mL 锥形瓶中,加水 10 mL,加入玻璃珠 2~4 粒,从滴定管中加葡萄糖(或其他还原糖)标准溶液约 9 mL,控制在 2 min 内加热至沸腾,趁热以每 2 秒 1 滴的速度继续滴加葡萄糖(或其他还原糖)标准溶液,直至溶液蓝色刚好褪去为终点,记录消耗葡萄糖(或其他还原糖)标准溶液的总体积,同时平行操作 3 份,取其平均值,计算每 10 mL 碱性酒石酸铜溶液(碱性酒石酸铜甲、乙液各 5 mL)相当于葡萄糖(或其他还原糖)的质量(mg)。

(3)试样溶液预测

吸取碱性酒石酸铜甲液 5.0 mL 和碱性酒石酸铜乙液 5.0 mL,置于 150 mL 锥形瓶中,加水 10 mL,加入玻璃珠 2~4 粒,控制在 2 min 内加热至沸腾,保持沸腾以先快后慢的速度,从滴定管中滴加试样溶液,并保持沸腾状态,待溶液颜色变浅时,以每 2 秒 1 滴的速度滴定,直至溶液蓝色刚好褪去为终点,记录试样溶液消耗体积。

(4)试样溶液测定

吸取碱性酒石酸铜甲液 5.0 mL 和碱性酒石酸铜乙液 5.0 mL,置于 150 mL 锥形瓶中,加水 10 mL,加入玻璃珠 2~4 粒,从滴定管滴加比预测体积少 1 mL 的试样溶液至锥形瓶中,控制在 2 min 内加热至沸腾,保持沸腾继续以每 2 秒 1 滴的速度滴定,直至蓝色刚好褪去为终点,记录试样溶液消耗体积,同法平行操作 3 份,得出平均消耗体积(V)。

5.分析结果的表述

试样中还原糖的含量(以某种还原糖计)按式(1)进行计算

$$X=\frac{m_1}{m\times F\times V/250\times 1\ 000}\times 100 \tag{1}$$

式中　X——试样中还原糖的含量(以某种还原糖计),g/100 g;

　　　m_1——碱性酒石酸铜溶液(甲、乙液各半)相当于某种还原糖的质量,mg;

　　　m——试样质量,g;

　　　F——系数,对 4(1)中的②③④为 1,对 4(1)中的①为 0.80;

　　　V——测定时平均消耗试样溶液的体积,mL;

　　　250——定容体积,mL;

　　　100——100 g 试样;

小提示

也可以按上述方法标定 4~20 mL 碱性酒石酸铜溶液(甲、乙液各半)来适应试样中还原糖的浓度变化。

小提示

当试样溶液中还原糖浓度过高时,应适当稀释后再进行正式测定,使每次滴定消耗试样溶液的体积控制在与标定碱性酒石酸铜溶液时所消耗的还原糖标准溶液的体积相近,约为 10 mL,结果按式(1)计算;当浓度过低时则直接加入 10 mL 试样溶液,免去加水 10 mL,再用还原糖标准溶液滴定至终点,记录消耗的体积与标定时消耗的还原糖标准溶液体积之差相当于 10 mL 试样溶液中所含还原糖的量,结果按式(2)计算。

微课

直接滴定法3

微课

可溶性糖类的提取和澄清

1 000——单位换算系数。

当浓度过低时,试样中还原糖的含量(以某种还原糖计)按式(2)进行计算

$$X = \frac{m_2}{m \times F \times 10/250 \times 1\ 000} \times 100 \tag{2}$$

式中　X——试样中还原糖的含量(以某种还原糖计),g/100 g;

m_2——标定时体积与加入样品后消耗的还原糖标准溶液体积之差相当于某种还原糖的质量,mg;

m——试样质量,g;

F——系数,对 4(1)中的②③④为 1,对 4(1)中的①为 0.80;

250——定容体积,mL;

100——100 g 试样;

1 000——单位换算系数。

当还原糖含量≥10 g/100 g 时,计算结果保留三位有效数字;当还原糖含量<10 g/100 g 时,计算结果保留两位有效数字。

6.精密度

在重复性条件下获得的两次独立测定结果的绝对差值不得超过算术平均值的 5%。

7.注释说明

(1)适用范围:本法适用于食品中还原糖含量的测定。当称样量为 5 g 时,定量限为 0.25 g/100 g。

(2)本方法所用的氧化剂碱性酒石酸铜的氧化能力较强,醛糖和酮糖都能被氧化,所以测得的是总还原糖量。

(3)试样处理过程中加入乙酸锌及亚铁氰化钾作为蛋白质沉淀剂,这两种试剂混合形成白色的氰化亚铁酸锌沉淀,能使溶液中的蛋白质共同沉淀下来,主要用于乳制品及富含蛋白质的浅色糖液,澄清效果较好。

(4)样品稀释液中还原糖浓度不宜过高或过低,需根据预测试验加以调节,最终浓度应接近于葡萄糖标准溶液的浓度(约为 0.1% 为宜)。

(5)在碱性酒石酸铜乙液中加入亚铁氰化钾的目的是使之与 Cu_2O 生成可溶性的无色配合物,而不再析出红色沉淀,消除沉淀对观察滴定终点的干扰,使终点更为明显。

(6)配制葡萄糖标准溶液时,加盐酸的目的是防腐。

(7)碱性酒石酸铜甲液和乙液应分别贮存,用时才混合,否则产生的酒石酸钾钠铜配合物长期在碱性条件下会慢慢分解析出氧化亚铜沉淀,使试剂有效浓度降低。

(8)试样溶液必须进行预测。目的:一是本法对试样溶液中还原糖浓度有一定要求(0.1% 左右),测定时试样溶液的消耗体积应与标定葡

萄糖标准溶液时消耗的体积相近,通过预测可了解试样溶液浓度是否合适,浓度过大或过小应加以调整,使预测时消耗样液量在 10 mL 左右;二是通过预测可知道试样溶液的大概消耗量,以便在正式测定时,预先加入比实际用量少 1 mL 左右的试样溶液,只留下 1 mL 左右试样溶液在续滴定时加入,以保证在 1 min 内完成续滴定工作,提高测定的准确度。

（9）当浓度过低时,则直接加入 10 mL 试样溶液,免去加水 10 mL,再用还原糖标准溶液滴定至终点,记录消耗还原糖标准溶液的体积。

（10）测定中还原糖浓度、滴定速度、热源强度及煮沸时间对测定结果有很大影响,所以在碱性酒石酸铜溶液标定、试样溶液预测、试样溶液测定时,其操作条件要力求一致。

微课

高锰酸钾滴定法1

（二）高锰酸钾滴定法

1.原理

试样经处理除去蛋白质等杂质后,其中还原糖把铜盐还原为氧化亚铜,加硫酸铁后,氧化亚铜被氧化为铜盐,用高锰酸钾溶液滴定氧化作用后生成的亚铁盐,根据高锰酸钾消耗量,计算氧化亚铜含量,再查表得还原糖量。

2.仪器和设备

（1）天平:感量为 0.1 mg。

（2）水浴锅。

（3）可调温电炉。

（4）酸式滴定管:25 mL。

（5）25 mL 古氏坩埚或 G4 垂融坩埚。

（6）真空泵。

3.试剂和材料

除非另有说明,本方法所用试剂均为分析纯,水为 GB/T 6682—2008 规定的三级水。

（1）盐酸溶液（3 mol/L）:量取盐酸 30 mL,加水稀释至 120 mL。

（2）碱性酒石酸铜甲液:称取硫酸铜（$CuSO_4 \cdot 5H_2O$）34.639 g,加适量水溶解,加硫酸 0.5 mL,再加水稀释至 500 mL,用精制石棉过滤。

（3）碱性酒石酸铜乙液:称取酒石酸钾钠 173 g 与氢氧化钠 50 g,加适量水溶解,并稀释至 500 mL,用精制石棉过滤,贮存于橡胶塞玻璃瓶内。

（4）氢氧化钠溶液（40 g/L）:称取氢氧化钠 4 g,加水溶解并稀释至 100 mL。

（5）硫酸铁溶液（50 g/L）:称取硫酸铁 50 g,加水 200 mL 溶解后,慢慢加入硫酸 100 mL,冷后加水稀释至 1 000 mL。

学习笔记

（6）精制石棉：取石棉先用盐酸溶液浸泡 2～3 d，用水洗净，再加氢氧化钠溶液浸泡 2～3 d，倾去溶液，再用热碱性酒石酸铜乙液浸泡数小时，用水洗净。再以盐酸溶液浸泡数小时，水洗至不呈酸性。然后加水振摇，使之成为细微的浆状软纤维，用水浸泡并贮存于玻璃瓶中，即可做填充古氏坩埚用。

（7）高锰酸钾标准溶液 $\left[c\left(\dfrac{1}{5}KMnO_4\right)=0.1000\ mol/L\right]$：按 GB/T 601—2016 配制与标定。

4. 分析步骤

（1）试样处理

①含淀粉的食品：称取粉碎或混匀后的试样 10～20 g（精确至 0.001 g），置于 250 mL 容量瓶中，加水 200 mL，在 45 ℃ 水浴中加热 1 h，并时时振摇。冷却后加水至刻度，混匀，静置。吸取 200.0 mL 上清液置于另一 250 mL 容量瓶中，加碱性酒石酸铜甲液 10 mL 及氢氧化钠溶液 4 mL，加水至刻度，混匀。静置 30 min，用干燥滤纸过滤，弃去初滤液，取后续滤液备用。

②酒精饮料：称取 100 g（精确至 0.01 g）混匀后的试样，置于蒸发皿中，用氢氧化钠溶液中和至中性，在水浴上蒸发至原体积的 1/4 后，移入 250 mL 容量瓶中。加水 50 mL，混匀。加碱性酒石酸铜甲液 10 mL 及氢氧化钠溶液 4 mL，加水至刻度，混匀。静置 30 min，用干燥滤纸过滤，弃去初滤液，取后续滤液备用。

③碳酸饮料：称取 100 g（精确至 0.001 g）混匀后的试样，置于蒸发皿中，在水浴上除去二氧化碳后，移入 250 mL 容量瓶中，并用水洗涤蒸发皿，洗液并入容量瓶中，再加水至刻度，混匀后备用。

④其他食品：称取粉碎后的固体试样 2.5～5.0 g（精确至 0.001 g）或混匀后的液体试样 25～50 g（精确至 0.001 g），置于 250 mL 容量瓶中，加水 50 mL，摇匀后加碱性酒石酸铜甲液 10 mL 及氢氧化钠溶液 4 mL，加水至刻度，混匀。静置 30 min，用干燥滤纸过滤，弃去初滤液，取后续滤液备用。

（2）试样溶液的测定

吸取处理后的试样溶液 50.0 mL，置于 500 mL 烧杯内，加入碱性酒石酸铜甲液 25 mL 及碱性酒石酸铜乙液 25 mL，于烧杯上盖一表面皿，加热，控制在 4 min 内沸腾，再精确煮沸 2 min，趁热用铺好精制石棉的古氏坩埚（或 G4 垂融坩埚）抽滤，并用 60 ℃ 热水洗涤烧杯及沉淀，至洗液不呈碱性为止。将古氏坩埚（或 G4 垂融坩埚）放回原 500 mL 烧杯中，加硫酸铁溶液 25 mL、水 25 mL，用玻璃棒搅拌使氧化亚铜完全溶解，以高锰酸钾标准溶液滴定至微红色为终点。

同时吸取水 50 mL，加入与测定试样时相同量的碱性酒石酸铜甲液、乙液、硫酸铁溶液及水，按同一方法做空白试验。

5. 分析结果的表述

试样中还原糖质量相当于氧化亚铜的质量,按下式进行计算

$$X_0 = (V-V_0) \times c \times 71.54$$

式中 X_0——试样中还原糖质量相当于氧化亚铜的质量,mg;

V——测定用试样溶液消耗高锰酸钾标准溶液的体积,mL;

V_0——试剂空白消耗高锰酸钾标准溶液的体积,mL;

c——高锰酸钾标准溶液的实际浓度,mol/L;

71.54——1 mL 高锰酸钾标准溶液$[c(\frac{1}{5}KMnO_4)=1.000 \text{ mol/L}]$相当于氧化亚铜的

质量,mg。

根据式中计算所得氧化亚铜的质量,查附录表2,再按下式计算试样中还原糖含量

$$X = \frac{m_3}{m_4 \times V/250 \times 1\,000} \times 100$$

式中 X——试样中还原糖的含量,g/100 g;

m_3——根据 X_0 查附录表2得还原糖质量,mg;

m_4——试样质量或体积,g 或 mL;

V——测定用试样溶液的体积,mL;

250——试样处理后的总体积,mL;

100——100 g 试样;

1 000——单位换算系数。

当还原糖含量≥10 g/100 g 时计算结果保留三位有效数字;当还原糖含量<10 g/100 g 时,计算结果保留两位有效数字。

6. 精密度

在重复性条件下获得的两次独立测定结果的绝对差值不得超过算术平均值的10%。

7. 注释说明

①适用范围:本法适用于食品中还原糖含量的测定。当称样量为 5.0 g 时,本法的检出限为 0.5 g/100 g。

②当样品中的还原糖有双糖(如麦芽糖、乳糖)时,由于这些糖的分子中只有一个半缩醛羟基,因此测定结果将偏低。

五、 蔗糖的测定——酸水解-莱因-埃农氏法

在食品生产过程中,测定蔗糖的含量可以判断食品加工原料的成熟度,鉴别白糖、蜂蜜等食品原料的品质,以及控制糖果、果脯、加糖乳制品等产品的质量指标。

蔗糖是由葡萄糖和果糖组成的双糖,没有还原性,但在一定条件下蔗糖可水解为具有还原性的葡萄糖和果糖,因此可以用测定还原糖的方法测定蔗糖含量。对于浓度较高的蔗糖溶液,其相对密度、折光率、旋光度等物理常数与蔗糖浓度都有一定关系,故可用前面的物理检验法测定蔗糖的含量。

参照《食品安全国家标准 食品中果糖、葡萄糖、蔗糖、麦芽糖、乳糖的测定》(GB 5009.8—2016),蔗糖的测定方法有高效液相色谱法和酸水解-莱因-埃农氏法。

1.原理

试样经处理除去蛋白质等杂质后,其中蔗糖经盐酸水解转化为还原糖,按还原糖测定。水解前、后的差值乘以相应的系数即蔗糖含量。

2.仪器和设备

(1)天平:感量为 0.1 mg。

(2)水浴锅。

(3)可调温电炉。

(4)酸式滴定管:25 mL。

(5)干燥箱。

3.试剂和材料

除非另有说明,本方法所用试剂均为分析纯,水为GB/T 6682—2008 规定的三级水。

(1)乙酸锌溶液:称取乙酸锌 21.9 g,加冰乙酸 3 mL,加水溶解并定容至 100 mL。

(2)亚铁氰化钾溶液:称取亚铁氰化钾 10.6 g,加水溶解并定容至 100 mL。

(3)盐酸溶液(1+1):量取盐酸 50 mL,缓慢加入 50 mL 水中,冷却后混匀。

(4)氢氧化钠溶液(40 g/L):称取氢氧化钠 4 g,加水溶解后,放冷,加水定容至 100 mL。

(5)甲基红指示液(1 g/L):称取甲基红盐酸盐 0.1 g,用 95% 乙醇溶解并定容至 100 mL。

(6)氢氧化钠溶液(200 g/L):称取氢氧化钠 20 g,加水溶解后,放冷,加水并定容至 100 mL。

(7)碱性酒石酸铜甲液:称取硫酸铜($CuSO_4 \cdot 5H_2O$)15 g 和亚甲蓝 0.05 g,溶于水中,加水定容至 1 000 mL。

(8)碱性酒石酸铜乙液:称取酒石酸钾钠 50 g 和氢氧化钠 75 g,溶于水中,再加入亚铁氰化钾 4 g,完全溶解后,用水定容至 1 000 mL,贮存于橡胶塞玻璃瓶中。

(9)葡萄糖标准溶液(1.0 mg/mL):称取经过 98~100 ℃干燥箱中干燥 2 h 后的葡萄糖 1 g(精确到 0.001 g),加水溶解后加入盐酸 5 mL,并用水定容至 1 000 mL。此溶液每毫升相当于 1.0 mg 葡萄糖。

蔗糖的测定

学习笔记

4.试样的制备和保存

(1)试样的制备

①固体样品

取有代表性样品至少 200 g,用粉碎机粉碎,混匀,装入洁净容器,密封,标明标记。

②半固体和液体样品

取有代表性样品至少 200 g(mL),充分混匀,装入洁净容器,密封,标明标记。

(2)保存

蜂蜜等易变质试样于 0~4 ℃保存。

5.分析步骤

(1)试样处理

①含蛋白质食品

称取粉碎或混匀后的固体试样 2.5~5.0 g(精确到 0.001 g)或液体试样 5~25 g(精确到 0.001 g),置于 250 mL 容量瓶中,加水 50 mL,缓慢加入乙酸锌溶液 5 mL 和亚铁氰化钾溶液 5 mL,加水至刻度,混匀,静置 30 min,用干燥滤纸过滤,弃去初滤液,取后续滤液备用。

②含大量淀粉的食品

称取粉碎或混匀后的试样 10~20 g(精确到 0.001 g),置于 250 mL 容量瓶中,加水 200 mL,在 45 ℃水浴中加热 1 h,并时时振摇,冷却后加水至刻度,混匀,静置,沉淀。吸取 200 mL 上清液于另一 250 mL 容量瓶中,缓慢加入乙酸锌溶液 5 mL 和亚铁氰化钾溶液 5 mL,加水至刻度,混匀,静置 30 min,用干燥滤纸过滤,弃去初滤液,取后续滤液备用。

③酒精饮料

称取混匀后的试样 100 g(精确到 0.01 g),置于蒸发皿中,用 40 g/L 氢氧化钠溶液中和至中性,在水浴上蒸发至原体积的 1/4 后,移入 250 mL 容量瓶中,缓慢加入乙酸锌溶液 5 mL 和亚铁氰化钾溶液 5 mL,加水至刻度,混匀,静置 30 min,用干燥滤纸过滤,弃去初滤液,取后续滤液备用。

④碳酸饮料

称取混匀后的试样 100 g(精确到 0.01 g)于蒸发皿中,在水浴上微热搅拌除去二氧化碳后,移入 250 mL 容量瓶中,用水洗蒸发皿,洗液并入容量瓶,加水至刻度,混匀后备用。

(2)酸水解

吸取 2 份试样各 50.0 mL,分别置于 100 mL 容量瓶中。

转化前:一份用水稀释至 100 mL。

转化后:另一份加(1+1)盐酸 5 mL,在 68~70 ℃水浴中加热 15 min,冷却后加甲基红指示液 2 滴,用 200 g/L 氢氧化钠溶液中和至中性,加水至刻度。

（3）标定碱性酒石酸铜溶液

吸取碱性酒石酸铜甲液 5.0 mL 和碱性酒石酸铜乙液 5.0 mL，置于 150 mL 锥形瓶中，加水 10 mL，加入 2～4 粒玻璃珠，从滴定管中加葡萄糖标准溶液约 9 mL，控制在 2 min 内加热至沸腾，趁热以每 2 秒 1 滴的速度滴加葡萄糖，直至溶液颜色刚好褪去，记录消耗葡萄糖总体积，同时平行操作三份，取其平均值，计算每 10 mL 碱性酒石酸铜溶液（碱性酒石酸铜甲、乙液各 5 mL）相当于葡萄糖的质量（mg）。

（4）试样溶液的测定

①预测滴定：吸取碱性酒石酸铜甲液 5.0 mL 和碱性酒石酸铜乙液 5.0 mL，置于同一 150 mL 锥形瓶中，加入蒸馏水 10 mL，放入 2～4 粒玻璃珠，置于电炉上加热，使其在 2 min 内沸腾，保持沸腾状态 15 s，滴入样液至溶液蓝色褪尽为止，读取所用样液的体积。

②精确滴定：吸取碱性酒石酸铜甲液 5.0 mL 和碱性酒石酸铜乙液 5.0 mL，置于同一 150 mL 锥形瓶中，加入蒸馏水 10 mL，放入几粒玻璃珠，从滴定管中放出的样液（转化前样液或转化后样液）比预测滴定的体积少 1 mL，置于电炉上，使其在 2 min 内沸腾，维持沸腾状态 2 min，以每 2 秒 1 滴的速度徐徐滴入样液，溶液蓝色褪尽即终点，分别记录转化前样液和转化后样液消耗的体积（V）。

6.分析结果的表述

（1）转化糖的含量

试样中转化糖的含量（以葡萄糖计）按下式进行计算

$$R = \frac{A}{m \times \frac{50}{250} \times \frac{V}{100} \times 1\,000} \times 100$$

式中　R——试样中转化糖的质量分数，g/100 g；

　　　　A——碱性酒石酸铜溶液（甲、乙液各半）相当于葡萄糖的质量，mg；

　　　　m——样品的质量，g；

　　　　50——酸水解中吸取样液的体积，mL；

　　　　250——试样处理中样品定容体积，mL；

　　　　V——滴定时平均消耗试样溶液的体积，mL；

　　　　100（除式中的 100）——酸水解中定容体积，mL；

　　　　1 000——单位换算系数；

　　　　100——单位换算系数。

（2）蔗糖的含量

试样中蔗糖的含量 X 按下式计算

$$X = (R_2 - R_1) \times 0.95$$

式中　X——试样中蔗糖的质量分数，g/100 g；

　　　　R_2——转化后转化糖的质量分数，g/100 g；

R_1——转化前转化糖的质量分数,g/100 g;

0.95——转化糖(以葡萄糖计)换算为蔗糖的系数。

当蔗糖含量大于或等于 10 g/100 g 时,计算结果保留三位有效数字;当蔗糖含量小于 10 g/100 g 时,计算结果保留两位有效数字。

7.精密度

在重复性条件下获得的两次独立测定结果的绝对差值不得超过算术平均值的 10%。

8.精密度

(1)适用范围:本法适用于食品中蔗糖的测定。当称样量为 5 g 时,定量限为 0.24 g/100 g。

(2)蔗糖的水解条件远比其他双糖的水解条件低,在本法规定的水解条件下,蔗糖可完全被水解,而其他双糖和淀粉等的水解作用很小,可忽略不计。为获得准确的结果,必须严格控制水解条件。因此,样液体积、酸的浓度及用量、水解温度和时间都不能随意改动,到达规定时间后应迅速冷却,以防止果糖分解。

六、 总糖的测定——直接滴定法

总糖的测定是食品生产中的常规分析项目。它反映的是食品中可溶性单糖和低聚糖的总量,其含量高低对产品的色、香、味、组织形态、营养价值、成本等有一定影响。总糖是麦乳精、糕点、果蔬罐头、饮料等许多食品的重要质量指标。总糖的测定通常以还原糖的测定方法为基础,常用的是直接滴定法,此外还有蒽酮比色法等。

微课

总糖的测定

1.原理

试样经处理除去蛋白质等杂质后,加入盐酸,在加热条件下使蔗糖水解生成还原性单糖,以直接滴定法测定水解后试样中的还原糖总量。

2.仪器及试剂

同蔗糖的测定。

3.分析步骤

(1)试样处理:同酸水解法测定蔗糖的处理方法。

(2)测定:按测定蔗糖的方法水解试样,再按直接滴定法测定还原糖含量。

4.分析结果的表述

$$总糖(以转化糖计,\%)=\frac{F}{m\times\frac{50}{V_1}\times\frac{V_2}{100}\times1\ 000}\times100$$

式中　F——10 mL 碱性酒石酸铜溶液相当的转化糖质量,mg;

　　　m——试样质量,g;

　　　V_1——试样处理液总体积,mL;

　　　V_2——测定时消耗试样水解液的体积,mL。

50 和 100(除式中)、1 000、100 的含义同前。

5. 注释说明

总糖测定结果要根据产品的质量指标要求,以转化糖或葡萄糖计。因此碱性酒石酸铜溶液的标定应使用相应的还原糖的标准溶液来进行标定。

七、淀粉的测定方法

淀粉是一种多糖,它广泛存在于植物的根、茎、叶、种子等组织中,是人类食物的重要组成部分,也是供给人体热能的主要来源。淀粉是由葡萄糖单体组成的链状聚合分子,按聚合形式不同,可形成两种淀粉分子——直链淀粉和支链淀粉。

在食品工业中淀粉的用途非常广泛,常作为食品的原辅料。制造面包、糕点、饼干用的面粉,通过掺入纯淀粉来调节面筋浓度和胀润度;在糖果生产中不仅使用大量由淀粉制造的糖浆,还使用原淀粉和变性淀粉;在冷饮中淀粉作为稳定剂;在肉类罐头中淀粉作为增稠剂等。淀粉含量是某些食品主要的质量指标,也是食品生产管理中的一个常检项目。

参照《食品安全国家标准 食品中淀粉的测定》(GB 5009.9—2016),淀粉的测定方法有酶水解法、酸水解法及肉制品中淀粉含量的测定方法。

(一)酶水解法

1. 原理

试样经处理去除脂肪及可溶性糖等杂质后,淀粉用淀粉酶水解成小分子糖,再用盐酸水解成单糖,最后按还原糖测定,并折算成淀粉含量。

2. 仪器和设备

(1)天平:感量为 1 mg 和 0.1 mg。

(2)恒温水浴锅:可加热至 100 ℃。

(3)组织捣碎机。

(4)电炉。

3. 试剂和材料

除非另有说明,本方法所用试剂均为分析纯,水为 GB/T 6682—2008 规定的三级水。

(1)石油醚:沸程为 60～90 ℃。

(2)乙醚($C_4H_{10}O$)。

(3)甲苯(C_7H_8)。

(4)三氯甲烷($CHCl_3$)。

(5)甲基红指示液（2 g/L）:称取甲基红 0.20 g,用少量乙醇溶解后,加水定容至 100 mL。

(6)盐酸溶液(1＋1):量取 50 mL 盐酸与 50 mL 水混合。

(7)氢氧化钠溶液(200 g/L):称取 20 g 氢氧化钠,加水溶解并定容至 100 mL。

(8)碱性酒石酸铜甲液:称取 15 g 硫酸铜($CuSO_4 \cdot 5H_2O$)及 0.050 g 亚甲蓝,溶于水中并定容至 1 000 mL。

(9)碱性酒石酸铜乙液:称取 50 g 酒石酸钾钠、75 g 氢氧化钠,溶于水中,再加入 4 g 亚铁氰化钾,完全溶解后,用水定容至 1 000 mL,贮存于橡胶塞玻璃瓶内。

(10)淀粉酶溶液(5 g/L):称取高峰氏淀粉酶 0.5 g,加 100 mL 水溶解,临用时配制;也可加入数滴甲苯或三氯甲烷防止长霉,置于 4 ℃冰箱中。

(11)碘溶液:称取 3.6 g 碘化钾溶于 20 mL 水中,加入 1.3 g 碘,溶解后加水定容至 100 mL。

(12)乙醇溶液(85％,体积比):取 85 mL 无水乙醇,加水定容至 100 mL 混匀。也可用 95％乙醇配制。

(13)葡萄糖标准溶液:准确称取 1 g(精确到 0.000 1 g)经过 98～100 ℃干燥 2 h 的 D-无水葡萄糖[纯度≥98％(HPLC)],加水溶解后加入 5 mL 盐酸,并以水定容至 1 000 mL。此溶液每毫升相当于 1.0 mg 葡萄糖。

4.分析步骤

(1)试样制备

①易于粉碎的试样

将样品磨碎过 0.425 mm(相当于 40 目)筛,称取 2.0～5.0 g(精确至 0.001 g),置于放有折叠慢速滤纸的漏斗内,先用 50 mL 石油醚或乙醚分 5 次洗去脂肪,再用约 100 mL 乙醇(85％,体积比)分次充分洗去可溶性糖类。根据样品的实际情况,可适当增加洗涤液的用量和洗涤次数,以保证将干扰检测的可溶性糖类物质洗涤完全。滤干乙醇,将残留物移入 250 mL 烧杯内,并用 50 mL 水洗净滤纸,洗液并入烧杯内,将烧杯置于沸水浴上加热 15 min,使淀粉糊化,放冷至 60 ℃以下,加 20 mL 淀粉酶溶液,在 55～60 ℃保温 1 h,并时时搅拌。然后取 1 滴此溶液,加 1 滴碘溶液,应不显现蓝色。若显现蓝色,再加热糊化并加 20 mL 淀粉酶溶液,继续保温,直至加碘溶液不显现蓝色为止。加热至沸腾,冷后移入 250 mL 容量瓶中并加水至刻度,混匀,过滤,弃去初滤液。

取 50.00 mL 滤液,置于 250 mL 锥形瓶中,加 5 mL 盐酸(1+1),装上回流冷凝器,在沸水浴中回流 1 h,冷后加 2 滴甲基红指示液,用 200 g/L 氢氧化钠溶液中和至中性,溶液转入 100 mL 容量瓶中,洗涤锥形瓶,洗液并入 100 mL 容量瓶中,加水至刻度,混匀备用。

②其他样品

称取一定量样品,准确加入适量水在组织捣碎机中捣成匀浆(蔬菜、水果需先洗净晾干再取可食部分),称取相当于原样质量 2.5～5.0 g(精确至 0.001 g)的匀浆,以下按①自"置于放有折叠慢速滤纸的漏斗内"起依法操作。

(2)测定

①标定碱性酒石酸铜溶液

吸取 5.00 mL 碱性酒石酸铜甲液及 5.00 mL 碱性酒石酸铜乙液,置于 150 mL 锥形瓶中,加水 10 mL,加入 2 粒玻璃珠,从滴定管中滴加约 9 mL 葡萄糖标准溶液,控制在 2 min 内加热至沸腾,保持溶液呈沸腾状态,以每 2 秒 1 滴的速度继续滴加葡萄糖,直至溶液蓝色刚好褪去为终点,记录消耗葡萄糖标准溶液的总体积,同时做 3 份平行操作,取其平均值,计算每 10mL(甲、乙液各 5 mL)碱性酒石酸铜溶液相当于葡萄糖的质量 m_1(mg)。

②试样溶液预测

吸取 5.00 mL 碱性酒石酸铜甲液及 5.00 mL 碱性酒石酸铜乙液,置于 150 mL 锥形瓶中,加水 10 mL,加入两粒玻璃珠,控制在 2 min 内加热至沸腾,保持沸腾以先快后慢的速度,从滴定管中滴加试样溶液,并保持溶液呈沸腾状态,待溶液颜色变浅时,以每 2 秒 1 滴的速度滴定,直至溶液蓝色刚好褪去为终点。记录试样溶液的消耗体积。当样液中葡萄糖浓度过高时,应适当稀释后再进行正式测定,使每次滴定消耗试样溶液的体积控制在与标定碱性酒石酸铜溶液时所消耗的葡萄糖标准溶液的体积相近,约 10 mL。

③试样溶液测定

吸取 5.00 mL 碱性酒石酸铜甲液及 5.00 mL 碱性酒石酸铜乙液,置于 150 mL 锥形瓶中,加水 10 mL,加入两粒玻璃珠,从滴定管中滴加比预测体积少 1 mL 的试样溶液至锥形瓶中,控制在 2 min 内加热至沸腾,保持沸腾状态,继续以每 2 秒 1 滴的速度滴定,直至蓝色刚好褪去为终点,记录样液消耗体积。同时做 3 份,得出平均消耗体积。结果按式(1)计算。

当浓度过低时,则直接加入 10.00 mL 样品液,免去加水 10 mL 这一步,再用葡萄糖标准溶液滴定至终点,记录消耗的体积与标定时消耗的葡萄糖标准溶液体积之差相当于 10.00 mL 样液中所含葡萄糖的量(mg)。结果按式(2)、式(3)计算。

④试剂空白测定

同时量取 20 mL 水及与试样溶液处理时相同量的淀粉酶溶液,按反滴法做试剂空白试验。即:用葡萄糖标准溶液滴定试剂空白溶液至终点,记录消耗的体积与标定时消耗的葡萄糖标准溶液体积之差相当于 10.00 mL 样液中所含葡萄糖的质量(mg)。按式(4)、式(5)计算试剂空白中葡萄糖的含量。

5.分析结果的表述

(1)试样中葡萄糖含量按式(1)计算

$$X_1 = \frac{m_1}{\frac{50}{250} \times \frac{V_1}{100}} \tag{1}$$

式中　X_1——所称试样中葡萄糖的质量,mg;

　　　m_1——10 mL 碱性酒石酸铜溶液(甲、乙液各半)相当于葡萄糖的质量,mg;

　　　50——测定用样品溶液体积,mL;

　　　250——样品定容体积,mL;

　　　V_1——测定时平均消耗试样溶液的体积,mL;

　　　100——测定用样品的定容体积,mL。

(2)当试样中淀粉浓度过低时葡萄糖含量按式(2)、式(3)进行计算

$$X_2 = \frac{m_2}{\frac{50}{250} \times \frac{10}{100}} \tag{2}$$

$$m_2 = m_1 \left(1 - \frac{V_2}{V_s}\right) \tag{3}$$

式中　X_2——所称试样中葡萄糖的质量,mg;

　　　m_2——标定 10 mL 碱性酒石酸铜溶液(甲、乙液各半)时消耗的葡萄糖标准溶液的体积与加入试样后消耗的葡萄糖标准溶液体积之差相当于葡萄糖的质量,mg;

　　　50——测定用样品溶液体积,mL;

　　　250——样品定容体积,mL;

　　　10——直接加入的试样体积,mL;

　　　100——测定用样品的定容体积,mL;

　　　m_1——10 mL 碱性酒石酸铜溶液(甲、乙液各半)相当于葡萄糖的质量,mg;

　　　V_2——加入试样后消耗的葡萄糖标准溶液体积,mL;

　　　V_s——标定 10 mL 碱性酒石酸铜溶液(甲、乙液各半)时消耗的葡萄糖标准溶液的体积,mL。

(3)试剂空白值按式(4)、式(5)计算

$$X_0 = \frac{m_0}{\frac{50}{250} \times \frac{10}{100}} \tag{4}$$

$$m_0 = m_1 \left(1 - \frac{V_0}{V_s}\right) \tag{5}$$

式中　X_0——试剂空白值,mg;

113

m_0——标定 10 mL 碱性酒石酸铜溶液(甲、乙液各半)时消耗的葡萄糖标准溶液的体积与加入空白试样后消耗的葡萄糖标准溶液体积之差相当于葡萄糖的质量,mg;

50——测定用试样溶液体积,mL;

250——样品定容体积,mL;

10——直接加入的试样体积,mL;

100——测定用样品的定容体积,mL;

m_1——10 mL 碱性酒石酸铜溶液(甲、乙液各半)相当于葡萄糖的质量,mg;

V_0——加入空白试样后消耗的葡萄糖标准溶液体积,mL;

V_s——标定 10 mL 碱性酒石酸铜溶液(甲、乙液各半)时消耗的葡萄糖标准溶液的体积,mL。

(4)试样中淀粉的含量按式(6)计算

$$X = \frac{(X_1 - X_0) \times 0.9}{m \times 1\,000} \times 100 \quad \text{或} \quad X = \frac{(X_2 - X_0) \times 0.9}{m \times 1\,000} \times 100 \tag{6}$$

式中 X——试样中淀粉的含量,g/100 g;

0.9——还原糖(以葡萄糖计)换算成淀粉的换算系数;

m——试样质量,g。

100、1 000——单位换算系数。

结果<1 g/100 g,保留两位有效数字。结果≥1 g/100 g,保留三位有效数字。

6. 精密度

在重复性条件下获得的两次独立测定结果的绝对差值不得超过算术平均值的 10%。

7. 注释说明

(1)淀粉酶具有严格的选择性,它只水解淀粉而不水解其他多糖,水解后可通过过滤除去其他多糖。故该法不受半纤维素、多缩戊糖、果胶等其他多糖的干扰,适用于这类多糖含量高的样品,结果准确可靠,但操作费时。

(2)脂肪的存在会妨碍淀粉酶对淀粉的分解作用及可溶性糖类的去除,故应用乙醚脱脂。若试样中脂肪含量较少,可省略此步骤。

(二)酸水解法

1. 原理

试样经处理除去脂肪及可溶性糖类后,其中淀粉用酸水解成具有还原性的单糖,然后按还原糖测定,并折算成淀粉。

2. 仪器和设备

(1)天平:感量为 1 mg 和 0.1 mg。

(2)恒温水浴锅:可加热至 100 ℃。

(3)回流装置,并附 250 mL 锥形瓶。

(4)高速组织捣碎机。

(5)电炉。

3. 试剂和材料

除非另有说明,本方法所用试剂均为分析纯,水为 GB/T 6682—2008 规定的三级水。

(1)石油醚:沸点范围为 60～90 ℃。

(2)乙醚($C_4H_{10}O$)。

(3)甲基红指示液(2 g/L):称取甲基红 0.20 g,用少量乙醇溶解后,加水定容至 100 mL。

(4)氢氧化钠溶液(400 g/L):称取 40 g 氢氧化钠加水溶解后,冷却至室温,加水稀释至 100 mL。

(5)乙酸铅溶液(200 g/L):称取 20 g 乙酸铅,加水溶解并稀释至 100 mL。

(6)硫酸钠溶液(100 g/L):称取 10 g 硫酸钠,加水溶解并稀释至 100 mL。

(7)盐酸溶液(1+1):量取 50 mL 盐酸,与 50 mL 水混合。

(8)乙醇(85%,体积比):取 85 mL 无水乙醇,加水定容至 100 mL 混匀。也可用 95% 乙醇配制。

(9)精密 pH 试纸:6.8～7.2。

(10)葡萄糖标准溶液:准确称取 1 g(精确至 0.000 1 g)经过 98～100 ℃ 干燥 2 h 的 D-无水葡萄糖(纯度≥98%),加水溶解后加入 5 mL 盐酸,并以水定容至 1 000 mL。此溶液每毫升相当于 1.0 mg 葡萄糖。

4.分析步骤

(1)试样制备

①易于粉碎的试样

磨碎过 0.425 mm 筛(相当于 40 目),称取 2～5 g(精确到 0.001 g)试样,置于放有慢速滤纸的漏斗中,用 50 mL 石油醚或乙醚分五次洗去试样中脂肪,弃去石油醚或乙醚。用 150 mL 乙醇(85%,体积比)分数次洗涤残渣,以充分除去可溶性糖类物质。根据样品的实际情况,可适当增加洗涤液的用量和洗涤次数,以保证干扰检测的可溶性糖类物质被洗涤完全。滤干乙醇溶液,以 100 mL 水洗涤漏斗中残渣并转移至 250 mL 锥形瓶中,加入 30 mL 盐酸溶液(1+1),接好冷凝管,置于沸水浴中回流 2 h。回流完毕后,立即冷却。待试样水解液冷却后,加入 2 滴甲基红指示液,先以 400 g/L 氢氧化钠溶液调至黄色,再以盐酸溶液(1+1)校正至试样水解液刚变成红色。若试样水解液颜色较深,可用精密 pH 试纸测试,使试样水解液的 pH 约为 7。然后加 20 mL 乙酸铅溶液(200 g/L),摇匀,放置 10 min。再加 20 mL 硫酸钠溶液(100 g/L),以除去过多的铅。摇匀后将全部溶液及残渣转入 500 mL 容量瓶中,用水洗涤锥形瓶,洗液合并入容量瓶中,加水稀释至刻度。过滤,弃去初滤液 20 mL,滤液供测定用。

②其他样品

称取一定量样品,准确加入适量水在组织捣碎机中捣成匀浆(蔬菜、水果需先洗净晾干取可食部分)。称取相当于原样质量 2.5～5.0 g(精确到 0.001 g)的匀浆于 250 mL 锥形瓶中,用 50 mL 石油醚或乙醚分五次洗去试样中脂肪,弃去石油醚或乙醚。以下按①自"用 150 mL 乙醇(85%,体积比)"起依法操作。

(2)测定

按酶水解法 4(2)操作。

5.分析结果的表述

试样中淀粉的含量按式(7)进行计算

$$X=\frac{(A_1-A_2)\times 0.9}{m\times V/500\times 1\ 000}\times 100 \tag{7}$$

式中　X——试样中淀粉的含量,g/100 g;

A_1——测定用试样水解液中葡萄糖质量,mg;

A_2——试剂空白中葡萄糖质量,mg;

0.9——葡萄糖折算成淀粉的换算系数;

m——称取试样质量,g;

V——测定用试样水解液体积,mL;

500——试样液总体积,mL;

100、1 000——单位换算系数。

结果保留三位有效数字。

6. 精密度

在重复性条件下获得的两次独立测定结果的绝对差值不得超过算术平均值的10%。

7. 注释说明

(1)适用范围:本法适用于淀粉含量高而其他多糖含量少的样品,因为半纤维素、果胶等在此条件下也能被水解为还原糖,使测定结果偏高。本法操作简单、应用广泛,但选择性和准确性不如酶水解法。

(2)水解条件要严格控制。加热时间要适当,既要保证淀粉水解完全,又要避免加热时间过长,因为加热时间过长,葡萄糖会形成糠醛聚合体,失去还原性,影响测定结果的准确性。

任务准备

通过对标准的解读,将测定镇江香醋中还原糖所需仪器和设备及试剂分别记入表 2-5-1 和表 2-5-2。

表 2-5-1　　　　　　　　　　　　　所需仪器和设备

序号	名称	规格
1	天平	感量为 0.1 mg
2	水浴锅	
3	可调温电炉	
4	酸式滴定管	
5	干燥箱	

表 2-5-2　　　　　　　　　　　　　所需试剂

序号	名称	规格
1	盐酸	1+1
2	碱性酒石酸铜甲液	称取硫酸铜($CuSO_4 \cdot 5H_2O$)15 g 及亚甲蓝 0.05 g 溶于水中,并稀释至 1 000 mL

(续表)

序号	名称	规格
3	碱性酒石酸铜乙液	称取酒石酸钾钠($C_4H_4O_6KNa \cdot 4H_2O$)50 g 和氢氧化钠 75 g 溶于水中,再加入亚铁氰化钾 4 g 完全溶解后,用水定容至 1 000 mL,贮存于橡胶塞玻璃瓶中
4	乙酸锌溶液	219 g/L
5	亚铁氰化钾溶液	106 g/L
6	氢氧化钠溶液	40 g/L
7	葡萄糖标准溶液	1.0 mg/mL

 任务实施

操作视频

镇江香醋中
还原糖的测定

一、 操作要点(表 2-5-2)

表 2-5-2 操作要点

序号	内容	操作方法	操作提示	评价标准
1	试样制备	称取混匀后的香醋试样 5~25 g(精确至 0.001 g),置于 250 mL 容量瓶中,加入 50 mL 水,缓慢加入乙酸锌溶液 5 mL 和亚铁氰化钾溶液 5 mL,加水至刻度,混匀。静置 30 min,用干燥滤纸过滤	过滤时要弃去初滤液,取后续滤液备用	• 取样量合适 • 正确去除试样中的蛋白质 • 定容操作规范
2	碱性酒石酸铜溶液的标定	吸取碱性酒石酸铜甲、乙液各 5.0 mL 于 150 mL 锥形瓶中,加水 10 mL,加入玻璃珠 2~4 粒,从滴定管中加葡萄糖标准溶液约 9 mL,控制在 2 min 内加热至沸腾,趁热以每 2 秒 1 滴的速度继续滴加葡萄糖,直至溶液蓝色刚好褪去为终点,记录消耗葡萄糖的总体积,同时平行操作 3 份,取其平均值,计算每 10 mL 碱性酒石酸铜溶液相当于葡萄糖的质量(mg)	1.整个滴定要保持沸腾状态,目的是加快反应速度和防止空气进入,避免氧化亚铜和亚甲蓝被空气氧化 2.滴定时不能随意摇动锥形瓶,更不能把锥形瓶从热源上取下来滴定,以防止空气进入	• 2 min 内加热至沸腾 • 滴定速度适宜,1 min 内完成滴定 • 滴定操作规范 • 滴定过程保持沸腾 • 滴定终点判断准确 • 滴定管读数方法正确
3	试样溶液预测	吸取碱性酒石酸铜甲、乙液各 5.0 mL 于 150 mL 锥形瓶中,加水 10 mL,加入玻璃珠 2~4 粒,2 min 内加热至沸腾,滴加试样溶液,直至蓝色刚好褪去为终点,记录试样溶液消耗体积	当样液中还原糖浓度过高时,应稀释后再进行测定,使消耗样液的体积与标定碱性酒石酸铜溶液消耗的还原糖标准溶液相近,约 10 mL	• 正确进行试样溶液预测 • 滴定操作规范 • 滴定终点判断准确 • 试样用量控制在 10 mL 左右

（续表）

序号	内容	操作方法	操作提示	评价标准
4	试样溶液测定	吸取碱性酒石酸铜甲、乙液各5.0 mL，置于150 mL锥形瓶中，加水10 mL，加玻璃珠，从滴定管滴加比预测体积少1 mL的试样至锥形瓶中，控制在2 min至沸腾，保持沸腾继续以每2秒1滴的速度滴定，直至蓝色刚好褪去为终点。同法平行操作3份，得出平均消耗体积	滴定终点蓝色褪去后，溶液呈现黄色，此后又重新变为蓝色，不应再进行滴定。因为亚甲蓝指示剂被糖还原后蓝色消失，当接触空气中的氧气后，被氧化重现蓝色	• 2 min内加热至沸腾 • 滴定速度适宜，1 min内完成滴定 • 滴定操作规范 • 滴定过程保持沸腾 • 滴定终点判断准确 • 滴定管读数方法正确

二、数据记录及处理（表2-5-3）

表 2-5-3　　　　　　　镇江香醋中还原糖测定数据

基本信息	样品名称			样品编号	
	检测项目			检测日期	
	检测依据			检测方法	
记录数据	样品编号			1	2
	镇江香醋试样体积/mL				
	标定用葡萄糖标准溶液体积	初读数/mL			
		终读数/mL			
		V_1/mL			
	标定用葡萄糖标准溶液平均体积/mL				
	碱性酒石酸铜溶液相当于葡萄糖的质量 m_1/g				
	正式滴定用试样溶液体积	初读数/mL			
		终读数/mL			
		V/mL			
	平均消耗试样溶液体积/mL				
数据处理	计算公式				
	系数 F				
	镇江香醋还原糖的含量 X（以葡萄糖计）/$[g \cdot (100 \ g)^{-1}]$				
结果评判	精密度评判				
	$\overline{X}$/$[g \cdot (100 \ g)^{-1}]$				
	镇江香醋还原糖含量评判依据				
	镇江香醋还原糖含量评判结果				
检验结论					

三、 问题探究

1. 测定还原糖时所需溶液种类很多，小明在准备试剂时不清楚所加入试剂的作用。

(1)在碱性酒石酸铜乙液中加入亚铁氰化钾，目的是使之与 Cu_2O 生成可溶性的无色配合物，而不再析出红色沉淀，消除沉淀对观察滴定终点的干扰，使终点更为明显。

(2)配制葡萄糖标准溶液时，加盐酸的目的是防腐。

(3)碱性酒石酸铜甲液和乙液应分别贮存，用时才混合，否则酒石酸钾钠铜配合物长期在碱性条件下会慢慢分解析出氧化亚铜沉淀，使试剂有效浓度降低。

2. 小明测定镇江香醋中还原糖时所用试样溶液的体积仅为 1.50 mL，是否可以用此数据进行结果计算？

用直接滴定法测定还原糖含量时，试样溶液在正式测定前必须进行预测。样液预测的目的：一是本法对样品溶液中还原糖浓度有一定要求(0.1%左右)，测定时样品溶液的消耗体积应与标定葡萄糖标准溶液时消耗的体积相近，通过预测可了解样品溶液浓度是否合适，浓度过大或过小应加以调整，使预测时消耗样液量在 10 mL 左右；二是通过预测可知道样液大概消耗量，以便在正式测定时，预先加入比实际用量少 1 mL 左右的样液，只留下 1 mL 左右样液在续滴定时加入，以保证在 1 min 内完成续滴定工作，提高测定的准确度。

小明所用试样溶液远小于 10 mL，说明试样溶液浓度过高，需要通过稀释，使消耗的试样在 10 mL 左右所用体积才能用于结果计算。

任务总结

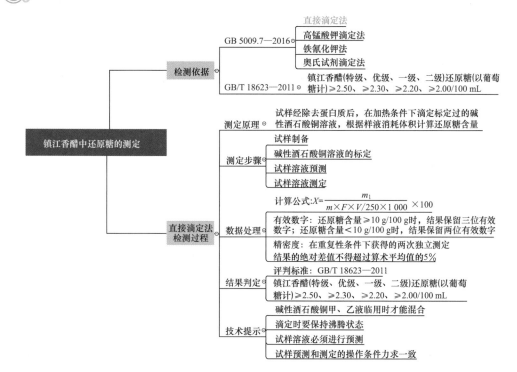

镇江香醋中还原糖测定评价见表 2-5-5。

表 2-5-5　　　　　　　　　　　镇江香醋中还原糖测定评价

评价类别	项目	要求	互评	师评
专业能力（60%）	方案（10%）	正确选用标准（5%）		
		所设计实验方案可行性强（5%）		
	实施（30%）	试样处理得当（5%）		
		碱性酒石酸铜溶液标定正确（5%）		
		滴定条件控制得当（5%）		
		终点判断准确（5%）		
		试样稀释浓度适宜（5%）		
		试样正式测定操作规范（5%）		
	结果（20%）	原始数据记录准确、美观（5%）		
		公式正确，计算过程正确（5%）		
		正确保留有效数字（5%）		
		精密度符合要求（5%）		
职业素养（40%）	解决问题（5%）	及时发现问题并提出解决方案（5%）		
	团队协作（10%）	小组成员合作良好，对小组有贡献（10%）		
	职业规范（10%）	着装规范（5%）		
		节约、安全、环保意识（5%）		
	职业道德（5%）	诚信意识（5%）		
	职业精神（10%）	耐心细致、吃苦耐劳精神（5%）		
		严谨求实、精益求精的科学态度（5%）		

任务拓展

依据 1＋X 粮农食品安全评价及食品检验管理职业技能等级证书要求，针对糖类的测定，课外应加强以下方面的学习和训练。

1. 以还原糖测定的学习为例，掌握食品中还原糖测定条件的控制及滴定终点的判断。

2. 通过镇江香醋中还原糖的测定，延伸至蔗糖及总糖的测定学习，达到举一反三的目的。

任务巩固

1. 填写流程图

请将直接滴定法测定镇江香醋中还原糖含量的流程填写完整。

在线自测

试样混匀→称样→□　　　　　　　　　　□→定容→过滤→碱性酒石酸铜溶液

的标定→□　　　　　　　□→试样溶液测定→数据记录→结果计算

2. 计算题

（1）小明用直接滴定法测定某厂生产的硬糖的还原糖含量，称取 2.000 g 样品，用适量水溶解后，定容至 100 mL。吸取碱性酒石酸铜甲、乙液各 5.00 mL 于锥形瓶中，加入 10 mL 水，加热沸腾后用上述硬糖溶液滴定至终点耗去 9.65 mL。已知标定碱性酒石酸铜溶液 10.00 mL 耗去 1 g/L 葡萄糖液 10.15 mL，问该硬糖中还原糖含量为多少？

（2）小明测定某样品中还原糖含量时，吸取样液 50.00 mL，定容至 250 mL，再吸取 10.00 mL，稀释定容至 100 mL，用以滴定 10 mL 碱性酒石酸铜溶液，耗用 10.35 mL，另取标准葡萄糖溶液（1 mg/mL）滴定 10 mL 碱性酒石酸铜溶液，耗用 9.85 mL，求样品的还原糖含量。

任务六　蛋白质的测定

任务目标

1. 能查阅并解读蛋白质测定的国家标准；
2. 能规范地使用凯氏定氮仪等仪器，能进行样品消化、蒸馏、滴定等操作；
3. 能分析影响蛋白质测定结果精密度和准确度的因素；
4. 能如实填写原始数据，正确处理检测数据，规范填写检验报告；
5. 培养诚实守信的职业操守，强化质量强国的职业担当。

任务背景

蛋白质指标直接反映了豆奶粉质量的好坏和营养成分的高低，而豆奶粉中蛋白质含量不足的问题时有发生，有的蛋白质含量几乎为零，食用这类豆奶粉根本达不到营养要求。小明最近就接到了一项检验某品牌豆奶粉中蛋白质含量是否达标的任务。

任务描述

豆奶粉是指以大豆和乳制品为主要原料，经磨浆、加热灭酶、浓缩、喷雾干燥而制成的粉状或微粒状食品。豆奶粉根据工艺可分成两类。Ⅰ类：大豆经磨浆，去渣，加入或不加入白砂糖，添加或不添加鲜乳（或乳粉）及其他辅料，加热灭酶，浓缩，喷雾干燥而制成的产品；Ⅱ类：大豆经磨浆，加入或不加入白砂糖，添加或不添加鲜乳（或乳粉）及其他辅料，加热灭酶，喷雾干燥而制成的产品。根据添加的辅料和理化指标将Ⅰ类和Ⅱ类产品分为五种类型，包括：普通型、高蛋白型、低糖型、低糖高蛋白型和其他型。

豆奶粉是一种新型固体饮料，它综合了大豆和牛奶的营养成分，含有人体所必需的氨基酸,其中赖氨酸的含量高于谷物,是植物性食物当中最合理、最接近于人体所需比例的。另外,牛奶蛋氨酸含量较高,可以补充大豆蛋白质中蛋氨酸的含量,动植物蛋白质的互补,使氨基酸的配比更合理,更利于人体的消化吸收。GB/T 18738 2006中豆奶粉类型不同,蛋白质含量要求不同,其中,Ⅰ类普通型、低糖型、其他型豆奶粉≥18.0%,高蛋白型≥22.0%,低糖高蛋白型≥32.0%;Ⅱ类豆奶粉≥15.0%。

任务分析

通过查阅《速溶豆粉和豆奶粉》(GB/T 18738—2006)和《食品安全国家标准 食品中蛋白质的测定》(GB 5009.5—2016),小组讨论后制订检验方案,测定豆奶粉中蛋白质的含量,并根据豆奶粉类型判断蛋白质含量是否合规。

相关知识

一、食品中蛋白质的组成及含量

微课

蛋白质测定
相关知识

蛋白质是复杂的含氮有机化合物,所含的主要元素有 C、H、O、N,在某些蛋白质中还含有微量的 P、Cu、Fe 等元素。但含氮是蛋白质区别于其他有机化合物的主要标志。蛋白质可以被酶、酸和碱水解,其水解最终产物是氨基酸。氨基酸是构成蛋白质的最基本物质。

食品种类很多,蛋白质在各类食品中的种类与含量分布是不均匀的。一般来说,动物性食品的蛋白质含量高于植物性食品。表 2-6-1 列出了部分食品中蛋白质含量。

课程思政

三聚氰胺事件
引发的道德思考

表 2-6-1　　　　　　　　部分食品中蛋白质含量　　　　　　　　　　　　　%

食品名称	蛋白质含量	食品名称	蛋白质含量
猪肉(瘦)	20.3	鸡蛋	14.7
玉米	8.5	猪肉(肥)	2.4
带鱼	18.1	大豆	36.5
牛肉(瘦)	20.3	鲤鱼	17.3
大白菜	1.1	羊肉(瘦)	17.3
牛乳	3.3	菠菜	2.4
鸭肉	16.5	乳粉(全脂)	26.2
黄瓜	0.8	兔肉	21.2
稻米	8.3	苹果	0.4
鸡肉	21.5	小麦粉(标准)	9.9
柑橘	0.9		

二、蛋白质换算系数

不同蛋白质其氨基酸构成比例及方式不同,故不同的蛋白质含氮量也不同。蛋白质含氮量一般为 15%～17.6%,平均为 16%,即 1 份氮素相当于 6.25 份蛋白质。1 份氮素相当于蛋白质的份数,称为蛋白质换算系数。不同种类食品的蛋白质换算系数有所不同,一般食物为 6.25。

微课

蛋白质概述

三、蛋白质测定的意义

蛋白质是食品的重要组成成分之一,也是重要的营养物质,蛋白质含量是衡量食品营养的一项重要指标。蛋白质除了保证食品的营养价值外,在食品的色、香、味及结构等方面也起着重要的作用。蛋白质在食品中的含量是相对固定的,测定食品中蛋白质含量,对于评价食品的营养价值、合理利用食品资源、优化食品配方、评价食品质量均有重要意义。

四、蛋白质的测定方法

目前测定蛋白质的方法分为两大类:一类是利用蛋白质的共性,即含氮量、肽键和折光率等测定蛋白质含量;另一类是利用蛋白质中特定氨基酸残基、酸性和碱性基团以及芳香基团等测定蛋白质含量。因食品种类繁多,食品中蛋白质含量各异,特别是其他成分,如碳水化合物、脂肪和维生素等干扰成分很多,因此蛋白质含量测定最常用的方法是凯氏定氮法,它是测定总有机氮的最准确和操作较简便的方法之一,在国内外应用普遍。此外,分光光度法、燃烧法、双缩脲法等也常用于蛋白质含量测定。

3D虚拟仿真

蛋白质的测定

参照《食品安全国家标准 食品中蛋白质的测定》(GB 5009.5—2016),蛋白质的测定方法有凯氏定氮法、分光光度法和燃烧法。

(一)凯氏定氮法

1.原理

食品中的蛋白质在催化加热条件下被分解,产生的氨与硫酸结合生成硫酸铵。碱化蒸馏使氨游离,用硼酸吸收后以硫酸或盐酸标准滴定溶液滴定,根据酸的消耗量计算氮含量再乘以换算系数,即得蛋白质的含量。

微课

凯氏定氮法1

2.仪器和设备

(1)天平:感量为 1 mg。

(2)定氮蒸馏装置:如图 2-6-1 所示。

课程思政

凯道尔

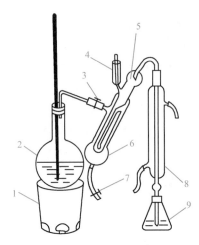

图 2-6-1　定氮蒸馏装置

1—电炉;2—水蒸气发生器(2 L烧瓶);3—螺旋夹;4—小烧杯及棒状玻
塞;5—反应室;6—反应室外层;7—橡皮管及螺旋夹;8—冷凝管;9—蒸
馏液接收瓶

(3)自动凯氏定氮仪。

(4)定氮瓶。

3.试剂和材料

学习笔记

除非另有规定,本方法所用试剂均为分析纯,水为 GB/T 6682—
2008 规定的三级水。

(1)硫酸铜($CuSO_4 \cdot 5H_2O$)。

(2)硫酸钾(K_2SO_4)。

(3)硫酸(H_2SO_4)。

(4)硼酸溶液(20 g/L):称取 20 g 硼酸,加水溶解并稀释
至 1 000 mL。

(5)氢氧化钠溶液(400 g/L):称取 40 g 氢氧化钠加水溶解后,放
冷,并稀释至 100 mL。

(6)硫酸标准滴定溶液[$c(\frac{1}{2}H_2SO_4)=0.050\ 0$ mol/L]或盐酸标
准滴定溶液[$c(HCl)=0.050\ 0$ mol/L]。

(7)甲基红乙醇溶液(1 g/L):称取 0.1 g 甲基红,溶于 95% 乙醇,
用 95% 乙醇稀释至 100 mL。

(8)亚甲蓝乙醇溶液(1 g/L):称取 0.1 g 亚甲蓝,溶于 95% 乙醇,
用 95% 乙醇稀释至 100 mL。

3D虚拟仿真

凯氏定氮仪

(9)溴甲酚绿乙醇溶液(1 g/L):称取 0.1 g 溴甲酚绿,溶于 95% 乙
醇,用 95% 乙醇稀释至 100 mL。

(10)A 混合指示液:2 份甲基红乙醇溶液与 1 份亚甲蓝乙醇溶液
临用时混合。

(11)B 混合指示液:1 份甲基红乙醇溶液与 5 份溴甲酚绿乙醇溶

液临用时混合。

4. 分析步骤

（1）凯氏定氮法

①试样处理：称取充分混匀的固体试样 0.2～2 g、半固体试样 2～5 g 或液体试样 10～25 g（相当于 30～40 mg 氮），精确至 0.001 g，移入干燥的 100 mL、250 mL 或 500 mL 定氮瓶中，加入 0.4 g 硫酸铜、6 g 硫酸钾及 20 mL 硫酸，轻摇后于瓶口放一小漏斗，将瓶以 45°斜支于有小孔的石棉网上。小心加热，待内容物全部炭化，泡沫完全停止后，加大火力，并保持瓶内液体微沸，至液体呈蓝绿色并澄清透明后，再继续加热 0.5～1 h。取下放冷，小心加入 20 mL 水。放冷后，移入 100 mL 容量瓶中，并用少量水清洗定氮瓶，洗液并入容量瓶中，再加水至刻度，混匀备用。同时做试剂空白试验。

②测定：按图 2-6-1 装好定氮蒸馏装置，向水蒸气发生器内加水至容积的 2/3 处，加入数粒玻璃珠，加数滴甲基红乙醇溶液及数毫升硫酸，以保持水呈酸性，加热煮沸水蒸气发生器内的水并保持沸腾。

③向蒸馏液接收瓶内加入 10.0 mL 硼酸溶液及 1～2 滴 A 混合指示液或 B 混合指示液，并使冷凝管的下端插至液面下，根据试样中氮含量，准确吸取 2.0～10.0 mL 试样处理液由小玻杯注入反应室，加 10 mL 水洗涤并使之流入反应室，随后塞紧棒状玻塞。再将 10.0 mL 氢氧化钠溶液倒入小玻杯，提起玻塞使其缓缓流入反应室，立即将玻塞盖紧，并水封。夹紧螺旋夹，开始蒸馏。蒸馏 10 min 后移动蒸馏液接收瓶，液面离开冷凝管下端，再蒸馏 1 min。然后用少量水冲洗冷凝管下端外部，并入蒸馏液接收瓶，取下蒸馏液接收瓶。尽快以硫酸或盐酸标准滴定溶液滴定至终点，如用 A 混合指示液，则终点颜色为暗红色；如用 B 混合指示液，则终点颜色为紫红色。同时做试剂空白试验。

（2）自动凯氏定氮仪法

称取充分混匀的固体试样 0.2～2 g、半固体试样 2～5 g 或液体试样 10～25 g（相当于 30～40 mg 氮），精确至 0.001 g，至消化管中，再加入 0.4 g 硫酸铜、6 g 硫酸钾及 20 mL 硫酸于消化炉进行消化。当消化炉温度达到 420 ℃之后，继续消化 1 h，此时消化管中的液体呈绿色透明状，取出冷却后加入 50 mL 水，于自动凯氏定氮仪（使用前加入氢氧化钠溶液、盐酸或硫酸标准溶液以及含有混合指示液 A 或 B 的硼酸溶液）上实现自动加液、蒸馏、滴定和记录滴定数据的过程。

5. 分析结果的表述

试样中蛋白质的含量按下式计算

$$X = \frac{(V_1 - V_2) \times c \times 0.014\ 0}{m \times V_3 / 100} \times F \times 100$$

式中　X——试样中蛋白质的含量，g/100 g；

　　　　V_1——试液消耗硫酸或盐酸标准滴定溶液的体积，mL；

　　　　V_2——试剂空白测定液消耗硫酸或盐酸标准滴定溶液的体积，mL；

　　　　V_3——吸取消化液的体积，mL；

　　　　c——硫酸或盐酸标准滴定溶液的浓度，mol/L；

　　　　0.014 0——1.0 mL 硫酸$[c(\frac{1}{2}H_2SO_4)=1.000 \text{ mol/L}]$或盐酸$[c(HCl)=1.000 \text{ mol/L}]$标准滴定溶液相当的氮的质量，g；

　　　　m——试样的质量，g；

　　　　100——换算系数；

　　　　F——各种食品中氮换算系数，常见食品中的氮折算成蛋白质的折算系数见表 2-6-2。

表 2-6-2　　常见食品中的氮折算成蛋白质的折算系数

食品类别		折算系数	食品类别		折算系数
小麦	全小麦粉	5.83	大米	大米及米粉	5.95
	麦糠麸皮	6.31	鸡蛋	鸡蛋(全)	6.25
	麦胚芽	5.80		蛋黄	6.12
	麦胚粉、黑麦、普通小麦、面粉	5.70		蛋白	6.32
	燕麦、大麦、黑麦粉	5.83		肉与肉制品	6.25
	小米、裸麦	5.83		动物明胶	5.55
油料	玉米、黑小麦、饲料小麦、高粱	6.25		纯乳与纯乳制品	6.38
	芝麻、棉籽、葵花籽、蓖麻、红花籽	5.30		复合配方食品	6.25
	其他油料	6.25		酪蛋白	6.40
	菜籽	5.53			
坚果、种子类	巴西果	5.46		胶原蛋白	5.79
	花生	5.46	豆类	大豆及其粗加工制品	5.71
	杏仁	5.18		大豆蛋白制品	6.25
	核桃、榛子、椰果等	5.30		其他食品	6.25

当蛋白质含量≥1 g/100 g 时，结果保留三位有效数字；当蛋白质含量<1 g/100 g 时，结果保留两位有效数字。

6. 精密度

在重复性条件下获得的两次独立测定结果的绝对差值不得超过算术平均值的 10%。

7. 注释说明

(1)适用范围：本法适用于各种食品中蛋白质的测定，但不适用于

学习笔记

添加无机含氮物质、有机非蛋白质含氮物质的食品测定。

(2)食品中的含氮物质除蛋白质外,还有少量的非蛋白质含氮物质,如核酸、生物碱、含氮类脂、卟啉及含氮色素等,故测定结果中的氮不能完全代表蛋白质中的氮,所以用凯氏定氮法测定的蛋白质含量称为粗蛋白含量。

(二)分光光度法

1.原理

食品中的蛋白质在催化加热条件下被分解,分解产生的氨与硫酸反应生成硫酸铵,在 pH 为 4.8 的乙酸钠-乙酸缓冲溶液中与乙酰丙酮和甲醛反应生成黄色的 3,5-二乙酰-2,6-二甲基-1,4-二氢化吡啶化合物。在波长 400 nm 下测定吸光度值,与标准系列比较定量,结果乘以换算系数,即得蛋白质含量。

2.仪器和设备

(1)分光光度计。

(2)电热恒温水浴锅:100 ℃±0.5 ℃。

(3)10 mL 具塞玻璃比色管。

(4)天平:感量为 1 mg。

(5)比色皿:1 cm。

3.试剂和材料

除非另有说明,本方法所用试剂均为分析纯,水为 GB/T 6682—2008 规定的三级水。

(1)硫酸铜($CuSO_4 \cdot 5H_2O$)。

(2)硫酸钾(K_2SO_4)。

(3)硫酸(H_2SO_4):优级纯。

(4)37%甲醛(HCHO)。

(5)乙酰丙酮($C_5H_8O_2$)。

(6)氢氧化钠溶液(300 g/L):称取 30 g 氢氧化钠加水溶解后,放冷,并稀释至 100 mL。

(7)对硝基苯酚指示剂溶液(1 g/L):称取 0.1 g 对硝基苯酚指示剂溶于 20 mL 95%乙醇中,加水稀释至 100 mL。

(8)乙酸溶液(1 mol/L):量取 5.8 mL 乙酸(优级纯),加水稀释至 100 mL。

(9)乙酸钠溶液(1 mol/L):称取 41 g 无水乙酸钠或 68 g 乙酸钠($CH_3COONa \cdot 3H_2O$),加水溶解后稀释至 500 mL。

(10)乙酸钠-乙酸缓冲溶液:量取 60 mL 乙酸钠溶液与 40 mL 乙酸溶液混合,该溶液 pH 为 4.8。

(11)显色剂:15 mL 37%甲醛与 7.8 mL 乙酰丙酮混合,加水稀释至 100 mL,剧烈振荡混匀(室温下放置稳定 3 d)。

(12)氨氮标准储备液(以氮计)(1.0 g/L):称取 105 ℃干燥 2 h 的硫酸铵 0.472 0 g,加水溶解后移入 100 mL 容量瓶中,并稀释至刻度,混匀,此溶液每毫升相当于 1.0 mg 氮。

(13)氨氮标准使用溶液(0.1 g/L):用移液管吸取 10.00 mL 氨氮标准储备液于 100 mL 容量瓶内,加水定容至刻度,混匀,此溶液每毫升相当于 0.1 mg 氮。

4. 分析步骤

(1)试样消解

称取经充分混匀的固体试样 0.1～0.5 g(精确至 0.001 g)、半固体试样 0.2～1 g(精确至 0.001 g)或液体试样 1～5 g(精确至 0.001 g),移入干燥的 100 mL 或 250 mL 定氮瓶中,加入 0.1 g 硫酸铜、1 g 硫酸钾及 5 mL 浓硫酸,摇匀后于瓶口放一小漏斗,将定氮瓶以 45°斜支于有小孔的石棉网上。缓慢加热,待内容物全部炭化,泡沫完全停止后,加大火力,并保持瓶内液体微沸,至液体呈蓝绿色澄清透明后,再继续加热 0.5 h。取下放冷,慢慢加入 20 mL 水,放冷后移入 50 mL 或 100 mL 容量瓶中,并用少量水清洗定氮瓶,洗液并入容量瓶中,再加水至刻度,混匀备用。按同一方法做试剂空白试验。

(2)试样溶液的制备

吸取 2.00～5.00 mL 试样或试剂空白消化液于 50 mL 或 100 mL 容量瓶内,加 1～2 滴对硝基苯酚指示剂溶液,摇匀后滴加氢氧化钠溶液中和至黄色,再滴加乙酸溶液至溶液无色,用水稀释至刻度,混匀。

(3)标准曲线的绘制

吸取 0.00 mL、0.05 mL、0.10 mL、0.20 mL、0.40 mL、0.60 mL、0.80 mL 和 1.00 mL 氨氮标准使用溶液(相当于 0.00 μg、5.00 μg、10.0 μg、20.0 μg、40.0 μg、60.0 μg、80.0 μg 和 100.0 μg 氮),分别置于 10 mL 比色管中。加 4.0 mL 乙酸钠-乙酸缓冲溶液及 4.0 mL 显色剂,加水稀释至刻度,混匀。置于 100 ℃ 水浴中加热 15 min。取出,用水冷却至室温后,移入 1 cm 比色皿内,以零管为参比,于波长 400 nm 处测量吸光度值,根据各点吸光度值绘制标准曲线或计算线性回归方程。

(4)试样测定

吸取 0.50～2.00 mL(约相当于氮<100 μg)试样溶液和同量的试剂空白溶液,分别加入 10 mL 比色管中。加 4.0 mL 乙酸钠-乙酸缓冲溶液及 4.0 mL 显色剂,加水稀释至刻度,混匀。置于 100 ℃ 水浴中加热 15 min。取出,用水冷却至室温后,移入 1 cm 比色皿内,以零管为参比,于波长 400 nm 处测量吸光度值,将试样吸光度值与标准曲线比较定量或代入线性回归方程求出含量。

5. 分析结果的表述

试样中蛋白质的含量按下式计算

$$X = \frac{(c - c_0)}{m \times \frac{V_2}{V_1} \times \frac{V_4}{V_3} \times 1\ 000 \times 1\ 000} \times 100 \times F$$

式中　X——试样中蛋白质的含量,g/100 g;

　　　c——试样测定液中氮的含量,μg;

　　　c_0——试剂空白测定液中氮的含量,μg;

　　　m——试样的质量,g;

　　　V_1——试样消化液定容体积,mL;

　　　V_2——制备试样溶液的消化液体积,mL;

　　　V_3——试样溶液总体积,mL;

　　　V_4——测定用试样溶液体积,mL;

　　　100、1 000——换算系数;

F——氮换算为蛋白质的换算系数。

当蛋白质含量≥1 g/100 g 时,结果保留三位有效数字;当蛋白质含量<1 g/100 g 时,结果保留两位有效数字。

6. 精密度

在重复性条件下获得的两次独立测定结果的绝对差值不得超过算术平均值的10%。

7. 注释说明

适用范围:本法适用于各种食品中蛋白质的测定,但不适用于添加无机含氮物质、有机非蛋白质含氮物质的食品测定。

五、氨基酸态氮的测定方法

氨基酸含量一直是某些发酵产品的质量指标,也是目前许多保健食品的质量指标之一。与蛋白质不同,其含氮量可直接测定,故称为氨基酸态氮。氨基酸态氮是判定发酵产品发酵程度的特性指标。

参照《食品安全国家标准 食品中氨基酸态氮的测定》(GB 5009.235—2016),氨基酸态氮的测定方法有酸度计法和比色法。

(一)酸度计法

1. 原理

利用氨基酸的两性作用,加入甲醛以固定氨基的碱性,使羧基显示出酸性,用氢氧化钠标准溶液滴定后定量,以酸度计测定终点。

2. 仪器和设备

(1)酸度计(附磁力搅拌器)。

(2)10 mL 微量碱式滴定管。

(3)天平:感量为 0.1 mg。

3. 试剂和材料

除非另有说明,本方法所用试剂均为分析纯,水为 GB/T 6682—2008 规定的三级水。

(1)甲醛(36%~38%):应不含聚合物(没有沉淀且溶液不分层)。

(2)氢氧化钠标准溶液(0.050 00 mol/L)。经国家认证并授予标准物质证书的标准滴定溶液,或按如下方法配制:

①酚酞指示液:称取酚酞 1 g,溶于 95% 的乙醇中,用 95%乙醇稀释至 100 mL。

②氢氧化钠标准溶液的配制[c(NaOH)= 0.050 00 mol/L]:称取 110 g 氢氧化钠于 250 mL 的烧杯中,加 100 mL 的水,振摇使之溶解成饱和溶液,冷却后置于聚乙烯的塑料瓶中,密塞,放置数日,澄清后备用。取上层清液 2.7 mL,加适量新煮沸过放冷的蒸馏水至 1 000 mL,摇匀。

③氢氧化钠标准溶液的标定:准确称取约 0.36 g 在 105~110 ℃ 干燥至恒重的基准邻苯二甲酸氢钾,加 80 mL 新煮沸过的水,使之尽量溶解,加 2 滴酚酞指示液(10 g/L),用氢氧化钠标准溶液滴定至溶液呈微红色,30 s 不褪色。记下消耗氢氧化钠标准溶液的体积。同时做空白试验。

④计算：氢氧化钠标准溶液的浓度按下式计算

$$c = \frac{m}{(V_1 - V_2) \times 0.204\,2}$$

式中　c——氢氧化钠标准溶液的实际浓度，mol/L；

　　　　m——基准邻苯二甲酸氢钾的质量，g；

　　　　V_1——氢氧化钠标准溶液的用量体积，mL；

　　　　V_2——空白试验中氢氧化钠标准溶液的用量体积，mL；

　　　　0.204 2——与 1.00 mL 氢氧化钠标准溶液 $[c(NaOH) = 1.000\ mol/L]$ 相当的基准邻苯二甲酸氢钾的质量，g。

4. 分析步骤

(1)酱油试样

准确称量 5.0 g(或吸取 5.0 mL)试样于 50 mL 的烧杯中，用水分数次洗入 100 mL 容量瓶中，加水至刻度，混匀后吸取 20.0 mL 溶液置于 200 mL 烧杯中，加 60 mL 水，开动磁力搅拌器，用氢氧化钠标准溶液 $[c(NaOH) = 0.050\ mol/L]$ 滴定至酸度计指示 pH 为 8.2，记下消耗氢氧化钠标准溶液的体积，可计算总酸含量。加入 10.0 mL 甲醛溶液，混匀。再用氢氧化钠标准溶液继续滴定至 pH 为 9.2，记下消耗氢氧化钠标准溶液的体积。同时取 80 mL 水，先用氢氧化钠标准溶液 $[c(NaOH) = 0.050\ mol/L]$ 调节至 pH 为 8.2，再加入 10.0 mL 甲醛溶液，用氢氧化钠标准溶液滴定至 pH 为 9.2，做试剂空白试验。

(2)酱及黄豆酱样品

将酱或黄豆酱样品搅拌均匀后，放入研钵中，在 10 min 内迅速研磨至无肉眼可见颗粒，装入磨口瓶中备用。用已知质量的称量瓶称取搅拌均匀的样品 5.0 g，用 50 mL 80 ℃ 左右的蒸馏水分数次洗入 100 mL 烧杯中，冷却后，转入 100 mL 容量瓶中，用少量水分次洗涤烧杯，洗液并入容量瓶中，并加水至刻度，混匀后过滤。吸取滤液 10.0 mL，置于 200 mL 烧杯中，加 60 mL 水，开动磁力搅拌器，用氢氧化钠标准溶液 $[c(NaOH) = 0.050\ mol/L]$ 滴定至酸度计指示 pH 为 8.2，记下消耗氢氧化钠标准溶液的体积，可计算总酸含量。加入 10.0 mL 甲醛溶液，混匀。再用氢氧化钠标准溶液继续滴定至 pH 为 9.2，记下消耗氢氧化钠标准溶液的体积。同时取 80 mL 水，先用氢氧化钠标准溶液 $[c(NaOH) = 0.050\ mol/L]$ 调节至 pH 为 8.2，再加入 10.0 mL 甲醛溶液，用氢氧化钠标准溶液滴定至 pH 为 9.2，做试剂空白试验。

5. 分析结果的表述

试样中氨基酸态氮的含量按式(1)或式(2)进行计算

氨基酸含有酸性的 —COOH 和碱性的 —NH₂，它们相互租用使氨基酸成为中性的内盐。当加入甲醛溶液时，氨基与甲醛作用，其碱性消失，使氨基显示出酸性。

$$X_1 = \frac{(V_1 - V_2) \times c \times 0.014}{m \times V_3 / V_4} \times 100 \tag{1}$$

$$X_2 = \frac{(V_1 - V_2) \times c \times 0.014}{V \times V_3 / V_4} \times 100 \tag{2}$$

式中　X_1——试样中氨基酸态氮的含量,g/100 g;

　　　X_2——试样中氨基酸态氮的含量,g/100 mL;

　　　V_1——测定用试样稀释液加入甲醛后消耗氢氧化钠标准溶液的体积,mL;

　　　V_2——试剂空白试验加入甲醛后消耗氢氧化钠标准溶液的体积,mL;

　　　c——氢氧化钠标准溶液的浓度,mol/L;

　　　0.0140——与 1.00 mL 氢氧化钠标准溶液(1.000 mol/L)相当的氮的质量,g;

　　　m——称取试样的质量,g;

　　　V——吸取试样的体积,mL;

　　　V_3——试样稀释液的取用量,mL;

　　　V_4——试样稀释液的定容体积,mL。

　　　100——单位换算系数。

计算结果保留两位有效数字。

6. 精密度

在重复性条件下获得的两次独立测定结果的绝对差值不得超过算术平均值的 10%。

7. 注释说明

(1)适用范围:本法适用于以粮食和其副产品豆饼、麸皮等为原料酿造或配制的酱油,以粮食为原料酿造的酱类,以黄豆、小麦粉为原料酿造的豆酱类食品中氨基酸态氮的测定。

(2)试样如含有铵盐会影响氨基酸态氮的测定,可使氨基酸态氮测定结果偏高。因此要同时测定铵盐,将氨基酸态氮的结果减去铵盐的结果比较准确。

(二)比色法

1. 原理

在 pH 为 4.8 的乙酸钠-乙酸缓冲液中,氨基酸态氮与乙酰丙酮和甲醛反应生成黄色的 3,5-二乙酸-2,6-二甲基-1,4 二氢化吡啶氨基酸衍生物。在波长 400 nm 处测定吸光度,与标准系列比较定量。

2. 仪器和设备

(1)分光光度计。

(2)电热恒温水浴锅(100 ℃±0.5 ℃)。

(3)10 mL 具塞玻璃比色管。

3. 试剂和材料

除非另有说明,本方法所用试剂均为分析纯,水为 GB/T 6682—2008 规定的二级水。

(1)乙酸溶液(1 mol/L):量取 5.8 mL 冰乙酸,加水稀释至 100 mL。

(2)乙酸钠溶液(1 mol/L):称取 41 g 无水乙酸钠或 68 g 乙酸钠($CH_3COONa \cdot 3H_2O$),加水溶解后并稀释至 500 mL。

(3)乙酸钠-乙酸缓冲液:量取 60 mL 乙酸钠溶液(1 mol/L)与 40 mL 乙酸溶液(1 mol/L)混合,该溶液 pH 为 4.8。

(4)显色剂:15 mL 37%甲醇与 7.8 mL 乙酰丙酮混合,加水稀释至 100 mL,剧烈振摇混匀(室温下放置稳定 3 d)。

4. 标准溶液配制

(1)氨氮标准储备液(1.0 mg/mL):精密称取在 105 ℃干燥 2 h 的硫酸铵 0.472 0 g 于

小烧杯中,加水溶解后移至 100 mL 容量瓶中,并稀释至刻度,混匀,此溶液每毫升相当于 1.0 mg 氨氮(在 10 ℃ 以下的冰箱内贮存稳定 1 年以上)。

(2)氨氮标准使用溶液(0.1 g/L):用移液管精确量取 10 mL 氨氮标准储备液(1.0 mg/mL)于 100 mL 容量瓶内,加水稀释至刻度,混匀,此溶液每毫升相当于 100 μg 氨氮(在 10 ℃ 以下的冰箱内贮存稳定 1 个月)。

5. 分析步骤

(1)试样前处理

准确称量 1.00 g 试样于 50 mL 容量瓶中,加水稀释至刻度,混匀。

(2)标准曲线的制作

精密吸取氨氮标准使用溶液 0.00 mL、0.05 mL、0.1 mL、0.2 mL、0.4 mL、0.6 mL、0.8 mL、1.0 mL(相当于 NH₃-N 0.0 μg、5.0 μg、10.0 μg、20.0 μg、40.0 μg、60.0 μg、80.0 μg、100.0 μg)分别置于 10 mL 比色管中。向各比色管分别加入 4 mL 乙酸钠-乙酸缓冲溶液(pH 4.8)及 4 mL 显色剂,加水稀释至刻度,混匀。置于 100 ℃ 水浴中加热 15 min,取出,水浴冷却至室温后,移入 1 cm 比色皿内,以零管为参比,于波长 400 nm 处测量吸光度,绘制标准曲线或计算线性回归方程。

(3)试样的测定

精密吸取 2 mL 试样稀释溶液于 10 mL 比色管中。加入 4 mL 乙酸钠-乙酸缓冲溶液(pH 4.8)及 4 mL 显色剂,加水稀释至刻度,混匀。置于 100 ℃ 水浴中加热 15 min,取出,水浴冷却至室温后,移入 1 cm 比色皿内,以零管为参比,于波长 400 nm 处测量吸光度。将试样吸光度与标准曲线比较定量或代入线性回归方程,计算试样含量。

6. 分析结果的表述

试样中氨基酸态氮的含量按式(3)或式(4)进行计算

$$X_1 = \frac{m}{m_1 \times 1\ 000 \times 1\ 000 \times V_1/V_2} \times 100 \tag{3}$$

$$X_2 = \frac{m}{V \times 1\ 000 \times 1\ 000 \times V_1/V_2} \times 100 \tag{4}$$

式中 X_1——试样中氨基酸态氮的含量,g/100 g;

X_2——试样中氨基酸态氮的含量,g/100 mL;

m——试样测定液中氮的质量,μg;

m_1——称取试样的质量,g;

V——吸取试样的体积,mL;

V_1——测定用试样溶液体积,mL;

V_2——试样前处理中的定容体积,mL;

100、1 000——单位换算系数。

7. 精密度

在重复性条件下获得的两次独立测定结果的绝对差值不得超过算术平均值的 10%。

8. 注释说明

(1)适用范围:本法适用于以粮食和其副产品豆饼、麸皮等为原料酿造或配制的酱油中氨基酸态氮的测定。

(2)本方法的检出限为 0.007 0 mg/100 g,定量限为 0.021 0 mg/100 g。

任务准备

通过对标准的解读,将测定豆奶粉中蛋白质所需和仪器设备、试剂分别记入表 2-6-3 和表 2-6-4。

表 2-6-3　　　　　　　　　　　　　所需仪器和设备

序号	名称	规格
1	定氮蒸馏装置	
2	天平	感量为 1 mg
3	定氮瓶	100 mL
4	滴定管	25 mL

表 2-6-4　　　　　　　　　　　　　　所需试剂

序号	名称	规格
1	硼酸溶液	20 g/L
2	氢氧化钠溶液	400 g/L
3	盐酸标准滴定溶液	0.050 0 mol/L
4	甲基红乙醇溶液	1 g/L
5	亚甲蓝乙醇溶液	1 g/L
6	混合指示液	2 份甲基红乙醇溶液与 1 份亚甲蓝乙醇溶液临用时混合

任务实施

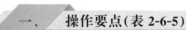

一、操作要点(表 2-6-5)

豆奶粉中蛋　　蛋白质的测定
白质的测定

表 2-6-5　　　　　　　　　　　　　　操作要点

序号	内容	操作方法	操作提示	评价标准
1	称样	准确称取充分混匀的豆奶粉样品 2 g,精确至 0.001 g,移入干燥的 250 mL 定氮瓶中	加入样品及试剂时,避免黏附在瓶颈上,以免被检样品消化不完全,使结果偏低	• 样品处理操作熟练 • 取样量适宜 • 称样操作规范
2	试样消化	加入 0.4 g 硫酸铜、6 g 硫酸钾及 20 mL 浓硫酸,轻摇后于瓶口放一小漏斗,将瓶以 45°斜支于石棉网上。小心加热,至液体呈蓝绿色澄清透明后,再继续加热 0.5～1 h。同时做试剂空白试验	先小火加热,待内容物全部炭化,泡沫完全停止后,可以加强火力,并保持瓶内液体微沸	• 消化条件控制得当 • 消化过程无安全隐患 • 消化终点判断准确 • 空白试验正确

（续表）

序号	内容	操作方法	操作提示	评价标准
3	定容	取下放冷,小心加入 20 mL 水,移入 100 mL 容量瓶中,并用少量水洗定氮瓶,洗液并入容量瓶中,再加水至刻度,混匀备用	定容时要保证全部消化液转入容量瓶中	• 定容操作规范 • 消化液定量转入容量瓶
4	装置连接	装好定氮蒸馏装置,向水蒸气发生器内装水至 2/3 处,加入数粒玻璃珠,加甲基红指示液数滴及数毫升硫酸,加热并保持水沸腾。向接收瓶内加入 10.0 mL 硼酸溶液及 1～2 滴混合指示液,使冷凝管下端插入液面下	1.蒸馏前要检查蒸馏装置的气密性并对仪器进行彻底清洗 2.加甲基红指示剂及硫酸以使其始终保持酸性,目的是避免水中的氨被蒸出影响测定结果	• 定氮装置安装正确 • 冷凝管插入液面之下
5	加样	准确吸取 10.00 mL 试样处理液由小玻杯注入反应室,以 10 mL 水洗涤小玻杯并使之流入反应室,随后塞紧棒状玻塞	用蒸馏水洗涤小玻杯使试样处理液全部转移进入反应室	• 试样处理液用量适宜 • 试样处理液全部转入反应室
6	蒸馏吸收	将 10.0 mL 氢氧化钠溶液倒入小玻杯,提起玻塞使其缓缓流入反应室,立即将玻塞盖紧,并水封。夹紧螺旋夹,开始蒸馏。蒸馏 10 min 后移动蒸馏液接收瓶,液面离开冷凝管下端,再蒸馏 1 min。然后用少量水冲洗冷凝管下端外部,并入蒸馏液接收瓶,取下蒸馏液接收瓶	1.蒸馏时蒸汽供给要均匀充足,蒸馏过程中不得停火断气,否则将发生倒吸 2.加碱要足量,操作要迅速。漏斗应采用水封措施,以免氨由此逸出 3.硼酸吸收液的温度不应超过 40 ℃,否则会因对氨的吸收作用减弱而造成损失	• 正确加样 • 蒸馏操作条件控制得当 • 氢氧化钠溶液加入足量 • 蒸馏终点判断准确 • 蒸馏结束撤离操作正确
7	滴定	尽快以盐酸标准滴定溶液滴定吸收液至终点,记录盐酸溶液用量,同时做试剂空白	如用甲基红＋亚甲蓝混合指示液,终点颜色为暗红色;如用甲基红＋溴甲酚绿混合指示液,终点颜色为紫红色	• 操作规范 • 滴定终点判断准确 • 读数方法正确 • 空白试验操作正确

二、 数据记录及处理(表 2-6-4)

表 2-6-4　　　　　豆奶粉中蛋白质测定数据

基本信息	样品名称		样品编号	
	检测项目		检测日期	
	检测依据		检测方法	

	样品编号	1	2
记录数据	试样质量/g		
	消化液定容体积 V/mL		
	盐酸标准溶液浓度 c/(mol·L^{-1})		
	吸取消化液的体积 V_3/mL		
	试液消耗盐酸标准滴定溶液的体积 V_1/mL		
	试剂空白消耗盐酸标准滴定溶液的体积 V_2/mL		
数据处理	计算公式		
	蛋白质含量 X/[(g·(100 g)$^{-1}$]		
结果评判	精密度评判		
	$\overline{X}$/[(g·(100 g)$^{-1}$]		
	豆奶粉中蛋白质含量评判依据		
	豆奶粉中蛋白质含量评判结果		
检验结论			

三、问题探究

1. 豆奶粉样品消化过程中产生了很多泡沫,小明该如何处理?

样品中若含脂肪或糖较多时,消化过程中易产生大量泡沫,为防止泡沫溢出瓶外,可以加入少量辛醇、液状石蜡或硅油消泡剂,并同时注意控制热源强度。

2. 消化豆奶粉样品至透明后小明就要停止加热定氮瓶,小明的做法是否正确?

一般消化至透明后,继续消化 30 min 即可,但对于含有特别难以消化的氮化合物的样品,如含赖氨酸、组氨酸、色氨酸、酪氨酸或脯氨酸等时,需适当延长消化时间。有机物如分解完全,消化液呈蓝色或浅绿色,但含铁量多时,呈较深的绿色。

3. 蒸馏过程中要求加入过量的氢氧化钠溶液,小明如何判断氢氧化钠溶液是否过量呢?

蒸馏时加入氢氧化钠溶液一定要过量,判断氢氧化钠溶液是否过量的方法,看反应室内液体颜色,加碱足量,溶液会变成深蓝色或产生黑色沉淀。如果没有上述现象,说明氢氧化钠溶液的加入量不足,需继续加入氢氧化钠溶液,直到产生上述现象为止。

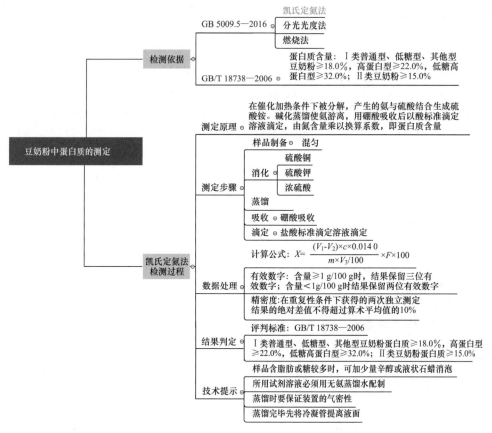

豆奶粉中蛋白质测定评价见表 2-6-5。

表 2-6-5　　　　　　　　豆奶粉中蛋白质测定评价

评价类别	项目	要求	互评	师评
专业能力 （60%）	方案（10%）	正确选用标准（5%）		
		所设计实验方案可行性强（5%）		
	实施（30%）	试剂的配制正确（5%）		
		消化条件控制得当（5%）		
		定氮装置连接正确（5%）		
		蒸馏结束撤离操作正确（5%）		
		滴定终点判断准确（5%）		
		空白试验操作正确（5%）		

（续表）

评价类别	项目	要求	互评	师评
专业能力（60%）	结果（20%）	原始数据记录准确、美观（5%）		
		公式正确，计算过程正确（5%）		
		正确保留有效数字（5%）		
		精密度符合要求（5%）		
	解决问题（5%）	及时发现问题并提出解决方案（5%）		
职业素养（40%）	团队协作（10%）	小组成员合作良好，对小组有贡献（10%）		
	职业规范（10%）	着装规范（5%）		
		节约、安全、环保意识（5%）		
	职业道德（5%）	诚信意识（5%）		
	职业精神（10%）	耐心细致、甘于奉献精神（5%）		
		严谨求实、精益求精的科学态度（5%）		
合计				

任务拓展

依据 1＋X 粮农食品安全评价及食品检验管理职业技能等级证书要求，针对蛋白质的测定，课外应加强以下方面的学习和训练。

1.以蛋白质测定的学习为例，掌握消化、水蒸气蒸馏、滴定等基本操作技能。

2.通过豆奶粉中蛋白质测定的训练，延伸至分光光度法测定蛋白质的学习，达到举一反三的目的。

任务巩固

在线自测

1.填写流程图

请将凯氏定氮法测定蛋白质含量的流程填写完整。

样品制备→称样→加入消化试剂→＿＿＿＿＿＿＿＿＿＿＿→连接蒸馏装置→

蒸馏并用硼酸溶液吸收→＿＿＿＿＿＿＿＿＿＿＿→记录数据→结果计算

2.综合题

中国传统肉制品是我国劳动人民几千年的制作经验和智慧的结晶，是中国也是世界珍贵的饮食文化遗产的一部分。火腿是中国传统肉制品的代表，现抽取 10 kg 火腿，测定粗蛋白含量。

（1）小明称取经搅碎混匀的火腿 0.50 g 于 100 mL 凯氏烧瓶中。请写出此后的样品处理步骤。

（2）将消化液冷却后，转入 100 mL 容量瓶中定容。移取消化稀释液 10 mL 于凯氏定氮蒸馏装置的反应管中，用水蒸气蒸馏，2% 硼酸吸收后，馏出液用 0.099 8 mol/L 盐酸滴定至终点，消耗盐酸 5.12 mL。计算该火腿中粗蛋白含量。

（3）小明对火腿中的粗蛋白含量进行了五次平行测定，结果分别为 44.20%、44.15%、44.25%、44.20%、44.10%。请写一份完整的检验评价报告。

项目三
食品添加剂的检验

微课

什么是食品
添加剂？

项目描述

　　食品添加剂是指为改善食品品质和色、香、味以及为防腐、保鲜和加工工艺的需要而加入食品中的人工合成或天然物质。食品用香料、胶基糖果中基础剂物质、食品工业用加工助剂也包括在内。

　　食品添加剂有无机物质和有机物质，其测定方法和其他成分测定一样，首先应设法将被分析物质从复杂的混合物中分离出来，达到分离与富集待测物质的目的，以利于下一步的测定。常用的分离手段有蒸馏法、溶剂萃取法、沉淀分离法、色层分离法、掩蔽法等。试样分离后再针对待测物质的物理、化学性质选择适当的分析方法。常用的分析方法有滴定法、分光光度法、薄层层析法、气相色谱法和高效液相色谱法。

　　在本项目的学习中，通过查阅相关的食品标准，利用现有工作条件，完成给定食品中护色剂、漂白剂、防腐剂的测定，填写检验报告。

任务一　护色剂的测定

任务目标

1. 能查阅并解读食品中亚硝酸盐的测定标准和食品添加剂使用标准；
2. 能配制亚硝酸盐标准系列溶液，正确处理火腿肠样品，规范使用分光光度计；
3. 能正确记录数据，绘制工作曲线，处理数据，填写检验报告；
4. 培养辩证思维，正确看待食品添加剂和食品安全的关系；
5. 培养责任担当和使命意识，树立和践行社会主义核心价值观。

任务背景

由于高浓度的亚硝酸盐不仅可改善肉制品的感观色泽，还可大大缩短肉制品的加工时间，因此肉制品亚硝酸盐超标的现象较为普遍。小明最近就接到了一项检验某品牌火腿肠中亚硝酸盐含量是否合规的任务。

任务描述

火腿肠是以畜禽肉为主要原料，辅以淀粉、植物蛋白粉等填充剂，再加入食盐、糖、酒、味精、香辛料等调味品，并添加品质改良剂卡拉胶和维生素 C，以及护色剂、保水剂、防腐剂等物质。

在火腿肠中常加入少量亚硝酸钠作为防腐剂和增色剂，不但能防腐，还能使肉的色泽鲜艳。但亚硝酸盐是一种潜在的致癌物质，过量或长期食用对人的身体会造成危害，所以，国家对食品中亚硝酸盐的含量有严格的限制。《食品安全国家标准 食品添加剂使用标准》(GB 2760—2014)中规定肉灌肠类亚硝酸盐残留量(以 $NaNO_2$ 计)≤30 mg/kg。

任务分析

通过查阅《火腿肠》(GB/T 20712—2006)、《食品安全国家标准 食品中亚硝酸盐与硝酸盐的测定》(GB 5009.33—2016)及《食品安全国家标准 食品添加剂使用标准》(GB 2760—2014)，小组讨论后制订检验方案，用分光光度法测定火腿肠中亚硝酸盐的含量，并与 GB 2760—2014 规定的亚硝酸盐最大残留量比较，以确定火腿肠中亚硝酸盐含量是否合规。

微课

亚硝酸盐真的
十恶不赦吗？

微课

亚硝酸盐的
相关标准

相关知识

一、 硝酸盐和亚硝酸盐在食品中的作用

能与肉及肉制品中的呈色物质作用,使呈色物质在食品加工、保藏等过程中不致分解、破坏,呈现良好色泽的物质称为护色剂。我国食品添加剂使用标准中公布的护色剂有硝酸钠(钾)和亚硝酸钠(钾)。

硝酸盐和亚硝酸盐添加到肉制品中后转化为亚硝酸,亚硝酸易分解出亚硝基(—NO),生成的亚硝基会很快与肌红蛋白反应生成亮红色的亚硝基肌红蛋白,使肉制品呈现良好的色泽。亚硝酸盐除了发色外,还是很好的防腐剂。

二、 食品中硝酸盐和亚硝酸盐的使用限量

小贴士

亚硝酸盐作为
食品添加剂,必须
按照标准的规定使
用,养成遵纪守法
的习惯,为人民群
众"舌尖上的安全"
保驾护航。

亚硝酸盐和硝酸盐作为食品添加剂,过多地使用会对人体产生毒害作用。亚硝酸盐毒性较硝酸盐强,而且硝酸盐可以转化为亚硝酸盐。人体中摄入大量亚硝酸盐,可使血红蛋白转变成高铁血红蛋白,使人体失去输氧功能,导致组织缺氧。此外,亚硝酸盐可与仲胺反应生成具有致癌作用的亚硝胺类化合物。因此,检验食品中硝酸盐和亚硝酸盐的含量对于减少亚硝酸盐中毒、保证食品卫生质量、确保消费者健康,具有重要的意义。

我国《食品安全国家标准 食品添加剂使用标准》(GB 2760—2014)对硝酸盐和亚硝酸盐的使用范围、最大使用量及残留量做了具体规定,可参考表 3-1-1。

表 3-1-1 食品中亚硝酸盐、硝酸盐的最大使用量及残留量(摘自 GB 2760—2014)

食品名称/分类	亚硝酸盐最大使用量/$(g \cdot kg^{-1})$	备 注	硝酸盐最大使用量/$(g \cdot kg^{-1})$	备 注
腌腊肉制品类(如咸肉、腊肉、板鸭、中式火腿、腊肠)	0.15	以亚硝酸钠计,残留量≤30 mg/kg	0.5	以亚硝酸钠(钾)计,残留量≤30 mg/kg
酱卤肉制品类	0.15	以亚硝酸钠计,残留量≤30 mg/kg	0.5	以亚硝酸钠(钾)计,残留量≤30 mg/kg
熏、烧、烤肉类	0.15	以亚硝酸钠计,残留量≤30 mg/kg	0.5	以亚硝酸钠(钾)计,残留量≤30 mg/kg
油炸肉类	0.15	以亚硝酸钠计,残留量≤30 mg/kg	0.5	以亚硝酸钠(钾)计,残留量≤30 mg/kg

（续表）

食品名称/分类	亚硝酸盐最大使用量/ $(g \cdot kg^{-1})$	备　注	硝酸盐最大使用量/ $(g \cdot kg^{-1})$	备　注
西式火腿类（熏烤、烟熏、蒸煮火腿）	0.15	以亚硝酸钠计，残留量≤70 mg/kg	0.5	以亚硝酸钠（钾）计，残留量≤30 mg/kg
肉灌肠类	0.15	以亚硝酸钠计，残留量≤30 mg/kg	0.5	以亚硝酸钠（钾）计，残留量≤30 mg/kg
发酵肉制品类	0.15	以亚硝酸钠计，残留量≤30 mg/kg	0.5	以亚硝酸钠（钾）计，残留量≤30 mg/kg
肉罐头类	0.15	以亚硝酸钠计，残留量≤50 mg/kg		

三、　硝酸盐和亚硝酸盐的测定方法

参照《食品安全国家标准 食品中亚硝酸盐与硝酸盐的测定》(GB 5009.33—2016)，亚硝酸盐和硝酸盐的测定方法有离子色谱法、分光光度法，以及蔬菜、水果中亚硝酸盐的测定——紫外分光光度法。

（一）离子色谱法

1. 原理

试样经沉淀蛋白质、除去脂肪后，采用相应的方法提取和净化，以氢氧化钾溶液为淋洗液，用阴离子交换柱分离，电导检测器或紫外检测器检测，以保留时间定性，外标法定量。

2. 仪器和设备

所有玻璃器皿使用前均需依次用 2 mol/L 氢氧化钾和水分别浸泡 4 h，然后用水冲洗 3～5 次，晾干备用。

（1）离子色谱仪：配电导检测器及抑制器或紫外检测器，高容量阴离子交换柱，50 μL 定量环。

（2）食物粉碎机。

（3）超声波清洗器。

（4）天平：感量为 0.1 mg 和 1 mg。

（5）离心机：转速≥10 000 r/min，配 50 mL 离心管。

（6）0.22 μm 水性滤膜针头滤器。

（7）净化柱：包括 C_{18} 柱、Ag 柱和 Na 柱或等效柱。

（8）注射器：1.0 mL 和 2.5 mL。

3. 试剂和材料

除非另有说明，本方法所用试剂均为分析纯，水为 GB/T 6682—2008 规定的一级水。

(1)乙酸溶液(3％):量取乙酸(CH_3COOH)3 mL 于 100 mL 容量瓶中,以水稀释至刻度,混匀。

(2)氢氧化钾溶液(1 mol/L):称取 6 g 氢氧化钾(KOH),加入新煮沸过的冷水溶解,并稀释至 100 mL,混匀。

(3)亚硝酸盐标准储备液(100 mg/L,以 NO_2^- 计,下同):准确称取 0.150 0 g 于 110～120 ℃干燥至恒重的亚硝酸钠,用水溶解并转移至 1 000 mL 容量瓶中,加水稀释至刻度,混匀。

(4)硝酸盐标准储备液(1 000 mg/L,以 NO_3^- 计,下同):准确称取 1.371 0 g 于 110～120 ℃干燥至恒重的硝酸钠,用水溶解并转移至 1 000 mL 容量瓶中,加水稀释至刻度,混匀。

(5)亚硝酸盐和硝酸盐混合标准中间液:准确移取亚硝酸根离子(NO_2^-)和硝酸根离子(NO_3^-)的标准储备液各 1.0 mL 于 100 mL 容量瓶中,用水稀释至刻度,此溶液每升含亚硝酸根离子 1.0 mg 和硝酸根离子 10.0 mg。

(6)亚硝酸盐和硝酸盐混合标准使用液:移取亚硝酸盐和硝酸盐混合标准中间液,加水逐级稀释,制成系列混合标准使用液,亚硝酸根离子浓度分别为 0.02 mg/L、0.04 mg/L、0.06 mg/L、0.08 mg/L、0.10 mg/L、0.15 mg/L、0.20 mg/L;硝酸根离子浓度分别为 0.2 mg/L、0.4 mg/L、0.6 mg/L、0.8 mg/L、1.0 mg/L、1.5 mg/L、2.0 mg/L。

4. 分析步骤

(1)样品预处理

①蔬菜、水果:将新鲜蔬菜、水果样品用自来水洗净,用水冲洗。晾干后,取可食部分切碎混匀。将切碎的样品用四分法取适量,用食物粉碎机制成匀浆,备用。如需加水应记录加水量。

②粮食及其他植物样品:除去可见杂质后,取有代表性的样品 50～100 g,粉碎后,过 0.30 mm 孔筛,混匀,备用。

③肉类、蛋、水产及其制品:用四分法取适量或取全部,用食物粉碎机制成匀浆,备用。

④乳粉、豆奶粉、婴儿配方粉等固态乳制品(不包括干酪):将样品装入能够容纳 2 倍试样体积的带盖容器中,通过反复摇晃和颠倒容器使样品充分混匀直到均一化。

⑤发酵乳、乳、炼乳及其他液体乳制品:通过搅拌或反复摇晃和颠倒容器使样品充分混匀。

⑥干酪:取适量的样品研磨成均匀的泥浆状。为避免水分损失,研磨过程中应避免产生过多的热量。

(2)提取

①蔬菜、水果等植物性试样:称取试样 5 g(精确至 0.001 g,可适当调整试样的取样量,以下相同),置于 150 mL 具塞锥形瓶中,加入 80 mL 水、1 mL 1 mol/L 氢氧化钾溶液,超声提取 30 min,每隔 5 min 振摇一次,保持固相完全分散。于 75 ℃水浴中放置 5 min,取出放置至室温,定量转移至 100 mL 容量瓶中,加水稀释至刻度,混匀。溶液经滤纸过滤后,取部分溶液于 10 000 r/min 的离心机中离心 15 min,上清液备用。

②肉类、蛋类、鱼类及其制品等:称取试样匀浆 5 g(精确至 0.001 g),置于 150 mL 具塞锥

形瓶中,加入 80 mL 水,超声提取 30 min,每隔 5 min 振摇 1 次,保持固相完全分散。于 75 ℃ 水浴中放置 5 min,取出放置至室温,定量转移至 100 mL 容量瓶中,加水稀释至刻度,混匀。溶 液经滤纸过滤后,取部分溶液于 10 000 r/min 的离心机中离心 15 min,上清液备用。

③腌鱼类、腌肉类及其他腌制品:称取试样匀浆 2 g(精确至 0.001 g),置于 150 mL 具塞锥 形瓶中,加入 80 mL 水,超声提取 30 min,每隔 5 min 振摇 1 次,保持固相完全分散。于 75 ℃ 水浴中放置 5 min,取出放置至室温,定量转移至 100 mL 容量瓶中,加水稀释至刻度,混匀。溶 液经滤纸过滤后,取部分溶液于 10 000 r/min 的离心机中离心 15 min,上清液备用。

④乳:称取试样 10 g(精确至 0.01 g),置于 100 mL 具塞锥形瓶中,加水 80 mL,摇匀, 超声 30 min,加入 3‰乙酸溶液 2 mL,于 4 ℃ 放置 20 min,取出放置至室温,加水稀释至刻 度。溶液经滤纸过滤,滤液备用。

⑤乳粉及干酪:称取试样 2.5 g(精确至 0.01 g),置于 100 mL 具塞锥形瓶中,加水 80 mL,摇匀,超声 30 min,取出放置至室温,定量转移至 100 mL 容量瓶中,加入 3‰乙酸溶 液 2 mL,加水稀释至刻度,混匀。于 4 ℃ 放置 20 min,取出放置至室温,溶液经滤纸过滤,滤 液备用。

⑥取上述备用溶液约 15 mL,通过 0.22 μm 水性滤膜针头滤器、C_{18} 柱,弃去前面 3 mL (如果氯离子大于 100 mg/L,则需要依次通过针头滤器、C_{18} 柱、Ag 柱和 Na 柱,弃去前面 7 mL),收集后面洗脱液待测。

固相萃取柱使用前需进行活化,C_{18} 柱(1.0 mL)、Ag 柱(1.0 mL)和 Na 柱(1.0 mL)的 活化过程为:C_{18} 柱(1.0 mL)使用前依次用 10 mL 甲醇、15 mL 水通过,静置活化 30 min。 Ag 柱(1.0 mL)和 Na 柱(1.0 mL)用 10 mL 水通过,静置活化 30 min。

(3)仪器参考条件

①色谱柱:氢氧化物选择性,可兼容梯度洗脱的二乙烯基苯-乙基苯乙烯共聚物基质,烷 醇基季铵盐功能团的高容量阴离子交换柱:4 mm×250 mm(带保护柱:4 mm×50 mm),或 性能相当的离子色谱柱。

②淋洗液:

氢氧化钾溶液,浓度为 6～70 mmol/L;洗脱梯度为 6 mmol/L 30 min,70 mmol/L 5 min,6 mmol/L 5 min;流速为 1.0 mL/min。

粉状婴幼儿配方食品:氢氧化钾溶液,浓度为 5～50 mmol/L;洗脱梯度为 5 mmol/L 33 min,50 mmol/L 5 min,5 mmol/L 5 min;流速为 1.3 mL/min。

③抑制器:连续自动再生膜阴离子抑制器或等效抑制装置。

④检测器:电导检测器,检测池温度为 35 ℃;或紫外检测器,检测波长为 226 nm。

⑤进样体积:50 μL(可根据试样中被测离子含量进行调整)。

(4)测定

①标准曲线的制作

将标准系列工作液分别注入离子色谱仪中,得到各浓度标准工作液色谱图,测定相应的 峰高(μS)或峰面积,以标准工作液的浓度为横坐标,以峰高(μS)或峰面积为纵坐标,绘制标 准曲线(亚硝酸盐和硝酸盐标准色谱如图 3-1-1 所示)。

②试样溶液的测定

将空白和试样溶液注入离子色谱仪中,得到空白和试样溶液的峰高(μS)或峰面积,根据标准曲线得到待测液中亚硝酸根离子或硝酸根离子的浓度。

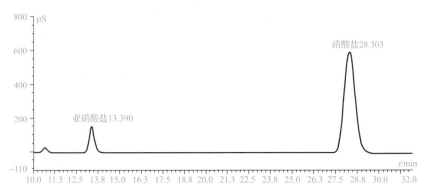

图 3-1-1 亚硝酸盐和硝酸盐标准色谱

5.分析结果的表述

试样中亚硝酸根离子或硝酸根离子的含量按下式计算

$$X = \frac{(\rho - \rho_0) \times V \times f \times 1\,000}{m \times 1\,000}$$

式中 X——试样中亚硝酸根离子或硝酸根离子的含量,mg/kg;

        ρ——测定用试样溶液中亚硝酸根离子或硝酸根离子的浓度,mg/L;

        ρ_0——试剂空白溶液中亚硝酸根离子或硝酸根离子的浓度,mg/L;

        V——试样溶液体积,mL;

        f——试样溶液稀释倍数;

        1 000——单位换算系数;

        m——试样取样量,g。

结果保留两位有效数字。

6.精密度

在重复性条件下获得的两次独立测定结果的绝对差值不得超过算术平均值的 10%。

7.注释说明

本法中亚硝酸盐和硝酸盐检出限分别为 0.2 mg/kg 和 0.4 mg/kg。

(二)分光光度法

1.原理

亚硝酸盐采用盐酸萘乙二胺法测定,硝酸盐采用镉柱还原法测定。

试样经沉淀蛋白质、除去脂肪后,在弱酸条件下亚硝酸盐与对氨基苯磺酸重氮化后,再与盐酸萘乙二胺偶合形成紫红色染料,外标法测得亚硝酸盐含量。采用镉柱将硝酸盐还原成亚硝酸盐,测得亚硝酸盐总量,由测得的亚硝酸盐总量减去试样中亚硝酸盐含量,即得试样中硝酸盐含量。

小提示

试样中测得的亚硝酸根离子含量乘以换算系数 1.5,即得亚硝酸盐(按亚硝酸钠计)含量;试样中测得的硝酸根离子含量乘以换算系数 1.37,即得硝酸盐(按硝酸钠计)含量。

3D虚拟仿真

亚硝酸盐的测定

2.仪器和设备

(1)天平:感量为 0.1 mg 和 1 mg。

(2)组织捣碎机。

(3)超声波清洗器。

(4)恒温干燥箱。

(5)分光光度计。

(6)镉柱或镀铜镉柱。

微课

分光光度法1

①海绵状镉的制备:镉粒直径 0.3～0.8 mm。

将适量的锌棒放入烧杯,用 40 g/L 硫酸镉溶液浸没锌棒。在 24 h 之内,不断将锌棒上的海绵状镉轻轻刮下。取出残余锌棒,使镉沉底, 倾去上层溶液。用水冲洗海绵状镉 2～3 次后,将镉转移至搅拌器中, 加 400 mL 盐酸(0.1 mol/L),搅拌数秒,以得到所需粒径的镉颗粒。 将制得的海绵状镉倒回烧杯中,静置 3～4 h,期间搅拌数次,以除去气 泡。倾去海绵状镉中的溶液,并可按下述方法进行镉粒镀铜。

②镉粒镀铜:将制得的镉粒置于锥形瓶中(所用镉粒的量以达到要 求的镉柱高度为准),加足量的盐酸(2 mol/L)浸没镉粒,振荡 5 min, 静置分层,倾去上层溶液,用水多次冲洗镉粒。在镉粒中加入 20 g/L 硫酸铜溶液(每克镉粒约需 2.5 mL),振荡 1 min,静置分层,倾去上层 溶液后,立即用水冲洗镀铜镉粒(注意镉粒要始终用水浸没),直至冲洗 的水中不再有铜沉淀。

③镉柱的装填:如图 3-1-2 所示,用水装满镉柱玻璃管,并装入 2 cm 高的玻璃棉做垫,将玻璃棉压向柱底时,应将其中所包含的空气 全部排出,在轻轻的敲击下,加入海绵状镉至 8～10 cm[图 3-1-2(a)] 或 15～20 cm[图 3-1-2(b)],上面用 1 cm 高的玻璃棉覆盖,若使用装 置 b,则上置一贮液漏斗,末端要穿过橡皮塞与镉柱玻璃管紧密连接。

如无上述镉柱玻璃管时,可以用 25 mL 酸式滴定管代替,但过柱 时要注意始终保持液面在镉层之上。

当镉柱填装好后,先用 25 mL 盐酸(0.1 mol/L)洗涤,再以水洗两 次,每次 25 mL,镉柱不用时用水封盖,随时都要保持水平面在镉层之 上,不得使镉层夹有气泡。

④镉柱每次使用完毕后,应先以 25 mL 盐酸(0.1 mol/L)洗涤,再 以水洗两次,每次 25 mL,最后用水覆盖镉柱。

⑤镉柱还原效率的测定:吸取 20 mL 硝酸钠标准使用液,加入 5 mL 氨缓冲溶液的稀释液,混匀后注入贮液漏斗,使其流经镉柱还原, 用一个 100 mL 的容量瓶收集洗提液。洗提液的流量不应超过 6 mL/min,在贮液杯将要排空时,用约 15 mL 水冲洗杯壁。冲洗水流 尽后,再用 15 mL 水重复冲洗,第二次冲洗水也流尽后,将贮液杯灌满 水,并使其以最大流量流过柱子。当容量瓶中的洗提液接近 100 mL 时,

学习笔记

从柱子下取出容量瓶,用水定容至刻度,混匀。取 10.0 mL 还原后的溶液(相当 10 μg 亚硝酸钠)于 50 mL 比色管中,以下按 4(3)自"吸取 0.00 mL、0.20 mL、0.40 mL、0.60 mL、0.80 mL、1.00 mL……"起操作,根据标准曲线计算测得结果,与加入量一致,还原效率大于 95% 为符合要求。

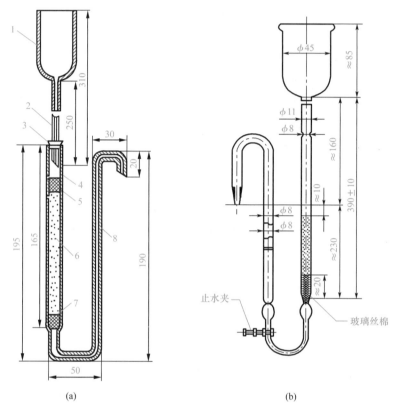

图 3-1-2 镉柱(单位:mm)

1—贮液漏斗,内径 35,外径 37;2—进液毛细管,内径 0.4,外径 6;

3—橡皮塞;4—镉柱玻璃管,内径 12,外径 16;5、7—玻璃棉;

6—海绵状镉;8—出液毛细管,内径 2,外径 8

⑥还原效率按下式计算

$$X = \frac{m_1}{10} \times 100\%$$

式中 X——还原效率,%;

m_1——测得亚硝酸钠的含量,μg;

10——测定用溶液相当亚硝酸钠的含量,μg。

3.试剂和材料

除非另有说明,本方法所用试剂均为分析纯。水为 GB/T 6682—2008 规定的一级水。

(1)亚铁氰化钾溶液(106 g/L):称取 106.0 g 亚铁氰化钾[$K_4Fe(CN)_6 \cdot 3H_2O$],用水溶解,并稀释至 1 000 mL。

(2)乙酸锌溶液(220 g/L):称取 220.0 g 乙酸锌[$Zn(CH_3COO)_2 \cdot 2H_2O$],先加 30 mL 冰乙酸溶解,再用水稀释至 1 000 mL。

(3)饱和硼砂溶液(50 g/L):称取 5.0 g 硼酸钠($Na_2B_4O_7 \cdot 10H_2O$),溶于 100 mL 热水中,冷却后备用。

(4)氨缓冲溶液(pH 为 9.6~9.7):量取 30 mL 盐酸($\rho = 1.19$ g/mL),加 100 mL 水,混匀后加 65 mL 氨水(25%),再加水稀释至 1 000 mL,混匀。调节 pH 至 9.6~9.7。

(5)氨缓冲溶液的稀释液:量取 50 mL pH 为 9.6~9.7 氨缓冲溶液,加水稀释至 500 mL,混匀。

(6)盐酸(0.1 mol/L):量取 8.3 mL 盐酸,用水稀释至 1 000 mL。

(7)盐酸(2 mol/L):量取 167 mL 盐酸,用水稀释至 1 000 mL。

(8)盐酸(20%):量取 20 mL 盐酸,用水稀释至 100 mL。

(9)对氨基苯磺酸溶液(4 g/L):称取 0.4 g 对氨基苯磺酸($C_6H_7NO_3S$),溶于 100 mL 20%盐酸中,混匀,置于棕色瓶中,避光保存。

(10)盐酸萘乙二胺溶液(2 g/L):称取 0.2 g 盐酸萘乙二胺($C_{12}H_{14}N_2 \cdot 2HCl$),溶于 100 mL 水中,混匀,置于棕色瓶中,避光保存。

(11)硫酸铜溶液(20 g/L):称取 20 g 硫酸铜($CuSO_4 \cdot 5H_2O$),加水溶解,并稀释至 1 000 mL。

(12)硫酸镉溶液(40 g/L):称取 40 g 硫酸镉($CdSO_4 \cdot 8H_2O$),加水溶解,并稀释至 1 000 mL。

(13)乙酸溶液(3%):量取冰乙酸(CH_3COOH)3 mL 于 100 mL 容量瓶中,加水稀释至刻度,混匀。

(14)亚硝酸钠标准溶液(200 μg/mL,以亚硝酸钠计):准确称取 0.100 0 g 于 110~120 ℃干燥至恒重的亚硝酸钠,加水溶解,移入 500 mL 容量瓶中,加水稀释至刻度,混匀。

(15)硝酸钠标准溶液(200 μg/mL,以亚硝酸钠计):准确称取 0.123 2 g 于 110~120 ℃干燥至恒重的硝酸钠,加水溶解,移入 500 mL 容量瓶中,并稀释至刻度,混匀。

(16)亚硝酸钠标准使用液(5.0 μg/mL):临用前,吸取 2.50 mL 亚硝酸钠标准溶液,置于 100 mL 容量瓶中,加水稀释至刻度。

(17)硝酸钠标准使用液(5.0 μg/mL,以亚硝酸钠计):临用前,吸取 2.50 mL 硝酸钠标准溶液,置于 100 mL 容量瓶中,加水稀释至刻度。

4.分析步骤

(1)样品的预处理

①蔬菜、水果:将新鲜蔬菜、水果样品用自来水洗净后,用水冲洗。晾干后,取可食部分切碎混匀。将切碎的样品用四分法取适量,用食物粉碎机制成匀浆,备用。如需加水应记录加水量。

②粮食及其他植物样品:除去可见杂质后,取有代表性样品 50~100 g,粉碎后,过 0.30 mm 孔筛,混匀,备用。

③肉类、蛋、水产及其制品:用四分法取适量或取全部,用食物粉碎机制成匀浆,备用。

④乳粉、豆奶粉、婴儿配方粉等固态乳制品(不包括干酪):将样品装入能够容纳 2 倍试样体积的带盖容器中,通过反复摇晃和颠倒容器使样品充分混匀直到均一化。

⑤发酵乳、乳、炼乳及其他液体乳制品:通过搅拌、反复摇晃或颠倒容器使试样充分混匀。

⑥干酪:取适量的样品研磨成均匀的泥浆状。为避免水分损失,研磨过程中应避免产生过多的热量。

(2)提取

①干酪:称取试样 2.5 g(精确至 0.001 g),置于 150 mL 具塞锥形瓶中,加水 80 mL,摇匀,超声 30 min,取出,放置至室温,定量转移至 100 mL 容量瓶中,加入 3‰乙酸溶液 2 mL,加水稀释至刻度,混匀。于 4 ℃放置 20 min,取出,放置至室温,溶液经滤纸过滤,滤液备用。

提取过程中加入饱和硼砂溶液有什么作用?加入的亚铁氰化钾和乙酸锌溶液有什么作用?

②液体乳:称取试样 90 g(精确至 0.001 g),置于 250 mL 具塞锥形瓶中,加 12.5 mL 饱和硼砂溶液,加入 70 ℃左右的水约 60 mL,混匀,于沸水浴中加热 15 min,取出置于冷水浴中冷却,并放置至室温。定量转移上述提取液至 200 mL 容量瓶中,加入 5 mL 106 g/L 亚铁氰化钾溶液,摇匀,再加入 5 mL 220 g/L 乙酸锌溶液,以沉淀蛋白质。加水至刻度,摇匀,放置 30 min,除去上层脂肪,上清液用滤纸过滤,滤液备用。

③乳粉:称取试样 10 g(精确至 0.001 g),置于 150 mL 具塞锥形瓶中,加 12.5 mL 50 g/L 饱和硼砂溶液,加入 70 ℃左右的水约 150 mL,混匀,于沸水浴中加热 15 min,取出,置于冷水浴中冷却,并放置至室温。定量转移上述提取液至 200 mL 容量瓶中,加入 5 mL 106 g/L 亚铁氰化钾溶液,摇匀,再加入 5 mL 220 g/L 乙酸锌溶液,以沉淀蛋白质。加水至刻度,摇匀,放置 30 min,除去上层脂肪,上清液用滤纸过滤,弃去初滤液 30 mL,滤液备用。

④其他样品:称取 5 g(精确至 0.001 g)匀浆试样(如制备过程中加水,应按加水量折算),置于 250 mL 具塞锥形瓶中,加 12.5 mL 50 g/L 饱和硼砂溶液,加入 70 ℃左右的水约 150 mL,混匀,于沸水浴中加热 15 min,取出,置于冷水浴中冷却,并放置至室温。定量转移上述提取液至 200 mL 容量瓶中,加入 5 mL 106 g/L 亚铁氰化钾溶液,摇匀,再加入 5 mL 220 g/L 乙酸锌溶液,以沉淀蛋白质。加水至刻度,摇匀,放置 30 min,除去上层脂肪,上清液用滤纸过滤,弃去初滤液 30 mL,滤液备用。

学习笔记

(3)亚硝酸盐的测定

吸取 40.0 mL 上述滤液于 50 mL 带塞比色管中,另吸取 0.00 mL、0.20 mL、0.40 mL、0.60 mL、0.80 mL、1.00 mL、1.50 mL、2.00 mL、2.50 mL 亚硝酸钠标准使用液(相当于 0.0 μg、1.0 μg、2.0 μg、3.0 μg、4.0 μg、5.0 μg、7.5 μg、10.0 μg、12.5 μg 亚硝酸钠),分别置于 50 mL 带塞比色管中。于标准管与试样管中分别加入 2 mL 4 g/L 对氨基苯磺酸溶液,混匀,静置 3～5 min 后各加入 1 mL 2 g/L 盐酸萘乙二胺溶液,加水至刻度,混匀,静置 15 min,用 1 cm 比色皿,以零管调节零点,于波长 538 nm 处测吸光度,绘制标准曲线比较。同时做试剂空白。

（4）硝酸盐的测定

①镉柱还原

先以 25 mL 氨缓冲溶液的稀释液冲洗镉柱，流速控制在 3～5 mL/min（以滴定管代替可控制在 2～3 mL/min）。

吸取 20 mL 滤液于 50 mL 烧杯中，加 5 mL pH 为 9.6～9.7 氨缓冲溶液，混合后注入贮液漏斗，使其流经镉柱还原，当贮液杯中的样液流尽后，加 15 mL 水冲洗烧杯，再倒入贮液杯中。冲洗水流完后，再用 15 mL 水重复 1 次。当第 2 次冲洗水快流尽时，将贮液杯装满水，以最大流速过柱。当容量瓶中的洗提液接近 100 mL 时，取出容量瓶，用水定容至刻度，混匀。

②亚硝酸钠总量的测定

吸取 10～20 mL 还原后的样液于 50 mL 比色管中。以下按 4（3）自"吸取 0.00 mL、0.20 mL、0.40 mL、0.60 mL、0.80 mL、1.00 mL ……"起操作。

5. 分析结果的表述

（1）亚硝酸盐含量计算

亚硝酸盐（以亚硝酸钠计）的含量按式（1）进行计算

$$X_1 = \frac{m_2 \times 1\,000}{m_3 \times \dfrac{V_1}{V_0} \times 1\,000} \qquad (1)$$

式中　X_1——试样中亚硝酸钠的含量，mg/kg；

　　　m_2——测定用样液中亚硝酸钠的质量，μg；

　　　m_3——试样质量，g；

　　　1 000——转换系数；

　　　V_1——测定用样液体积，mL；

　　　V_0——试样处理液总体积，mL。

结果保留两位有效数字。

（2）硝酸盐含量的计算

硝酸盐（以硝酸钠计）的含量按式（2）计算

$$X_2 = \left(\frac{m_4 \times 1\,000}{m_5 \times \dfrac{V_3}{V_2} \times \dfrac{V_5}{V_4} \times 1\,000} - X_1 \right) \times 1.232 \qquad (2)$$

式中　X_2——试样中硝酸钠的含量，mg/kg；

　　　m_4——经镉粉还原后测得总亚硝酸钠的质量，μg；

　　　1 000——转换系数；

　　　m_5——试样的质量，g；

　　　V_3——测总亚硝酸钠的测定用样液体积，mL；

　　　V_2——试样处理液总体积，mL；

　　　V_5——经镉柱还原后样液的测定用体积，mL；

学习笔记

微课

分光光度法2

V_4——经镉柱还原后样液总体积，mL；

X_1——由式(1)计算出的试样中亚硝酸钠的含量，mg/kg；

1.232——亚硝酸钠换算成硝酸钠的系数。

结果保留两位有效数字。

6.精密度

在重复性条件下获得的两次独立测定结果的绝对差值不得超过算术平均值的10%。

7.注释说明

(1)适用范围:本法适用于食品中亚硝酸盐和硝酸盐的测定。

(2)本法中亚硝酸盐检出限:液体乳 0.06 mg/kg，乳粉 0.5 mg/kg，干酪及其他 1 mg/kg。硝酸盐检出限:液体乳 0.6 mg/kg，乳粉 5 mg/kg，干酪及其他 10 mg/kg。

 任务准备

通过对标准的解读，将测定火腿肠中亚硝酸盐含量所需仪器和设备、试剂分别记入表 3-1-2 和表 3-1-3。

表 3-1-2　　　　　　　　　　　所需仪器和设备

序号	名称	规格
1	天平	感量为 0.1 mg 和 1 mg
2	组织捣碎机	
3	超声波清洗器	
4	恒温干燥箱	
5	分光光度计	

表 3-1-3　　　　　　　　　　　所需试剂

序号	名称	规格
1	亚铁氰化钾溶液	106 g/L
2	乙酸锌溶液	220 g/L
3	饱和硼砂溶液	50 g/L
4	对氨基苯磺酸溶液	4 g/L,置于棕色瓶中避光保存
5	盐酸萘乙二胺溶液	2 g/L,置于棕色瓶中避光保存
6	亚硝酸钠标准溶液	200 μg/mL
7	亚硝酸钠标准使用液	5.0 μg/mL

任务实施

一、操作要点（表3-1-4）

操作视频 操作视频 3D虚拟仿真

火腿肠中亚硝酸盐的测定1　火腿肠中亚硝酸盐的测定2　亚硝酸盐的测定

表 3-1-4　　　　　　　　　　　　　　　　　操作要点

序号	内容	操作方法	操作提示	评价标准
1	样品预处理	用四分法取火腿肠样品，用组织捣碎机制成匀浆，备用	用四分法取火腿肠样品	• 取样适量 • 试样均匀
2	提取	准确称取 5 g（精确至 0.001 g）匀浆，置于 250 mL 具塞锥形瓶中，加 12.5 mL 饱和硼砂溶液，加入 70 ℃ 的水 150 mL，混匀，于沸水浴中加热 15 min，取出，置于冷水浴中冷却，并放置至室温	1. 可适当调整试样的取样量 2. 亚硝酸盐容易氧化为硝酸盐，样品处理时，加热的时间与温度均要控制	• 称量操作熟练 • 亚硝酸盐提取充分
3	沉淀蛋白质	定量转移上述提取液至 200 mL 容量瓶中，加入 5 mL 亚铁氰化钾溶液，摇匀，再加入 5 mL 乙酸锌溶液。加水至刻度，摇匀，放置 30 min，除去上层脂肪，上清液用滤纸过滤	过滤时弃去初滤液 30 mL，滤液备用	• 上层脂肪除去方法得当 • 过滤操作规范
4	取液	吸取 40.0 mL 上述滤液，另吸取 0.00 mL、0.20 mL、0.40 mL、0.60 mL、0.80 mL、1.00 mL、1.50 mL、2.00 mL、2.50 mL 亚硝酸钠标准使用液，分别置于 50 mL 带塞比色管中	吸取滤液的体积应根据试样中亚硝酸盐的含量确定，试样的吸光度应落在标准曲线的吸光度范围之内	• 比色管洗涤干净并正确验漏 • 比色管正确编号 • 移液管规格选择适宜 • 移液管操作规范
5	显色	于标准管和试样管中分别加入 2 mL 对氨基苯磺酸，混匀，静置 3~5 min 后加入 1 mL 盐酸萘乙二胺，加水至刻度，混匀，静置 15 min	盐酸萘乙二胺有致癌作用，使用时应注意安全	• 正确控制显色条件 • 准确加入显色剂，摇匀后静置 15 min • 移液管操作熟练
6	测定	用 1 cm 比色皿，以零管调节零点，于波长 538 nm 处测吸光度，绘制标准曲线比较。同时做试剂空白	1. 使用比色皿前应用蒸馏水洗净，再用待装液润洗，才能进行比色 2. 比色测定时，应从低向高浓度测定，以免高浓度给低浓度造成影响	• 分光光度计开机预热 20 min • 波长设置正确 • 分光光度计校零操作正确 • 比色皿淋洗、润洗、拿取方法正确 • 比色皿装液量合适 • 由稀到浓测定吸光度

二、数据记录及处理(表 3-1-5)

表 3-1-5　　　　　　　　　火腿肠中亚硝酸盐测定数据

基本信息	样品名称										样品编号		
	检测项目										检测日期		
	检测依据										检测方法		

检测数据	NaNO₂ 标准溶液浓度/(μg·mL^{-1})												
	样品编号	1	2	3	4	5	6	7	8	9	样1	样2	空白
	标液用量/mL	0.00	0.20	0.40	0.60	0.80	1.00	1.50	2.00	2.50			
	相当 NaNO₂ 质量/μg	0.0	1.0	2.0	3.0	4.0	5.0	7.5	10.0	12.5			
	对氨基苯磺酸(4 g/L)/mL	2	2	2	2	2	2	2	2	2	2	2	2
	混匀,静置 3~5 min												
	盐酸萘乙二胺(2 g/L)/mL	1	1	1	1	1	1	1	1	1	1	1	1
	加去离子水至刻度,混匀,静置 15 min												
	538 nm 测定吸光度												
结果计算	计算公式												
	火腿肠中亚硝酸盐含量 X(NaNO₂ 计)/(mg·kg^{-1})												
结果评判	精密度评判												
	$\overline{X}$/(mg·kg^{-1})												
	火腿肠中亚硝酸盐含量评判依据												
	火腿肠中亚硝酸盐含量评判结果												
检验结论													

三、问题探究

1.实验室有多种规格的比色皿,小明测定亚硝酸盐时应选择哪一种?

一般情况下,分析的波长在 350 nm 以上时,可选用玻璃或石英比色皿,350 nm 以下时必须使用石英比色皿。比色皿有不同的光程长度,一般常用的有 0.5 cm、1 cm、2 cm、5 cm,选择哪种光程长度的比色皿,应视分析试样的吸光度而定。当比色液的颜色较浅时,应选用光程长度较大的如 2 cm、3 cm 比色皿;当比色液的颜色较深时,应选用光程长度较小的如 0.5 cm、1 cm 比色皿,以使所测溶液的吸光度在 0.1~0.7。

2.制作标准曲线时,小明觉得几种试剂不一定非要按照顺序加入,加入试剂的顺序是否可以任意改变?

不能任意改变加入试剂的顺序。因为弱酸条件下亚硝酸盐先与氨基苯磺酸重氮化,再与盐酸萘乙二胺偶合形成紫红色染料,才能用分光光度法进行测定。

3.在标准系列溶液比色时,小明该先测哪个溶液的吸光度呢?

比色测定中,应从低浓度向高浓度测定,以免高浓度给低浓度造成太大的影响。

任务总结

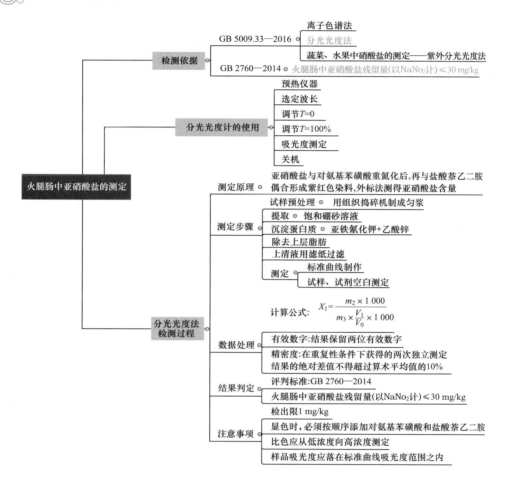

任务评价

火腿肠中亚硝酸盐测定评价见表 3-1-6。

表 3-1-6　　　　　　　　　　火腿肠中亚硝酸盐测定评价

评价类别	项目	要求	互评	师评
专业能力（60%）	方案（10%）	正确选用标准（5%）		
		所设计实验方案可行性强（5%）		
	实施（30%）	试样制备均匀（5%）		
		试样的提取和净化操作正确（5%）		

（续表）

评价类别	项目	要求	互评	师评
专业能力（60%）	实施（30%）	正确制备亚硝酸钠标准使用液（5%）		
		正确控制显色条件（5%）		
		正确使用分光光度计（5%）		
		正确绘制标准曲线（5%）		
	结果（20%）	原始数据记录准确、美观（5%）		
		公式正确，计算过程正确，正确保留有效数字（5%）		
		线性回归方程的相关系数 $R \geqslant 0.99$（5%）		
		精密度符合要求（5%）		
职业素养（40%）	解决问题（5%）	及时发现问题并提出解决方案（5%）		
	团队协作（10%）	小组成员合作良好，对小组有贡献（10%）		
	职业规范（10%）	着装规范（5%）		
		节约、安全、环保意识（5%）		
	职业道德（5%）	诚信意识（5%）		
	职业精神（10%）	耐心细致、吃苦耐劳精神（5%）		
		严谨求实、精益求精的科学态度（5%）		
合计				

任务拓展

依据 1+X 粮农食品安全评价及食品检验管理职业技能等级证书要求，针对食品护色剂的测定，课外应加强以下方面的学习和训练。

1.通过学习分光光度法测定火腿肠中的亚硝酸盐，延伸至学习离子色谱法测定亚硝酸盐，达到举一反三的目的。

2.以分光光度法测定火腿肠中亚硝酸盐的学习为主，通过查阅资料了解分光光度法（比色法）在食品理化检验中的应用。

3.总结亚硝酸盐测定中影响结果精密度与准确度的因素。

任务巩固

在线自测

1.填写流程图

请将分光光度法测定火腿肠中亚硝酸盐的流程填写完整。

样品处理→ _____ →提取液净化→标准系列制备→ _____ →测定→ _____ →

试样测定→结果计算

2.计算题

超量使用食品添加剂属于违法行为，我们应坚决遏制添加剂的超范围、超量使用，用自己的专业知识捍卫食品安全。小明用分光光度法测定某火腿肠中的亚硝酸盐含量。

称取均匀样品 5.000 0 g，置于 50 mL 烧杯中，加入硼砂饱和溶液后，转移至 250 mL 容量瓶中，经过一系列处理后，定容，静置，过滤。吸取中间滤液 40 mL 和 0.00 mL、0.20 mL、0.40 mL、0.60 mL、0.80 mL、1.00 mL、1.50 mL、2.00 mL、2.50 mL 亚硝酸钠标准使用液（5 μg/mL），分别置于 50 mL 比色管中，各加入 2.0 mL 4 g/L 对氨基苯磺酸溶液，混匀，静置后，各加入 1.0 mL 2 g/L 盐酸萘乙二胺溶液，加水至刻度，混匀，静置后，用 1 cm 比色皿，以零管调节零点，于 538 nm 波长处测定吸光度，结果如下：

项目	亚硝酸钠标准使用液（5 μg/mL）用量/mL									样品
	0.00	0.20	0.40	0.60	0.80	1.00	1.50	2.00	2.50	
吸光度值	0.000	0.016	0.032	0.048	0.064	0.080	0.120	0.160	0.200	0.120

计算该样品中亚硝酸盐的含量（以 $NaNO_2$ 计，mg/kg）。

任务二 漂白剂的测定

任务目标

1．能查阅食品中二氧化硫测定的国家标准和二氧化硫限量标准；
2．能配制硫代硫酸钠标准溶液、重铬酸钾标准溶液和碘标准溶液；
3．能用滴定法测定蜜饯中二氧化硫残留量；
4．能正确记录处理数据，填写检验报告。

任务背景

一些蜜饯生产企业在生产蜜饯的过程中，为了漂白、防腐、抗氧化和防褐变，过量加入了焦亚硫酸钠、焦亚硫酸钾、亚硫酸钠、亚硫酸氢钠等具有漂白、抗氧化、防腐作用的物质，而没有及时采取有效脱硫措施，导致二氧化硫超标。小明最近就接到了一项检验蜜饯中二氧化硫含量的任务。

任务描述

蜜饯也称果脯，是以果蔬等为主要原料，添加（或不添加）食品添加剂和其他辅料，经糖、蜂蜜或食盐腌制（或不腌制）等工艺制成的制品，包括蜜饯类、凉果类、果脯类、话化类、果糕类和果丹类等。

蜜饯的传统制作工艺是在制作过程中采用亚硫酸盐类物质或熏硫方法进行处理，这样可以保持产品鲜艳的色彩，防止产生褐变，同时产生的二氧化硫遇水形成亚硫酸，对细菌有一定的抑制作用，具有防腐、抗氧化等功能，能延长食品保质期。但是二氧化硫会破坏食品的营养成分,在影响食品质量的同时,过量的二氧化硫残留还会引起食用者咽喉疼痛、胃部不适等不良反应,同时对肝脏有一定的损害。尽管蜜饯中亚硫酸的最大使用量(以二氧化硫残留量计)在《国家食品安全标准 食品添加剂的使用标准》(GB 2760—2014)中有限量要求,但市面上的很多蜜饯产品都存在二氧化硫超标现象。目前主要采用《食品安全国家标准 食品中二氧化硫的测定》(GB 5009.34—2016)的方法测定二氧化硫含量。

任务分析

通过查阅《食品安全国家标准 蜜饯》(GB 14884—2016)、《食品安全国家标准 食品中二氧化硫的测定》(GB 5009.34—2016)及《食品安全国家标准 食品添加剂使用标准》(GB 2760—2014),小组讨论后制订检验方案,用滴定法测定蜜饯中二氧化硫的含量,并与 GB 2760—2014比较,以确定蜜饯中二氧化硫含量是否合规。

相关知识

微课

漂白剂的分类

一、 概述

漂白剂是能够破坏、抑制食品的发色因素,使其褪色或使食品免于褐变的物质,可分为还原型和氧化型两大类。中国允许使用的漂白剂有二氧化硫、焦亚硫酸钾、焦亚硫酸钠、亚硫酸钠、亚硫酸氢钠、低亚硫酸钠、硫黄七种。这些漂白剂通过解离生成亚硫酸,亚硫酸有还原性,显示漂白、脱色、防腐和抗氧化作用。

目前,我国使用的大都是以亚硫酸类化合物为主的还原型漂白剂。它们通过产生的二氧化硫的还原作用,来抑制、破坏食品的变色因子,使食品褪色或免于发生褐变。

二、 食品中二氧化硫最大使用量

我国食品行业中,使用较多的漂白剂是二氧化硫和亚硫酸盐。两者本身并没有营养价值,也非食品中不可缺少的成分,而且对人体健康也有一定影响,因此在食品中的添加量应加以限制。

我国《食品安全国家标准 食品添加剂使用标准》(GB 2760—2014)对食品中二氧化硫、亚硫酸钠等漂白剂的使用范围、最大使用量做了严格的规定。

三、食品中二氧化硫的测定

微课

漂白剂的限量

《食品安全国家标准 食品中二氧化硫的测定》(GB 5009.34—2022),规定了食品中二氧化硫的测定方法有酸碱滴定法、分光光度法和离子色谱法。本例用酸碱滴定法进行测定。

1.原理

采用充氮蒸馏法处理试样,试样酸化后在加热条件下亚硫酸盐等系列物质释放二氧化硫,用过氧化氢溶液吸收蒸馏物,二氧化硫溶于吸收液被氧化生成硫酸,采用氢氧化钠标准溶液滴定,根据氢氧化钠标准溶液消耗量计算试样中二氧化硫的含量。

2.仪器和设备

(1)玻璃充氮蒸馏器:500 mL 或 1 000 mL,另配电热套、氮气源及气体流量计,或等效的蒸馏设备,装置原理图如图 3-2-1 所示。

微课

二氧化硫的测定

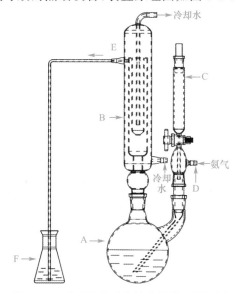

图 3-2-1 酸碱滴定法蒸馏仪器装置原理图
A—圆底烧瓶;B—竖式回流冷凝管;C—带刻度分液漏斗;
D—连接氮气流入口;E—SO$_2$ 导气口;F—接收瓶

(2)电子天平:感量为 0.01 g。

(3)10 mL 半微量滴定管和 25 mL 滴定管。

(4)粉碎机。

(5)组织捣碎机。

3.试剂和材料

除非另有说明,本方法所用试剂均为分析纯。水为 GB/T 6682—2008 规定的三级水。

(1)过氧化氢溶液(3%):量取质量分数为 30% 的过氧化氢 100 mL,加水稀释至 1 000 mL。临用时现配。

学习笔记

（2）盐酸溶液（6 mol/L）：量取盐酸（$\rho_{20}=1.19$ g/mL）50 mL，缓缓倾入 50 mL 水中，边加边搅拌。

（3）甲基红乙醇溶液指示剂（2.5 g/L）：称取甲基红指示剂 0.25 g，溶于 100 mL 无水乙醇中。

（4）氢氧化钠标准溶液（0.1 mol/L）：按照 GB/T 601—2016 配制并标定，或经国家认证并授予标准物质证书的标准溶液。

（5）氢氧化钠标准溶液（0.01 mol/L）：移取氢氧化钠标准溶液（0.1 mol/L）10.0 mL 于 100 mL 容量瓶中，加无二氧化碳的水稀释至刻度。

（6）氮气（纯度>99.9%）。

4. 分析步骤

（1）试样前处理

①液体试样

取啤酒、葡萄酒、果酒、其他发酵酒、配制酒、饮料类试样，采样量应大于 1 L，对于袋装、瓶装等包装试样需至少采集 3 个包装（同一批次或号），将所有液体在一个容器中混合均匀后，密闭并标识，供检测用。

②固体试样

取粮食加工品、固体调味品、饼干、薯类食品、糖果制品（含巧克力及制品）、代用茶、酱腌菜、蔬菜干制品、食用菌制品、其他蔬菜制品、蜜饯、水果干制品、炒货食品及坚果制品（烘炒类、油炸类、其他类）、食糖、干制水产品、熟制动物性水产品、食用淀粉、淀粉制品、淀粉糖、非发酵性豆制品、蔬菜、水果、海水制品、生干坚果与籽类食品等试样，采样量应大于 600 g，根据具体产品的不同性质和特点，直接取样，充分混合均匀，或者将可食用的部分，采用粉碎机等合适的粉碎手段进行粉碎，充分混合均匀，贮存于洁净盛样袋内，密闭并标识，供检测用。

③半流体试样

对于袋装、瓶装等包装试样需至少采集 3 个包装（同一批次或号）；对于酱、果蔬罐头及其他半流体试样，采样量均应大于 600 g，采用组织捣碎机捣碎混匀后，贮存于洁净盛样袋内，密闭并标识，供检测用。

（2）试样测定

取固体或半流体试样 20～100 g（精确至 0.01 g，取样量可视含量高低而定）；取液体试样 20～200 mL(g)，将称量好的试样置于图 3-2-1 圆底烧瓶 A 中，加水 200～500 mL。安装好装置后，打开回流冷凝管开关给水（冷凝水温度<15℃），将冷凝管的上端 E 口处连接的玻璃导管置于 100 mL 锥形瓶底部。锥形瓶内加入 3% 过氧化氢溶液 50 mL 作为吸收液（玻璃导管的末端应在吸收液液面以下）。在吸收液中加入 3 滴 2.5 g/L 甲基红乙醇溶液指示剂，并用氢氧化钠标准溶液（0.01 mol/L）滴定至黄色即为终点（如果超过终点，则应舍弃该吸收溶液）。开通氮气，调节气体流量计至 1.0～2.0 L/min；打开分液漏斗 C 的活塞，使 10 mL 6 mol/L 盐酸溶液快速流入蒸馏瓶，立刻加热烧瓶内的溶液至沸，并保持微沸 1.5 h，停止加热。将吸收液放冷后摇匀，用氢氧化钠标准溶液（0.01 mol/L）滴定至黄色且 20 s 不褪色，并同时进行空白试验。

5.分析结果的表述

试样中二氧化硫的含量按下式计算：

$$X = \frac{(V - V_0) \times c \times 0.032 \times 1\,000 \times 1\,000}{m}$$

式中　X——试样中二氧化硫含量(以 SO_2 计)，mg/kg 或 mg/L；

　　　V——试样溶液消耗氢氧化钠标准溶液的体积，mL；

　　　V_0——空白溶液消耗氢氧化钠标准溶液的体积，mL；

　　　c——氢氧化钠标准溶液的浓度，mol/L；

　　　0.032——1 mL 氢氧化钠标准溶液(1 mol/L)相当的二氧化硫的质量(g)，$g/mmol$；

　　　m——试样的质量或体积，g 或 mL。

计算结果保留三位有效数字。

6.精密度

在重复性条件下获得的两次独立测定结果的绝对差值不得超过算术平均值的10%。

7.注释说明

(1)适用范围：本法适用于食品中二氧化硫的测定。

(2)本法检出限与定量限：当用 0.01 mol/L 氢氧化钠标准溶液时，固体或半流体称样量为 35 g 时，检出限为 1 mg/kg，定量限为 10 mg/kg；液体取样量为 50 mL(g)时，检出限为 1 mg/L(mg/kg)，定量限为 6 mg/L(mg/kg)。

 任务准备

通过对标准的解读，将测定蜜饯中二氧化硫所需仪器和设备、试剂分别记入表 3-2-1 和表 3-2-2。

表 3-2-1　　　　　　　　　　　　　　所需仪器和设备

序号	名称	规格
1	玻璃充氮蒸馏器	500 mL 并配有电热套、氮气源及气体流量计，或等效的蒸馏设备
2	电子天平	感量为 0.01 g
3	滴定管	10 mL、25 mL
4	粉碎机	高速

表 3-2-2　　　　　　　　　　　　　　所需试剂和材料

序号	名称	规格
1	过氧化氢溶液	3%
2	盐酸溶液	6 mol/L
3	甲基红乙醇溶液指示剂	2.5 g/L
4	氢氧化钠标准溶液	0.1 mol/L
5	氢氧化钠标准溶液	0.01 mol/L
6	氮气	纯度>99.9%

食品理化检验技术

任务实施

一、操作要点(表3-2-3)

操作视频

蜜饯中二氧
化硫的测定

表 3-2-3　　　　　　　　　　操作要点

序号	内容	操作方法	操作提示	评价标准
1	试样前处理	取蜜饯试样不少于600 g,用粉碎机或高速组织捣碎机粉碎,充分混合均匀,贮存于洁净的盛样袋内,密闭并标识	1.蜜饯粘性很高,粉碎难度很大,要用高速粉碎机粉碎 2.含糖量高的试样,可以先用剪刀剪碎	• 取样量适宜 • 正确使用粉碎机,粉碎粒度适宜 • 充分混匀
2	称样	称取粉碎均匀的蜜饯试样20~100 g(精确至0.01 g),置于玻璃充氮蒸馏器的圆底烧瓶内	取样量可视二氧化硫含量高低而定	• 正确选用电子天平 • 天平操作规范
3	吸收液制备	取100 mL锥形瓶,加入3%过氧化氢溶液50 mL,再加3滴2.5 g/L甲基红乙醇溶液指示剂,用0.01 mol/L氢氧化钠标准溶液滴定至黄色即为终点	如果滴定超过终点,则应舍弃该吸收液,重新制备	• 吸收液制备方法正确 • 滴定终点判断准确
4	蒸馏	将盛有试样的圆底烧瓶中加水200~500 mL,安装好充氮蒸馏装置。打开回流冷凝管开关给水,将冷凝管的上端连接的玻璃导管置于盛有吸收液的锥形瓶底部。开通氮气,调节流量。打开分液漏斗的活塞,使10 mL 6 mol/L盐酸溶液快速流入蒸馏瓶,立刻加热烧瓶内的溶液至沸,并保持微沸1.5 h,停止加热	1.冷凝水温度<15 ℃ 2.玻璃导管的末端应在吸收液液面以下 3.气体流量计的流量调至1.0~2.0 L/min	• 正确连接蒸馏装置 • 冷凝水下进上出 • 玻璃导管末端插入锥形瓶液面下 • 氮气流量适宜 • 蒸馏温度和时间控制合理 • 蒸馏结束操作正确
5	滴定	吸收液放冷后摇匀,用0.01 mol/L氢氧化钠标准溶液滴定至黄色且20 s不褪色,同时做空白试验	锥形瓶中溶液呈黄色且20 s不褪色即为滴定终点	• 滴定操作规范 • 滴定终点判断准确 • 空白试验操作正确

160

二、数据记录及处理(表3-2-4)

表 3-2-4　　　　　　　　　　　蜜饯中二氧化硫测定数据

基本信息	样品名称		样品编号	
	检测项目		检测日期	
	检测依据		检测方法	
检测数据	样品编号		1	2
	试样质量			
	氢氧化钠标准溶液浓度/(mol·L^{-1})			
	滴定试样所用的氢氧化钠标准溶液体积 V/mL			
	空白试验所用的氢氧化钠标准溶液体积 V_0/mL			
结果计算	样品编号		1	2
	计算公式			
	试样中二氧化硫含量 X(以 SO_2 计)/(mg·kg^{-1})			
结果评判	精密度评判			
	$\overline{X}$/(mg·kg^{-1})			
	蜜饯中二氧化硫含量评判依据			
	蜜饯中二氧化硫含量评判结果			
检验结论				

三、问题探究

1.二氧化硫测定中,通入氮气的作用是什么? 应注意哪些问题?

通入氮气首先起到保护作用,因为氮气化学性质稳定,不与二氧化硫反应,可以防止空气中的氧气进入将亚硫酸氧化。其次,通入氮气可以使反应产生的二氧化硫气体充分逸出。

应注意:加热前,应先打开氮气,加热完毕后,取走吸收液之后再关闭氮气。蒸馏过程中要保证氮气流速均匀。

2. 在制备吸收液时,小明用氢氧化钠标准溶液滴定3%过氧化氢溶液的过程中不小心超过了终点,吸收液还能继续使用吗?

应舍弃该吸收液,重新制备。

任务总结

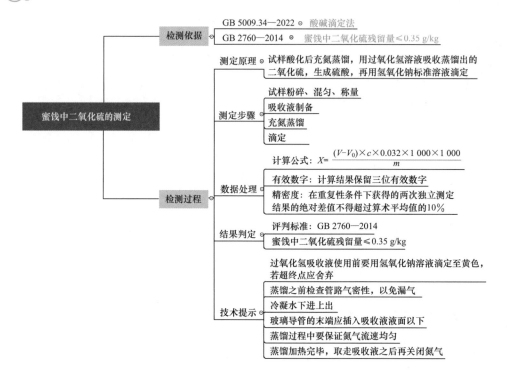

蜜饯中二氧化硫的测定
- 检测依据
  - GB 5009.34—2022 ○ 酸碱滴定法
  - GB 2760—2014 ○ 蜜饯中二氧化硫残留量≤0.35 g/kg
- 检测过程
  - 测定原理 ○ 试样酸化后充氮蒸馏，用过氧化氢溶液吸收蒸馏出的二氧化硫，生成硫酸，再用氢氧化钠标准溶液滴定
  - 测定步骤
    - 试样粉碎、混匀、称量
    - 吸收液制备
    - 充氮蒸馏
    - 滴定
  - 数据处理
    - 计算公式：$X = \dfrac{(V-V_0) \times c \times 0.032 \times 1\,000 \times 1\,000}{m}$
    - 有效数字：计算结果保留三位有效数字
    - 精密度：在重复性条件下获得的两次独立测定结果的绝对差值不得超过算术平均值的10%
  - 结果判定
    - 评判标准：GB 2760—2014
    - 蜜饯中二氧化硫残留量≤0.35 g/kg
  - 技术提示
    - 过氧化氢吸收液使用前要用氢氧化钠溶液滴定至黄色，若超终点应舍弃
    - 蒸馏之前检查管路气密性，以免漏气
    - 冷凝水下进上出
    - 玻璃导管的末端应插入吸收液液面以下
    - 蒸馏过程中要保证氮气流速均匀
    - 蒸馏加热完毕，取走吸收液之后再关闭氮气

任务评价

蜜饯中二氧化硫测定评价见表 3-2-5。

表 3-2-5　　　　　　　　　　　蜜饯中二氧化硫测定评价

评价类别	项目	要求	互评	师评
专业能力（60%）	方案（10%）	正确选用标准（5%）		
		所设计实验方案可行性强（5%）		
	实施（30%）	正确处理蜜饯试样（5%）		
		正确制备吸收液（5%）		
		充氮蒸馏操作正确（5%）		
		氮气流量操作正确（5%）		
		蒸馏结果操作正确（5%）		
		滴定终点判断准确（5%）		
	结果（20%）	原始数据记录准确、美观（5%）		
		公式正确，计算过程正确（5%）		
		正确保留有效数字（5%）		
		精密度符合要求（5%）		

（续表）

评价类别	项目	要求	互评	师评
职业素养 （40%）	解决问题（5%）	及时发现问题并提出解决方案（5%）		
	团队协作（10%）	小组成员合作良好，对小组有贡献（10%）		
	职业规范（10%）	着装规范（5%）		
		节约、安全、环保意识（5%）		
	职业道德（5%）	诚信意识（5%）		
	职业精神（10%）	耐心细致、吃苦耐劳精神（5%）		
		严谨求实、精益求精的科学态度（5%）		
合计				

任务拓展

依据1+X粮农食品安全评价及食品检验管理职业技能等级证书要求，针对食品中二氧化硫的测定，课外应加强以下方面的学习和训练。

1.通过酸碱滴定法测定蜜饯中的二氧化硫，延伸学习分光光度法测定食品中的二氧化硫，达到举一反三的目的。

2.总结二氧化硫测定中影响结果精密度与准确度的因素。

任务巩固

在线自测

请将酸碱滴定法测定蜜饯中二氧化硫的流程填写完整。

试样前处理→□□□□□→连接蒸馏装置→□□□□□→氢氧化钠标准溶液滴定→空白试验→计算

任务三　防腐剂的测定

任务目标

1.能查阅并解读食品中苯甲酸、山梨酸的测定标准，能查询苯甲酸、山梨酸的使用范围和最大使用量；

2.能规范使用和维护气相色谱仪，正确设置色谱条件，准确测定食品中苯甲酸、山梨酸的含量；

3.能识别色谱图，进行定性、定量分析；

4.能如实填写原始记录，正确处理检测数据，规范填写检验报告；

5.学会以唯物辩证的、科学发展的观点看待问题；

6.培养爱国情怀、专业认同感和职业担当精神。

任务背景

酱油中防腐剂使用比较普遍，特别是苯甲酸和山梨酸检出率较高。为了解市售酱油中苯甲酸和山梨酸含量，小明随机抽取某品牌的酿造酱油进行检测。

任务描述

酱油是以大豆和(或)脱脂大豆、小麦和(或)小麦粉和(或)麦麸为原料,经微生物发酵制成的具有特殊色、香、味的液体调味品。酱油是我国传统的使用最广的调味品,它赋予食品以适当的色、香、味,具有调味之功用。

酱油营养丰富,因此适于微生物生长繁殖。为了保藏酱油,防止酱油腐败变质,保持酱油的鲜度和良好的品质,达到其对保质期的要求,在酱油中一般都使用食品防腐剂如苯甲酸、山梨酸,但过多防腐剂会严重损害人体健康,国家对防腐剂的使用有严格限量规定。《食品安全国家标准 食品添加剂使用标准》(GB 2760—2014)中规定酱油中苯甲酸及其钠盐最大使用量为 1.0 g/kg(以苯甲酸计),山梨酸及其钾盐最大使用量为 1.0 g/kg(以山梨酸计)。

 任务分析

通过查阅《食品安全国家标准 酱油》(GB 2717—2018)、《食品安全国家标准 食品中苯甲酸、山梨酸和糖精钠的测定》(GB 5009.28—2016)及《食品安全国家标准 食品添加剂使用标准》(GB 2760—2014),小组讨论后制订检验方案,用气相色谱法测定酱油中苯甲酸、山梨酸的含量,并与 GB 2760—2014 规定的苯甲酸及其钠盐、山梨酸及其钾盐最大使用量比较,以确定酱油中苯甲酸和山梨酸含量是否合规。

 相关知识

一、 常用的防腐剂

防腐剂是能防止食品腐败变质、延长食品贮存期的物质。防腐剂使用简单,可使食品在常温下及简易保藏条件下短期贮藏。随着食品保藏新工艺、新设备的不断完善,防腐剂将逐步减少使用,甚至不用。

目前我国允许在一定量内使用的防腐剂有 30 多种,其中最常用的是苯甲酸和山梨酸及其盐。苯甲酸的毒性比山梨酸强,而且在相同的酸度值下抑菌效力仅为山梨酸的 1/3,因此许多国家已逐步改用山梨酸。山梨酸及其盐类抗菌力强,毒性小,是一种不饱和脂肪酸,可参与人体的正常代谢。山梨酸由于防腐效果好,对食品口味亦无不良影响,已越来越受欢迎。

二、 苯甲酸及使用限量

苯甲酸又名安息香酸,微溶于水,易溶于氯仿、丙酮、乙醇、乙醚等有

小贴士

有些食品,如罐头、食盐等,其加工工艺或本身性质可以保障食品在贮存期内不会因微生物繁殖而变质,因此并不需要使用防腐剂来保质。而有些食品因生产工艺的需要,在生产过程中则需要使用防腐剂来抑制或杀死微生物,以保证食品的安全食用。因此,我们要理性看待防腐剂,不要被"不添加防腐剂"所迷惑。

机溶剂,化学性质较稳定。苯甲酸在水中的溶解度小,故多使用其钠盐。苯甲酸钠为白色颗粒或结晶性粉末,无嗅或微有安息香气味,在空气中稳定,易溶于水和乙醇等极性溶剂,难溶于弱极性有机溶剂,其水溶液呈弱碱性(pH 约为 8),在酸性条件下(pH 为 2.5～4.0)能转化为苯甲酸。

在酸性条件下苯甲酸及苯甲酸钠防腐效果较好,适宜用于酸性食品的防腐,在 pH 为 2.5～4.0 时其抑菌作用较好;当 pH＞5.5 时,抑菌效果明显减弱,对霉菌和酵母菌的抑制效果甚差。

苯甲酸进入人体后,大部分与甘氨酸结合形成无害的马尿酸,其余部分与葡萄糖醛酸结合生成苯甲酸葡萄糖醛酸甙从尿中排出,不在人体内积累。我国允许在酱油、腌渍蔬菜、胶基糖果、饮料等食品中必要时使用。《食品安全国家标准 食品添加剂使用标准》(GB 2760—2014)对食品中苯甲酸及其钠盐的最大使用量做了具体规定。

三、 山梨酸及使用限量

山梨酸又名花揪酸,为无色、无嗅的针状结晶,熔点为 134 ℃,沸点为 228 ℃。山梨酸难溶于水,易溶于乙醇、乙醚、氯仿等有机溶剂,在酸性条件下可随水蒸气蒸馏,化学性质稳定。山梨酸钾易溶于水,难溶于有机溶剂,与酸作用生成山梨酸。山梨酸及其钾盐是用于酸性食品的防腐剂,适合在 pH 为 5～6 的环境下使用。

山梨酸是一种不饱和脂肪酸,在人体内正常参与代谢作用,氧化生成 CO_2 和 H_2O,所以对人体几乎没有毒性,是一种比苯甲酸更安全的防腐剂。我国《食品安全国家标准 食品添加剂使用标准》(GB 2760—2014)对食品中山梨酸及其钾盐的最大使用量做了具体规定。

四、 山梨酸、苯甲酸的测定

《食品安全国家标准 食品中苯甲酸、山梨酸和糖精钠的测定》(GB 5009.28—2016)规定食品中苯甲酸、山梨酸和糖精钠的测定方法有液相色谱法和气相色谱法。

(一)液相色谱法

1. 原理

样品经水提取,高脂肪样品经正己烷脱脂、高蛋白样品经蛋白沉淀剂沉淀蛋白,采用液相色谱分离、紫外检测器检测,外标法定量。

2. 仪器和设备

(1)高效液相色谱仪:配紫外检测器。

(2)天平:感量为 1 mg 和 0.1 mg。

3D虚拟仿真

苯甲酸的测定

3D虚拟仿真

液相色谱仪

（3）旋涡振荡器。

（4）离心机：转速＞8 000 r/min。

（5）匀浆机。

（6）恒温水浴锅。

（7）超声波发生器。

课程思政

马丁和辛格

3. 试剂和材料

除非另有说明，本方法所用试剂均为分析纯，水为 GB/T 6682—2008 规定的一级水。

（1）无水乙醇（CH_3CH_2OH）。

（2）正己烷（C_6H_{14}）。

（3）甲醇（CH_3OH）：色谱纯。

（4）氨水溶液（1＋99）：取氨水 1 mL，加到 99 mL 水中，混匀。

（5）亚铁氰化钾溶液（92 g/L）：称取 106 g 亚铁氰化钾 [$K_4Fe(CN)_6 \cdot 3H_2O$]，加入适量水溶解，用水定容至 1 000 mL。

（6）乙酸锌溶液（183 g/L）：称取 220 g 乙酸锌 [$Zn(CH_3COO)_2 \cdot 2H_2O$] 溶于少量水中，加入 30 mL 冰乙酸，用水定容至 1 000 mL。

（7）乙酸铵溶液（20 mmol/L）：称取 1.54 g 乙酸铵，加入适量水溶解，用水定容至 1 000 mL，经 0.22 μm 水相微孔滤膜过滤后备用。

（8）甲酸-乙酸铵溶液（2 mmol/L 甲酸＋20 mmol/L 乙酸铵）：称取 1.54 g 乙酸铵，加入适量水溶解，再加入 75.2 μL 甲酸，用水定容至 1 000 mL，经 0.22 μm 水相微孔滤膜过滤后备用。

（9）苯甲酸钠（C_6H_5COONa，CAS 号：532-32-1），纯度≥99.0%；或苯甲酸（C_6H_5COOH，CAS 号：65-85-0），纯度≥99.0%，或经国家认证并授予标准物质证书的标准物质。

（10）山梨酸钾（$C_6H_7KO_2$，CAS 号：590-00-1），纯度≥99.0%；或山梨酸（$C_6H_8O_2$，CAS 号：110-44-1），纯度≥99.0%，或经国家认证并授予标准物质证书的标准物质。

（11）糖精钠（$C_6H_4CONNaSO_2$，CAS 号：128-44-9），纯度≥99%，或经国家认证并授予标准物质证书的标准物质。

（12）水相微孔滤膜：0.22 μm。

（13）塑料具塞离心管：50 mL。

4. 标准溶液配制

（1）苯甲酸、山梨酸和糖精钠（以糖精计）标准储备液（1 000 mg/L）：分别准确称取苯甲酸钠、山梨酸钾和糖精钠 0.118 g、0.134 g 和 0.117 g（精确到 0.000 1 g），用水溶解并分别定容至 100 mL。于 4 ℃贮存，保存期为 6 个月。当使用苯甲酸和山梨酸标准品时，需要用甲醇溶解并定容。

（2）苯甲酸、山梨酸和糖精钠（以糖精计）混合标准中间溶液（200 mg/L）：分别准确吸取苯甲酸、山梨酸和糖精钠标准储备液各 10.0 mL 于 50 mL 容量瓶中，用水定容。于 4 ℃贮存，保存期为 3 个月。

（3）苯甲酸、山梨酸和糖精钠（以糖精计）混合标准系列工作溶液：分别准确吸取苯甲酸、山梨酸和糖精钠混合标准中间溶液 0.00 mL、0.05 mL、0.25 mL、0.50 mL、1.00 mL、2.50 mL、5.00 mL 和 10.00 mL，用水定容至 10 mL，配制成质量浓度分别为 0.00 mg/L、1.00 mg/L、5.00 mg/L、10.00 mg/L、20.00 mg/L、50.00 mg/L、100.00 mg/L 和 200.00 mg/L 的混合标准系列工作溶液。临用现配。

5.分析步骤

（1）试样制备

取多个预包装的饮料、液态奶等均匀样品直接混合；非均匀的液态、半固态样品用组织匀浆机匀浆；固体样品用研磨机充分粉碎并搅拌均匀；奶酪、黄油、巧克力等采用 50～60 ℃加热熔融，并趁热充分搅拌均匀。取其中的 200 g 装入玻璃容器中，密封，液体试样于 4 ℃保存，其他试样于 −18 ℃保存。

（2）试样提取

①一般性试样

准确称取约 2 g（精确到 0.001 g）试样于 50 mL 具塞离心管中，加水约 25 mL，用旋涡振荡器涡旋混匀，于 50 ℃水浴中超声 20 min，冷却至室温后加亚铁氰化钾溶液 2 mL 和乙酸锌溶液 2 mL，混匀，于 8 000 r/min 离心 5 min，将水相转移至 50 mL 容量瓶中，于残渣中加水 20 mL，涡旋混匀后超声 5 min，于 8 000 r/min 离心 5 min，将水相转移到同一 50 mL 容量瓶中，并用水定容至刻度，混匀。取适量上清液过 0.22 μm 滤膜，待液相色谱测定。

②含胶基的果冻、糖果等试样

准确称取约 2 g（精确到 0.001 g）试样于 50 mL 具塞离心管中，加水约 25 mL，涡旋混匀，于 70 ℃水浴中加热溶解试样，于 50 ℃水浴超声 20 min，之后的操作同①。

③油脂、巧克力、奶油、油炸食品等高油脂试样

准确称取约 2 g（精确到 0.001 g）试样于 50 mL 具塞离心管中，加正己烷 10 mL，于 60 ℃水浴中加热约 5 min，并不时轻摇以溶解脂肪，然后加氨水溶液（1+99）25 mL，乙醇 1 mL，涡旋混匀，于 50 ℃水浴中超声 20 min，冷却至室温后，加亚铁氰化钾溶液 2 mL 和乙酸锌溶液 2 mL，混匀，于 8 000 r/min 离心 5 min，弃去有机相，水相转移至 50 mL 容量瓶中，残渣同①再提取一次后测定。

（3）仪器参考条件

①色谱柱：C_{18} 柱，柱长 250 mm，内径 4.6 mm，粒径 5 μm，或等效色谱柱。

②流动相：甲醇＋乙酸铵溶液＝5＋95。

③流速：1 mL/min。

④检测波长：230 nm。

⑤进样量：10 μL。

小提示

　　碳酸饮料、果酒、果汁、蒸馏酒等测定时可以不加蛋白沉淀剂。

学习笔记

1 mg/L 苯甲酸、山梨酸和糖精钠标准溶液液相色谱如图 3-3-1 所示。

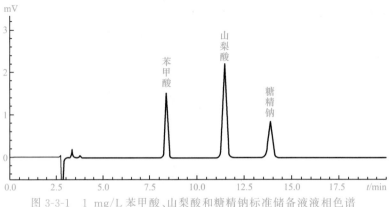

图 3-3-1　1 mg/L 苯甲酸、山梨酸和糖精钠标准储备液液相色谱
（流动相：甲醇＋乙酸铵溶液＝5＋95）

当存在干扰峰或需要辅助定性时，可以采用加入甲酸的流动相来测定，如流动相：甲醇＋甲酸-乙酸铵溶液＝8＋92，参考色谱如图 3-3-2 所示。

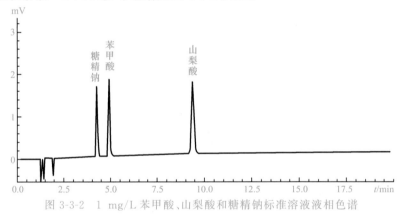

图 3-3-2　1 mg/L 苯甲酸、山梨酸和糖精钠标准溶液液相色谱
（流动相：甲醇＋甲酸-乙酸铵溶液＝8＋92）

（4）标准曲线的制作

将混合标准系列工作溶液分别注入液相色谱仪中，测定相应的峰面积，以混合标准系列工作溶液的质量浓度为横坐标，以峰面积为纵坐标，绘制标准曲线。

（5）试样溶液的测定

将试样溶液注入液相色谱仪中，得到峰面积，根据标准曲线得到待测液中苯甲酸、山梨酸和糖精钠（以糖精计）的质量浓度。

6. 分析结果的表述

试样中苯甲酸、山梨酸和糖精钠（以糖精计）的含量按下式计算

$$X = \frac{\rho \times V}{m \times 1\,000}$$

式中　X——试样中待测组分含量，g/kg；

　　　ρ——由标准曲线得出的试样液中待测物的质量浓度，mg/L；

　　　V——试样定容体积，mL；

　　　m——试样质量，g；

　　　$1\,000$——由 mg/kg 转换为 g/kg 的换算因子。

计算结果保留三位有效数字。

7.精密度

在重复性条件下获得的两次独立测定结果的绝对差值不得超过算术平均值的10%。

8.注释说明

(1)适用范围:本法适用于食品中苯甲酸、山梨酸和糖精钠的测定。

(2)取样量2 g,定容50 mL时,苯甲酸、山梨酸和糖精钠(以糖精计)的检出限均为0.005 g/kg,定量限均为0.01 g/kg。

(二)气相色谱法

1.原理

试样经盐酸酸化后,用乙醚提取苯甲酸、山梨酸,采用气相色谱-氢火焰离子化检测器进行分离测定,外标法定量。

2.仪器和设备

(1)气相色谱仪:带氢火焰离子化检测器(FID)。

(2)天平:感量为1 mg和0.1 mg。

(3)旋涡振荡器。

(4)离心机:转速≥8 000 r/min。

(5)匀浆机。

(6)氮吹仪。

3D虚拟仿真

旋涡振荡器

3.试剂和材料

除非另有说明,本方法所用试剂均为分析纯,水为GB/T 6682—2008规定的一级水。

(1)乙醚($C_2H_5OC_2H_5$)。

(2)乙醇(C_2H_5OH)。

(3)正己烷(C_6H_{14})。

(4)乙酸乙酯($CH_3CO_2C_2H_5$):色谱纯。

(5)氯化钠(NaCl)。

(6)盐酸溶液(1+1):取50 mL盐酸,边搅拌边慢慢加到50 mL水中,混匀。

(7)正己烷-乙酸乙酯混合溶液(1+1):取100 mL正己烷和100 mL乙酸乙酯,混匀。

(8)无水硫酸钠(Na_2SO_4):500 ℃烘8 h,于干燥器中冷却至室温后备用。

(9)苯甲酸(C_6H_5COOH,CAS号:65-85-0),纯度≥99.0%,或经国家认证并授予标准物质证书的标准物质。

(10)山梨酸($C_6H_8O_2$,CAS号:110-44-1),纯度≥99.0%,或经国家认证并授予标准物质证书的标准物质。

(11)塑料离心管:50 mL。

学习笔记

学习笔记

4.标准溶液配制

(1)苯甲酸、山梨酸标准储备液(1 000 mg/L):分别准确称取苯甲酸、山梨酸各 0.1 g(精确到 0.000 1 g),用甲醇溶解并分别定容至 100 mL。转移至密闭容器中,于-18 ℃贮存,保存期为 6 个月。

(2)苯甲酸、山梨酸混合标准中间溶液(200 mg/L):分别准确吸取苯甲酸、山梨酸标准储备液各 10.0 mL 于 50 mL 容量瓶中,用乙酸乙酯定容。转移至密闭容器中,于-18 ℃贮存,保存期为 3 个月。

(3)苯甲酸、山梨酸混合标准系列工作溶液:分别准确吸取苯甲酸、山梨酸混合标准中间溶液 0.00 mL、0.05 mL、0.25 mL、0.50 mL、1.00 mL、2.50 mL、5.00 mL 和 10.00 mL,用正己烷-乙酸乙酯混合溶液(1+1)定容至 10 mL,配制成质量浓度分别为 0.00 mg/L、1.00 mg/L、5.00 mg/L、10.00 mg/L、20.00 mg/L、50.00 mg/L、100.00 mg/L 和 200.00 mg/L 的混合标准系列工作溶液。临用现配。

5.分析步骤

(1)试样制备

取多个预包装的样品,其中均匀样品直接混合,非均匀样品用组织匀浆机充分搅拌均匀,取其中的 200 g 装入洁净的玻璃容器中,密封,水溶液于 4 ℃保存,其他试样于-18 ℃保存。

(2)试样提取

准确称取 2.5 g(精确至 0.001 g)试样于 50 mL 离心管中,加 0.5 g 氯化钠、0.5 mL 盐酸溶液(1+1)和 0.5 mL 乙醇,用 15 mL 和 10 mL 乙醚提取两次,每次振摇 1 min,于 8 000 r/min 离心 3 min。每次均将上层乙醚提取液通过无水硫酸钠滤入 25 mL 容量瓶中。加乙醚清洗无水硫酸钠层并收集至约 25 mL,最后用乙醚定容,混匀。准确吸取 5 mL 乙醚提取液于 5 mL 具塞刻度试管中,于 35 ℃氮吹至干,加入 2 mL 正己烷-乙酸乙酯混合溶液(1+1)溶解残渣,待气相色谱测定。

(3)仪器参考条件

想一想

提取过程中无水硫酸钠的作用是什么?

①色谱柱:聚乙二醇毛细管气相色谱柱,内径为 320 μm,长为 30 m,膜厚度为 0.25 μm,或等效色谱柱。

②载气:氮气,流速 3 mL/min。

③空气:400 L/min。

④氢气:40 L/min。

⑤进样口温度:250 ℃。

⑥检测器温度:250 ℃。

⑦柱温程序:初始温度 80 ℃,保持 2 min,以 15 ℃/min 的速率升温至 250 ℃,保持 5 min。

⑧进样量:2 μL。

⑨分流比:10∶1。

（4）标准曲线的制作

将混合标准系列工作溶液分别注入气相色谱仪中，以质量浓度为横坐标，以峰面积为纵坐标，绘制标准曲线。

（5）试样溶液的测定

将试样溶液注入气相色谱仪中，得到峰面积，根据标准曲线得到待测液中苯甲酸、山梨酸的质量浓度。

6.分析结果的表述

试样中苯甲酸、山梨酸含量按下式进行计算

$$X = \frac{\rho \times V \times 25}{m \times 5 \times 1\ 000}$$

式中　X——试样中待测组分含量，g/kg；

　　　ρ——由标准曲线得出的样液中待测物的质量浓度，mg/L；

　　　V——加入正己烷-乙酸乙酯混合溶液（1+1）的体积，mL；

　　　25——试样乙醚提取液的总体积，mL；

　　　m——试样的质量，g；

　　　5——测定时吸取乙醚提取液的体积，mL；

　　　1 000——由 mg/kg 转换为 g/kg 的换算因子。

计算结果保留三位有效数字。

7.精密度

在重复性条件下获得的两次独立测定结果的绝对差值不得超过算术平均值的10%。

8.注释说明

(1)适用范围：本法适用于酱油、水果汁、果酱中苯甲酸、山梨酸的测定。

(2)取样量 2.5 g，按试样前处理方法操作，最后定容到 2 mL 时，苯甲酸、山梨酸的检出限均为 0.005 g/kg，定量限均为 0.01 g/kg。

(3)100 mg/L 苯甲酸、山梨酸标准溶液气相色谱如图 3-3-3 所示。

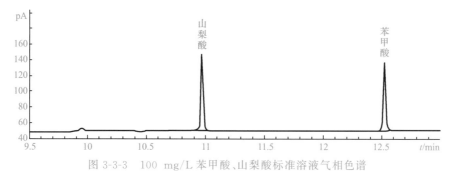

图 3-3-3　100 mg/L 苯甲酸、山梨酸标准溶液气相色谱

任务准备

通过对标准的解读，将测定酱油中苯甲酸、山梨酸所需仪器和设备、试剂和材料分别记入表 3-3-1 和表 3-3-2。

表 3-3-1 　　　　　　　　　　　　　　所需仪器和设备

序号	名称	规格
1	气相色谱仪	带氢火焰离子化检测器（FID）
2	天平	感量为 1 mg 和 0.1 mg
3	旋涡振荡器	
4	离心机	转速＞8 000 r/min
5	匀浆机	
6	氮吹仪	

表 3-3-2 　　　　　　　　　　　　　　所需试剂和材料

序号	名称	规格
1	盐酸溶液	1＋1
2	氯化钠（Nacl）	40 g/L
3	正己烷-乙酸乙酯混合液	1＋1
4	无水硫酸钠（Na₂SO₄）	500 ℃烘 8 h，于干燥器中冷却至室温后备用
5	苯甲酸、山梨酸标准储备液	1 000 mg/L
6	苯甲酸、山梨酸混合标准中间溶液	200 mg/L
7	塑料离心管	50 mL

任务实施

一、操作要点（表 3-3-3）

表 3-3-3 　　　　　　　　　　　　　　操作要点

序号	内容	操作方法	操作提示	评价标准
1	混合标准系列溶液制备	分别准确吸取苯甲酸、山梨酸混合标准中间液 0.00 mL、0.05 mL、0.25 mL、0.50 mL、1.00 mL、2.50 mL、5.00 mL 和 10.00 mL，用正己烷-乙酸乙酯混合溶液（1＋1）定容至 10 mL，配制混合标准系列工作溶液	苯甲酸、山梨酸混合标准系列工作溶液要临用现配	• 移液操作规范 • 容量瓶准确定容
2	试样提取	准确称取 2.5 g（精确至 0.001 g）试样于 50 mL 离心管中，加 0.5 g 氯化钠、0.5 mL 盐酸溶液（1＋1）和 0.5 mL 乙醇，用 15 mL 和 10 mL 乙醚提取两次，每次振摇 1 min，于 8 000 r/min 离心 3 min。每次均将上层乙醚提取液通过无水硫酸钠滤入 25 mL 容量瓶中。加乙醚清洗无水硫酸钠层并收集至约 25 mL 刻度，最后用乙醚定容，混匀	1. 因为山梨酸/苯甲酸钠（钾）沸点高、极性强，无法用气相色谱仪直接测定，样品处理时酸化，可使山梨酸/苯甲酸的盐转变为山梨酸/苯甲酸 2. 乙醚提取液应用无水硫酸钠充分脱水，否则进样溶液中含水会影响测定结果。 3. 乙醚极易挥发，实验室温度要控制在 20 ℃，在通风橱中操作	• 试样要充分混匀 • 正确称取样品 • 提取操作熟练、准确、连贯，提取液无遗漏 • 正确使用离心机 • 正确过滤 • 无水硫酸钠脱水充分 • 正确定容、混匀

（续表）

序号	内容	操作方法	操作提示	评价标准
3	氮吹浓缩	准确吸取 5 mL 乙醚提取液于 5 mL 具塞刻度试管中,于 35 ℃氮吹至干,加入 2 mL 正己烷-乙酸乙酯混合溶液(1+1)溶解残渣,待气相色谱测定	氮吹至干	• 氮吹在通风橱中进行 • 氮吹温度设置合理 • 氮吹操作规范
4	设置色谱条件	色谱柱:聚乙二醇毛细管气相色谱柱,30 m×320 μm×0.25 μm,或等效色谱柱 载气:氮气,流速 3 mL/min 空气:400 L/min 氢气:40 L/min 进样口温度:250 ℃ 检测器温度:250 ℃ 柱温程序:80 ℃(保持 2 min)$\xrightarrow{15\ ℃/min}$250 ℃(保持 5 min) 进样量:2 μL 分流比:10:1	1. 气相色谱仪要遵守"先通气、后开电,先关电、后关气"的基本操作原则 2. 氮气和空气、氢气之比按各仪器型号不同选择各自的最佳比例 3. 在气相色谱仪上的出峰次序为先出山梨酸,后出苯甲酸	• 开机预热、检查正确 • 开机顺序正确 • 点火操作正确 • 检测条件设置正确 • 样品参数设置正确 • 色谱工作站分析方法设置正确
5	标准曲线的制作	依次分别进样 2 μL 苯甲酸、山梨酸混合标准系列工作溶液于气相色谱仪中,分别测得不同浓度山梨酸、苯甲酸的峰面积,以质量浓度为横坐标,以峰面积为纵坐标,绘制标准曲线	标准曲线的线性范围应根据待测组分含量而定,尽量使待测组分含量处于标准曲线中间位置	• 进样正确 • 气相色谱仪操作规范 • 正确绘制标准曲线
6	试样溶液的测定	进样 2 μL,测得峰面积,根据标准曲线得到待测液中苯甲酸、山梨酸的质量浓度	按照与标准系列溶液相同的仪器条件进行样品溶液的检测	• 正确测定试样 • 关闭气路顺序正确 • 关机顺序正确

二、数据记录及处理(表 3-3-4、表 3-3-5)

表 3-3-4　　　　　　　　　　色谱图中各色谱峰的峰面积

溶液	编号	1	2	3	4	5	6	7	8	样1	样2
山梨酸	200 mg/L 标液体积/mL	0.00	0.05	0.25	0.50	1.00	2.50	5.00	10.0	—	—
	定容体积/mL	10.00	10.00	10.00	10.00	10.00	10.00	10.00	10.00		
	质量浓度/(mg·L^{-1})	0.00	1.00	5.00	10.0	20.0	50.0	100	200		
	峰面积										

（续表）

溶液	编号	1	2	3	4	5	6	7	8	样1	样2
苯甲酸	200 mg/L 标液体积/mL	0.00	0.05	0.25	0.50	1.00	2.50	5.00	10.0	—	—
	定容体积/mL	10.00	10.00	10.00	10.00	10.00	10.00	10.00	10.00		
	质量浓度/(mg·L^{-1})	0.00	1.00	5.00	10.0	20.0	50.0	100	200		
	峰面积										

表 3-3-5　　　　　　　　　酱油中苯甲酸、山梨酸测定数据

基本信息		样品名称		样品编号	
		检测项目		检测日期	
		检测依据		检测方法	
	气相色谱条件	色谱柱		载气	
		空气流速		氢气流速	
		进样口温度		检测器温度	
		柱温程序			
		进样量		分流比	

	样品编号	1	2
检测数据	称取试样质量 m/g		
	由标准曲线得出的样液中苯甲酸的质量浓度 ρ_1/(mg·L^{-1})		
	由标准曲线得出的样液中山梨酸的质量浓度 ρ_2/(mg·L^{-1})		
结果计算	计算公式		
	酱油中苯甲酸含量 X_1/(g·kg^{-1})		
	酱油中山梨酸含量 X_2/(g·kg^{-1})		
结果评判	精密度评判		
	$\overline{X_1}$/(g·kg^{-1})		
	$\overline{X_2}$/(g·kg^{-1})		
	酱油中苯甲酸含量评判依据		
结果评判	酱油中苯甲酸含量评判结果		
	酱油中山梨酸含量评判依据		
	酱油中山梨酸含量评判结果		
检验结论			

三、问题探究

1. 小明在试样提取过程中，通过无水硫酸钠层过滤后的乙醚提取液氮吹浓缩时析出了少量的白色氯化钠，会对检测结果有影响吗？该如何处理？

　　析出的氯化钠会覆盖部分苯甲酸、山梨酸,使测定结果偏低。当出现此情况时,应搅松残留的无机盐后加入石油醚-乙醚(3+1)振摇,取上清液进样。

　　2.影响外标法分析准确度的主要因素有哪些?

　　气相色谱的外标法,要求在绘制标准曲线和测试试样时,每次进样的量要相等,操作条件要完全一致,这样才能通过比较峰面积来准确确定各次进样中被测元素的相对含量,这两点是制约外标法测量准确度的主要因素。

任务总结

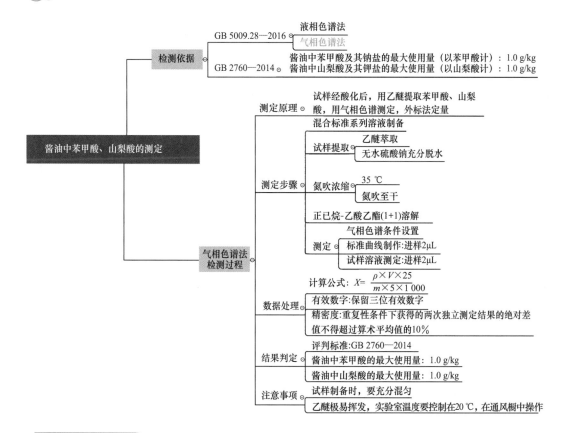

任务评价

　　酱油中苯甲酸、山梨酸测定评价见表 3-3-6。

表 3-3-6　　　　　　　　酱油中苯甲酸、山梨酸测定评价

评价类别	项目	要求	互评	师评
专业能力 (60%)	方案(10%)	正确选用标准(5%)		
		所设计实验方案可行性强(5%)		
	实施(30%)	正确制备标准系列工作溶液(5%)		
		正确称取样品并酸化(5%)		

（续表）

评价类别	项目	要求	互评	师评
专业能力（60%）	实施（30%）	正确用乙醚提取试样,离心操作正确（5%）		
		色谱条件设置正确（5%）		
		气相色谱仪使用方法正确（5%）		
		正确测定标准系列溶液与试样溶液（5%）		
	结果（20%）	原始数据记录准确、整洁（5%）		
		公式正确,计算过程正确（5%）		
		正确保留有效数字（5%）		
		标准曲线符合规范要求（5%）		
职业素养（40%）	解决问题（5%）	及时发现问题并提出解决方案（5%）		
	团队协作（10%）	小组成员合作良好,对小组有贡献（10%）		
	职业规范（10%）	着装规范（5%）		
		节约、安全、环保意识（5%）		
	职业道德（5%）	诚信意识（5%）		
	职业精神（10%）	耐心细致、吃苦耐劳精神（5%）		
		严谨求实、精益求精的科学态度（5%）		
合计				

任务拓展

依据 1＋X 粮农食品安全评价及食品检验管理职业技能等级证书要求,针对食品防腐剂的测定,课外加强以下方面的学习和训练。

1. 通过学习气相色谱法测定酱油中苯甲酸、山梨酸的含量,延伸至学习液相色谱法测定各类食品中的苯甲酸、山梨酸,达到举一反三的目的。

2. 总结气相色谱法测定食品中苯甲酸、山梨酸中影响测定结果精密度与准确度的因素。

任务巩固

1. 填写流程图

请将气相色谱法测定酱油中苯甲酸、山梨酸的流程填写完整。

在线自测

混合标准系列溶液制备→乙醚萃取→ [ ] →氮吹浓缩→ [ ] →
设置色谱条件→标准曲线制作→试样溶液测定→结果计算

2. 计算题

小明用气相色谱法测定食品调味剂中苯甲酸含量,外标法定量。进样标准溶液（苯甲酸 276 mg/L）2 μL,其峰面积为 1 445;取某食品调味剂,称量 1.42 g,加盐酸溶液（1＋1）,用乙醚提取两次,离心分离后上层乙醚提取液通过无水硫酸钠过滤,收集乙醚层。蒸干,残渣用 5 mL 正己烷-乙酸乙酯混合溶液（1＋1）溶解,进样 2 μL,其苯甲酸峰面积为 1 662,该食品调味剂中苯甲酸含量是否符合标准要求（≤1.0 g/kg）?

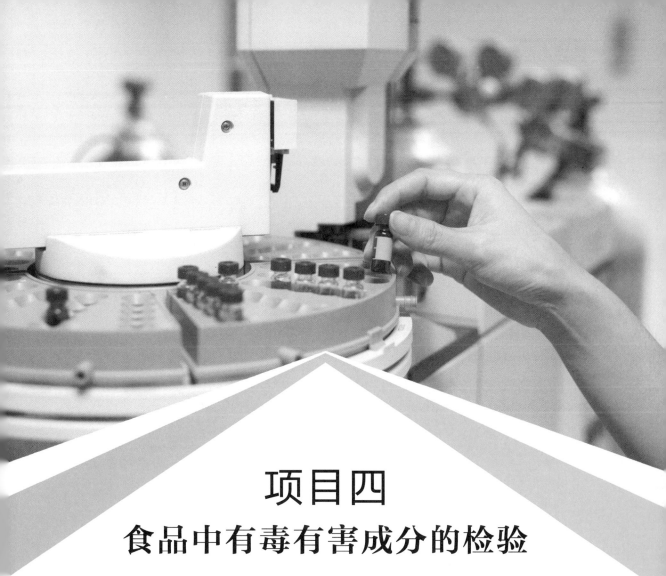

项目四
食品中有毒有害成分的检验

项目描述

  食品中有毒有害成分是指食品在生产、加工、包装、运输、贮藏、销售等各个环节中产生、引入或污染的,对人体有毒害的物质。食品中的有毒有害成分不同程度地危害着人类健康。对食品中的有毒有害成分进行分析检验,有利于加强食品质量的监督管理,保障人民的身体健康。因此,食品中有毒有害成分的检验是食品检验中的一个重要内容。

  在本项目的学习中,通过查阅相关的食品标准,利用现有工作条件,完成给定食品中铅、有机磷农药残留,动物性食品氟喹诺酮类药物残留的测定,填写检验报告。

任务一　铅的测定

1. 能查阅并解读铅的测定标准及食品中污染物限量标准；
2. 能准确配制铅标准系列溶液，能进行试样的消解；
3. 能正确使用原子吸收分光光度计，能用火焰原子吸收光谱法测定铅的含量；
4. 能正确记录数据、绘制工作曲线、处理数据，规范填写检验报告；
5. 培养规范、安全、环保、节约意识；
6. 培养家国情怀和使命担当，严守职业道德。

任务背景

市售茶叶抽检不合格的主要原因之一是铅含量超标，长期饮用铅超标的茶叶，对人体健康无疑是有危害的，小明最近就接到了一项检验某品牌绿茶的铅含量是否超标的任务。

任务描述

《茶叶分类》（GB/T 30766—2014）中，对"茶叶"一词的定义为："以鲜叶为原料，采用特定工艺加工的、不含任何添加物的、供人们饮用或食用的产品。"依据加工工艺的不同，标准中将茶叶分为六大茶类，分别是绿茶、白茶、黄茶、乌龙茶、红茶、黑茶。

茶叶中含有多种有益的微量元素，饮茶是中华民族的优良传统。由于茶树是一种喜酸性土壤植物，在其生长过程中，植物生理生化的作用会富集吸收大量金属元素，铅就是其中一种。近年来各地卫生、质检部门对市场上茶叶的抽检结果表明经常有不合格产品，铅含量的超标有一定的普遍性。按照《食品安全国家标准 食品中污染物限量》（GB 2762—2017）的规定，茶叶中铅的限量为 5.0 mg/kg（以 Pb 计）。

任务分析

通过查阅《茶叶卫生标准的分析方法》（GB/T 5009.57—2003）和《食品安全国家标准 食品中铅的测定》（GB 5009.12—2017），小组讨论后制订检验方案，正确测定茶叶样品中铅的含量，并与《食品安全国家标准 食品中污染物限量》（GB 2762—2017）规定限量比较，以确定样品中铅含量是否合规。

相关知识

一、食品中的铅

铅是具有蓄积性的有害元素，正常情况下人体需求量极少或不需要，或只能耐受极小范围的波动。铅中毒的危害主要表现在对神经系统、血液系统、心血管系统、骨骼系统等终生性的伤害,严重的可以引起死亡。儿童对铅敏感,过量摄入会影响生长发育,导致智力低下。

食品中铅是体内铅的主要来源。含铅农药的使用,陶瓷食具釉料中含铅颜料的加入,食品生产中使用含铅量高的镀锡管道、器械或容器,均可直接或间接造成食品的铅污染。

我国现行的《食品安全国家标准 食品中污染物限量》(GB 2762—2017)对食品中铅的限量指标做了明确规定。

课程思政

黄本立

课程思政

从罗马帝国的消亡谈"铅中毒"

二、 食品中铅的测定

测定食品中铅的方法很多,参照《食品安全国家标准 食品中铅的测定》(GB 5009.12—2017),铅的测定方法有石墨炉原子吸收光谱法、电感耦合等离子体质谱法、火焰原子吸收光谱法和二硫腙比色法。

(一)石墨炉原子吸收光谱法

1.原理

试样消解处理后,经石墨炉原子化,在 283.3 nm 处测定吸光度。在一定浓度范围内铅的吸光度值与铅含量成正比,与标准系列比较定量。

微课

石墨炉原子吸收光谱法

2.仪器和设备

所有玻璃器皿及聚四氟乙烯消解内罐均需硝酸溶液(1+5)浸泡过夜,用自来水反复冲洗,最后用水冲洗干净。

(1)原子吸收光谱仪:配石墨炉原子化器,附铅空心阴极灯。

(2)天平:感量为 0.1 mg 和 1 mg。

(3)可调温电炉。

(4)可调式电热板。

(5)微波消解系统:配聚四氟乙烯消解内罐。

(6)恒温干燥箱。

(7)压力消解罐:配聚四氟乙烯消解内罐。

3D虚拟仿真

石墨炉原子吸收光谱法测铅

3D虚拟仿真

石墨炉原子吸收仪

3.试剂和材料

除非另有说明,本方法所用试剂均为优级纯,水为 GB/T 6682—2008 规定的二级水。

(1)硝酸溶液(5+95):量取 50 mL 硝酸,缓慢加到 950 mL 水中,混匀。

(2)硝酸溶液(1+9):量取 50 mL 硝酸,缓慢加到 450 mL 水中,混匀。

3D虚拟仿真

微波消解仪

(3)磷酸二氢铵-硝酸钯溶液:称取 0.02 g 硝酸钯,加少量硝酸溶液(1+9)溶解后,再加入2g磷酸二氢铵,溶解后用硝酸溶液(5+95)定容至100 mL,混匀。

(4)硝酸铅[$Pb(NO_3)_2$,CAS号:10099-74-8]:纯度>99.99%。或经国家认证并授予标准物质证书的一定浓度的铅标准溶液。

4.标准溶液配制

(1)铅标准储备液(1 000 mg/L):准确称取 1.598 5 g(精确至0.000 1 g)硝酸铅,用少量硝酸溶液(1+9)溶解,移入 1 000 mL 容量瓶,加水至刻度,混匀。

(2)铅标准中间液(1.00 mg/L):准确吸取铅标准储备液(1 000 mg/L)1.00 mL 于 1 000 mL 容量瓶中,加硝酸溶液(5+95)至刻度,混匀。

(3)铅标准系列溶液:分别吸取铅标准中间液(1.00 mg/L)0.000 mL、0.500 mL、1.00 mL、2.00 mL、3.00 mL 和 4.00 mL 于100 mL 容量瓶中,加硝酸溶液(5+95)至刻度,混匀。此铅标准系列溶液的质量浓度分别为 0.00 μg/L、5.00 μg/L、10.0 μg/L、20.0 μg/L、30.0 μg/L 和 40.0 μg/L。

5.分析步骤

(1)试样制备

在采样和试样制备过程中,应避免试样污染。

①粮食、豆类样品:样品去除杂物后,粉碎,贮存于塑料瓶中。

②蔬菜、水果、鱼类、肉类等样品:样品用水洗净,晾干,取可食部分,制成匀浆,贮存于塑料瓶中。

③饮料、酒、醋、酱油、食用植物油、液态乳等液体样品:将样品摇匀。

(2)试样前处理

①湿法消解

称取固体试样 0.2～3 g(精确至 0.001 g)或移取液体试样0.500～5.00 mL 于带刻度消化管中,加入 10 mL 硝酸和 0.5 mL 高氯酸,在可调温电炉上消解(参考条件:120 ℃加热 0.5～1 h,升至180 ℃加热 2～4 h,升至 200～220 ℃)。若消化液呈棕褐色,再加少量硝酸,消解至冒白烟,消化液呈无色透明或略带黄色,取出消化管,冷却后用水定容至 10 mL,混匀备用。同时做试剂空白试验。亦可采用锥形瓶,于可调式电热板上,按上述操作方法进行湿法消解。

②微波消解

称取固体试样 0.2～0.8 g(精确至 0.001 g)或移取液体试0.500～3.00 mL 于微波消解罐中,加入 5 mL 硝酸,按照微波消解的

应根据仪器的灵敏度和样品中铅元素的实际含量合理确定标准系列溶液中铅的质量浓度,使样品的吸光度值落在曲线范围内。同时要使标准系列溶液与空白、样品溶液的酸度一致。

酸度太大对石墨管的损害非常大,因此消解液中酸的浓度不能过高,消化液澄清透明后需要加水溶解盐类同时赶酸,赶酸时要控制温度,以防液体飞溅,造成元素损失。

操作步骤消解试样,消解条件参考表4-1-1。冷却后取出消解罐,在可调式电热板上于140~160 ℃赶酸至1 mL左右。消解罐放冷后,将消化液转移至10 mL容量瓶中,用少量水洗涤消解罐2~3次,合并洗涤液于容量瓶中,并用水定容至刻度,混匀备用。同时做试剂空白试验。

表4-1-1　　　　　　　微波消解升温程序

步骤	设定温度/℃	升温时间/min	恒温时间/min
1	120	5	5
2	160	5	10
3	180	5	10

③压力罐消解

称取固体试样0.2~1 g(精确至0.001 g)或移取液体试样0.500~5.00 mL于消解内罐中,加入5 mL硝酸。盖好内盖,旋紧不锈钢外套,放入恒温干燥箱,于140~160 ℃下保持4~5 h。冷却后缓慢旋松外罐,取出消解内罐,放在可调式电热板上于140~160 ℃赶酸至1 mL左右。冷却后将消化液转移至10 mL容量瓶中,用少量水洗涤内罐和内盖2~3次,合并洗涤液于容量瓶中,并用水定容至刻度,混匀备用。同时做试剂空白试验。

(3)测定

①仪器参考条件

根据各自仪器性能调至最佳状态。参考条件见表4-1-2。

表4-1-2　　　　　石墨炉原子吸收光谱法仪器参考条件

元素	波长/nm	狭缝/nm	灯电流/mA	干燥	灰化	原子化
铅	283.3	0.5	8~12	85~120 ℃,(40~50)s	750 ℃,(20~30)s	2 300 ℃,(4~5)s

②标准曲线的制作

按质量浓度由低到高的顺序分别将10 μL铅标准系列溶液和5 μL磷酸二氢铵-硝酸钯溶液(可根据所使用的仪器确定最佳进样量)同时注入石墨炉,原子化后测其吸光度值,以质量浓度为横坐标,吸光度值为纵坐标,制作标准曲线。

③试样溶液的测定

在与测定标准溶液相同的实验条件下,将10 μL空白溶液或试样溶液与5 μL磷酸二氢铵-硝酸钯溶液(可根据所使用的仪器确定最佳进样量)同时注入石墨炉,原子化后测其吸光度值,与标准系列比较定量。

6.分析结果的表述

试样中铅的含量按下式计算

$$X = \frac{(\rho - \rho_0) \times V}{m \times 1\ 000}$$

调整仪器到最佳状态,特别是进样针的位置和深度要尽量一致,进样要准确稳定,它决定着标准曲线的线性和实验的重现性。

式中 X——试样中铅的含量,mg/kg 或 mg/L;

ρ——试样溶液中铅的质量浓度,$\mu g/L$;

ρ_0——空白溶液中铅的质量浓度,$\mu g/L$;

V 试样消化液的定容体积,mL;

m——试样称样量或移取体积,g 或 mL;

1 000——换算系数。

当铅含量≥1.00 mg/kg(或 mg/L)时,计算结果保留三位有效数字;当铅含量<1.00 mg/kg(或 mg/L)时,计算结果保留两位有效数字。

7.精密度

在重复性条件下获得的两次独立测定结果的绝对差值不得超过算术平均值的 20%。

8.注释说明

(1)适用范围:本法适用于各类食品中铅含量的测定。

(2)当称样量为 0.5 g(或 0.5 mL),定容体积为 10 mL 时,方法的检出限为 0.02 mg/kg(或 0.02 mg/L),定量限为 0.04 mg/kg(或 0.04 mg/L)。

(二)火焰原子吸收光谱法

1.原理

试样经处理后,铅离子在一定 pH 条件下与二乙基二硫代氨基甲酸钠(DDTC)形成络合物,经 4-甲基-2-戊酮(MIBK)萃取分离,导入原子吸收光谱仪中,经火焰使其原子化,在 283.3 nm 处测定吸光度。在一定浓度范围内铅的吸光度值与铅含量成正比,与标准系列比较定量。

2.仪器和设备

所有玻璃器皿均需用硝酸(1+5)浸泡过夜,用自来水反复冲洗,最后用水冲洗干净。

(1)原子吸收光谱仪:配火焰原子化器,附铅空心阴极灯。

(2)天平:感量为 0.1 mg 和 1 mg。

(3)可调温电炉。

(4)可调式电热板。

3.试剂和材料

除非另有说明,本方法所用试剂均为分析纯,水为 GB/T 6682—2008 规定的二级水。

(1)硝酸(HNO_3):优级纯。

(2)高氯酸($HClO_4$):优级纯。

课程思政

本生

微课

火焰原子
吸收光谱法

3D虚拟仿真

火焰原子吸收
光谱法测铅

3D虚拟仿真

火焰原子吸收仪

小贴士

经过一代科学技术工作者的努力,目前,我国已经成功掌握了原子吸收光谱仪的设计、生产技术。在火焰分析方面,与国外同类型仪器相比,国产仪器的典型元素检出限达到相同水平,甚至超过国外。

(3)二乙基二硫代氨基甲酸钠[DDTC,$(C_2H_5)_2NCSSNa \cdot 3H_2O$]。

(4)氨水($NH_3 \cdot H_2O$):优级纯。

(5)4-甲基-2-戊酮(MIBK,$C_6H_{12}O$)。

(6)硝酸溶液(5＋95):量取 50 mL 硝酸,加到 950 mL 水中,混匀。

(7)硝酸溶液(1＋9):量取 50 mL 硝酸,加到 450 mL 水中,混匀。

(8)硫酸铵溶液(300 g/L):称取 30 g 硫酸铵[$(NH_4)_2SO_4$],用水溶解并稀释至 100 mL,混匀。

(9)柠檬酸铵溶液(250 g/L):称取 25 g 柠檬酸铵[$C_6H_5O_7(NH_4)_3$],用水溶解并稀释至 100 mL,混匀。

(10)溴百里酚蓝水溶液(1 g/L):称取 0.1 g 溴百里酚蓝,用水溶解并稀释至 100 mL,混匀。

(11)DDTC 溶液(50 g/L):称取 5 g DDTC,用水溶解并稀释至 100 mL,混匀。

(12)氨水溶液(1＋1):量取 100 mL 氨水,加入 100 mL 水,混匀。

(13)硝酸铅[$Pb(NO_3)_2$,CAS 号:10099-74-8]:纯度＞99.99％。或经国家认证并授予标准物质证书的一定浓度的铅标准溶液。

4. 标准溶液配制

(1)铅标准储备液(1 000 mg/L):准确称取 1.598 5 g(精确至 0.000 1 g)硝酸铅,用少量硝酸溶液(1＋9)溶解,移入 1 000 mL 容量瓶,加水至刻度,混匀。

(2)铅标准使用液(10.0 mg/L):准确吸取铅标准储备液(1 000 mg/L)1.00 mL,置于 100 mL 容量瓶中,加硝酸溶液(5＋95)至刻度,混匀。

5. 分析步骤

(1)试样制备

在采样和试样制备过程中,应避免试样受污染。

①粮食、豆类样品:样品去除杂质后,粉碎,贮存于塑料瓶中。

②蔬菜、水果、鱼类、肉类等样品:样品用水洗净,晾干,取可食部分,制成匀浆,贮存于塑料瓶中。

③饮料、酒、醋、酱油、食用植物油、液态乳等液体样品:将样品摇匀。

(2)试样前处理

称取固体试样 0.2～3 g(精确至 0.001 g)或移取液体试样 0.500～5.00 mL,置于带刻度消化管中,加入 10 mL 硝酸和 0.5 mL 高氯酸,在可调温电炉上消解(参考条件:120 ℃加热 0.5～1 h;升至 180 ℃加热 2～4 h,升至 200～220 ℃)。若消化液呈棕褐色,再加少量硝酸,消解至冒白烟,消化液呈无色透明或略带黄色,取出消化管,冷却后用水定容至 10 mL,混匀备用。同时做试剂空白试验。亦可采用锥形瓶,置于可调式电热板上,按上述操作方法进行湿法消解。

(3)测定

①仪器参考条件

根据各仪器性能,将参数调至最佳状态。仪器参考条件参见表 4-1-3。

表 4-1-3　　　　　　　火焰原子吸收光谱法仪器参考条件

元素	波长/nm	狭缝/nm	灯电流/mA	燃烧头高度/mm	空气流量/(L·min⁻¹)
铅	283.3	0.5	8～12	6	8

3D虚拟仿真

梨形分液漏斗

②标准曲线的制作

分别吸取铅标准使用液 0.000 mL、0.250 mL、0.500 mL、1.00 mL、1.50 mL 和 2.00 mL(相当于 0.00 μg、2.50 μg、5.00 μg、10.0 μg、15.0 μg 和 20.0 μg 铅),置于 125 mL 分液漏斗中,补加水至 60 mL。加 2 mL 柠檬酸铵溶液(250 g/L)、3～5 滴溴百里酚蓝水溶液(1 g/L),用氨水溶液(1+1)调 pH 至溶液由黄色变成蓝色,加入 10 mL 硫酸铵溶液(300 g/L)、10 mL DDTC 溶液(1 g/L),摇匀。放置 5 min 左右,加入 10 mL MIBK,剧烈振摇提取 1 min,静置分层后,弃去水层,将 MIBK 层放入 10 mL 带塞刻度管中,得到标准系列溶液。

将标准系列溶液按铅质量由低到高的顺序分别导入火焰原子化器,原子化后测其吸光度值,以铅的质量为横坐标,吸光度值为纵坐标,制作标准曲线。

③试样溶液的测定

小提示

MIBK 具较强的局部刺激性和毒性,所以萃取分离应在通风橱中进行。

将试样消化液及试剂空白溶液分别置于 125 mL 分液漏斗中,补加水至 60 mL。加 2 mL 柠檬酸铵溶液(250 g/L)、3～5 滴溴百里酚蓝水溶液(1 g/L),用氨水溶液(1+1)调 pH 至溶液由黄变蓝,加 10 mL 硫酸铵溶液(300 g/L)、10 mL DDTC 溶液(1 g/L),摇匀。放置 5 min 左右,加入 10 mL MIBK,剧烈振摇提取 1 min,静置分层后,弃去水层,将 MIBK 层放入 10 mL 带塞刻度管中,得到试样溶液和空白溶液。

将试样溶液和空白溶液分别导入火焰原子化器,原子化后测其吸光度值,与标准系列比较定量。

6. 分析结果的表述

试样中铅的含量按下式计算

$$X = \frac{m_1 - m_0}{m_2}$$

式中　X——试样中铅的含量,mg/kg 或 mg/L;

　　　m_1——试样溶液中铅的质量,μg;

　　　m_0——空白溶液中铅的质量,μg;

　　　m_2——试样称样量或移取体积,g 或 mL。

当铅含量≥10.0 mg/kg(或 mg/L)时,计算结果保留三位有效数字;当铅含量<10.0 mg/kg(或 mg/L)时,计算结果保留两位有效数字。

7. 精密度

在重复性条件下获得的两次独立测定结果的绝对差值不得超过算术平均值的 20%。

8.注释说明

(1)适用范围:本法适用于各类食品中铅含量的测定。

(2)以称样量 0.5 g(或 0.5 mL)计算,方法的检出限为 0.4 mg/kg(或 0.4 mg/L),定量限为 1.2 mg/kg(或 1.2 mg/L)。

任务准备

通过对标准的解读,将测定茶叶中铅的含量所需仪器和设备、试剂分别记入表 4-1-4 和表 4-1-5。

表 4-1-4　　　　　　　　　　　　　所需仪器设备

序号	名称	规格
1	原子吸收光谱仪	配火焰原子化器,附铅空心阴极灯
2	分析天平	感量为 0.1 mg 和 1 mg
3	可调温电炉	
4	玻璃器皿	需硝酸(1+5)浸泡过夜,用自来水反复冲洗,最后用水冲洗干净

表 4-1-5　　　　　　　　　　　　　所需试剂

序号	名称	规格
1	硝酸	优级纯
2	高氯酸	优级纯
3	氨水	优级纯
4	硫酸铵溶液	300 g/L
5	柠檬酸铵溶液	250 g/L
6	溴百里酚蓝水溶液	1 g/L
7	DDTC 溶液	50 g/L
8	氨水溶液	1+1
9	4-甲基-2-戊酮(MIBK)	
10	铅标准溶液	1 000 mg/L
11	铅标准使用液	10.0 mg/L

任务实施

一、操作要点(表 4-1-6)

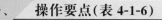 

微课	微课	3D虚拟仿真
茶叶中铅的测定1	茶叶中铅的测定2	火焰原子吸收光谱法测铅

表 4-1-6　　　　　　　　　　　　　操作要点

序号	内容	操作方法	操作提示	评价标准
1	试样制备	茶叶样品去除杂物后,粉碎,贮存于塑料瓶中	在采样和试样制备过程中,应避免试样污染	• 样品粉碎操作正确 • 样品未污染

食品理化检验技术

（续表）

序号	内容	操作方法	操作提示	评价标准
2	试样前处理	称取茶叶试样 0.2～3 g（精确至 0.001 g）于带刻度消化管中，加入 10 mL 硝酸和 0.5 mL 高氯酸，在可调温电炉上消解。若消化液呈棕褐色，再加少量硝酸，消解至冒白烟，消化液呈无色透明或略带黄色，取出消化管，冷却后用水定容至 10 mL，混匀备用。同时做试剂空白试验	1.参考条件：120 ℃/（0.5～1）h；升至 180 ℃/（2～4）h；升至 200～220 ℃ 2.试样消化过程中，加硝酸的量要适当，如果消化液未变黑就补加硝酸，则不起作用；如果变黑过久再加硝酸，则析出的炭粒会烧结成块，不易氧化 3.分液漏斗要验漏	• 正确进行试样消解 • 酸用量适当 • 消化液定量转入容量瓶 • 定容操作规范
3	标准系列溶液制备	分别吸取铅标准使用液 0.000 mL、0.250 mL、0.500 mL、1.000 mL、1.500 mL 和 2.000 mL 于 125 mL 分液漏斗中，补加水至 60 mL。再将试样消化液及试剂空白溶液分别置于 125 mL 分液漏斗中，补加水至 60 mL	应根据茶叶试样中铅的实际含量合理确定标准系列溶液中铅的质量浓度，使试样的吸光度值落在标准曲线范围内	• 标样稀释正确 • 合理选择标准曲线的范围 • 正确制备铅标准系列溶液 • 移液管操作规范 • 容量瓶操作规范
4	萃取	在以上分液漏斗中各加 2 mL 250 g/L 柠檬酸铵溶液、3～5 滴溴百里酚蓝水溶液（1 g/L），用氨水溶液（1+1）调 pH 至溶液由黄色变成蓝色，加硫酸铵溶液（300 g/L）10 mL、DDTC 溶液（1 g/L）10 mL，摇匀	要逐滴加入氨水，调节溶液 pH 至弱碱性	• 加料顺序正确 • 加有机试剂及时盖上分液漏斗塞 • 振荡手势正确，没有液体泄露
5	分离	放置 5 min 左右，加入 10 mL MIBK，剧烈振摇提取 1 min，静置分层后，弃去水层，将 MIBK 层放入 10 mL 带塞刻度管中，备用	1.振荡过程中要注意放气 2.分液时上层液体从上口倒出，下层液体从下口倒出	• 正确放气，分层清晰 • 分液漏斗正确放液 • 具塞刻度管及时盖盖子
6	设置仪器条件	根据各自仪器性能调至最佳状态	狭缝：0.5 nm 灯电流：8～12 mA 燃烧头高度：6 mm 空气流量：8 L/min	• 正确选灯，并进行寻峰 • 检测条件设置正确 • 样品参数设置准确 • 确认水封 • 开机顺序正确，顺利点火

（续表）

序号	内容	操作方法	操作提示	评价标准
7	测定	将标准系列溶液及试样溶液、空白溶液分别导入火焰原子化器，原子化后测其吸光度值	标准溶液要按由低浓度到高浓度的顺序，依次测定其吸光度	• 进行能量平衡，并正确校零 • 标准溶液测定从稀到浓 • 火焰稳定后测量，正确进行数据采集 • 检测结束后吸喷纯水冲洗进样管 • 关气顺序正确，空气压缩机有放水操作 • 正确保存数据并打印

二、数据记录及处理（表 4-1-7）

表 4-1-7　　　　　　　　　茶叶中铅测定数据

基本信息	样品名称		样品编号		
	检测项目		检测日期		
	检测依据		检测方法		
	试样消解方法	湿法消解（　　），微波消解（　　），压力罐消解（　　）			
	样品编号	1	2	空白	
检测数据	样品质量 m/g				
	试样萃取液体积 V_1/mL				
	试样处理液总体积 V_2/mL				
	测定用试样处理液体积 V_3/mL				
	试样溶液中铅的质量 m/μg				
结果计算	计算公式				
	茶叶中铅的含量 X/(mg·kg^{-1})				
结果评判	精密度评判				
	$\overline{X}$/(mg·kg^{-1})				
	茶叶中铅含量评判依据				
	茶叶中铅含量评判结果				
检验结论					

三、 问题探究

1. 小明调节 pH 时,加入多少氨水合适?

用氨水调节 pH 时,溶液刚刚变为蓝色即可,氨水的量过多或过少都会影响测定结果。

2. 原子吸收分光光度计进样时,小明该把进样管插入刻度试管的什么位置?

将 MIBK 层转移至刻度试管中时,可能会带入少量水层溶液,水在下层,所以在进样时进样管不要插到刻度试管底部,以免吸到水层溶液,影响测定结果。

任务总结

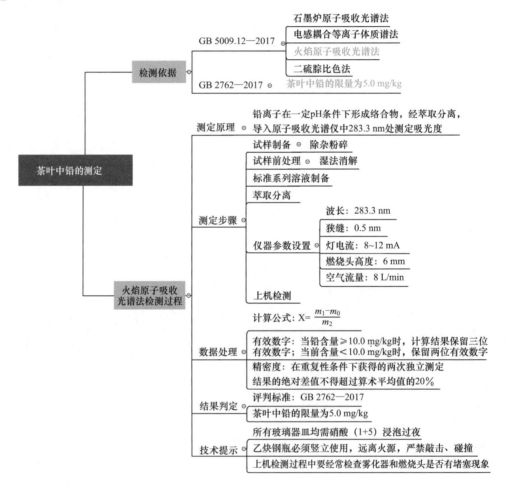

任务评价

茶叶中铅测定评价见表 4-1-8。

表 4-1-8　　　　　　　　　　　　　茶叶中铅测定评价

评价类别	项目	要求	互评	师评
专业能力 (60%)	方案(10%)	正确选用标准(5%)		
		所设计实验方案可行性强(5%)		
	实施(30%)	正确消解试样,消解完全(5%)		
		正确操作分液漏斗(5%)		
		原子吸收分光光度计参数设置合理(5%)		
		正确操作仪器(5%)		
		正确测量(5%)		
		测量结束关机正确(5%)		
	结果(20%)	原始数据记录准确、美观(5%)		
		公式正确,计算过程正确(5%)		
		正确保留有效数字(5%)		
		精密度符合要求(5%)		
职业素养 (40%)	解决问题(5%)	及时发现问题并提出解决方案(5%)		
	团队协作(10%)	小组成员合作良好,对小组有贡献(10%)		
	职业规范(10%)	着装规范(5%)		
		节约、安全、环保意识(5%)		
	职业道德(5%)	诚信意识(5%)		
	职业精神(10%)	耐心细致、吃苦耐劳精神(5%)		
		严谨求实、精益求精的科学态度(5%)		
合计				

任务拓展

依据 1+X 粮农食品安全评价及食品检验管理职业技能等级证书要求,针对铅的测定,课外应加强以下方面的学习和训练。

1. 通过火焰原子吸收光谱法测定茶叶中铅的含量,延伸至学习石墨炉原子吸收光谱法测定食品中的铅,达到举一反三的目的。

2. 通过学习食品中铅的测定,拓展学习食品中铜、铝、镉等元素的测定,比较这些元素测定方法的异同点。

任务巩固

1. 填写流程图

请将火焰原子吸收光谱法测定茶叶中铅的流程填写完整,见表 4-1-9。

在线自测

表 4-1-9　　　　　　火焰原子吸收光谱法测定茶叶中铅的流程

溶液/mL	编号								
	1	2	3	4	5	6	消解液1	消解液2	空白液
铅标准使用液	0.00	1.00	2.00	3.00	4.00	5.00	10.00		
补水至 60 mL									
（　　　）溶液	2 mL								
（　　　）指示剂	3～5 滴								
氨水调 pH 至溶液至（　　　）									
（　　　）溶液	10 mL								
（　　　）溶液	10 mL								
摇匀，放置（　　　）min									
（　　　　　）	10 mL								
剧烈振摇提取 1 min,静置分层后,弃去（　　　）层									
将 MIBK 层倒入 10 mL（　　　　　）,备用									

2.综合题

有些不法商贩利用铅铬绿对陈茶进行翻新,冒充新茶上市。我们要发挥专业优势,严厉打击不法商贩的违法行为。小明接到了用原子吸收光谱法测定茶叶中铅的任务,分析线为283.3 nm,用标准曲线法定量,按表 4-1-10 加入 1 mg/L 铅标准溶液,用硝酸（2＋100）稀释至 50 mL。测定吸光度结果列于表 4-1-10 中。

表 4-1-10　　　　　　　　　吸光度结果

加入铅标液的体积/mL	0.500	1.00	2.00	3.00	4.00
吸光度	0.050	0.100	0.210	0.300	0.400

另取被测茶叶样品 5 g,湿法消解后用水定容至 10 mL,测得吸光度为 0.352。已知浓度和吸光度回归方程 $k=0.005\ 0,b=0.002\ 3$。

(1)GB 5009.12—2017 食品中铅的测定规定了哪几种测定方法?

(2)石墨炉原子化有哪几个阶段?测铅时温度可分别设为多少?

(3)计算铅标准溶液浓度。

(4)写出浓度和吸光度回归方程。

(5)计算样品中铅的含量。

任务二　有机磷农药残留的测定

任务目标

1.能查阅并解读有机磷农药残留测定标准及食品中农药残留限量标准;

2.能准确配制有机磷农药混合标准溶液;

3.能正确使用氮吹仪、气相色谱仪等仪器;

4.能正确识别色谱图进行定性、定量分析,对检测结果做出合理判定,并按规定格式出具完整的检验报告;

5.坚定大国自信,树立强国之志;

6.培养勇于创新的工匠精神,增强团队合作意识。

任务背景

有机磷农药被广泛地用于农业防害,蔬菜中有机磷农药残留过多,容易引起有机磷中毒。随着生活水平的提高,人们开始关注蔬菜的质量问题,蔬菜中有机磷农药残留的检测是全国职业院校技能大赛农产品质量安全检测赛项的检测项目。小明最近接到了一项检验黄瓜中有机磷农药残留量的任务。

任务描述

有机磷农药是目前我国使用最普遍的农药,残留在蔬菜上的农药进入人体,可引起各系统和功能的损害。因此国家对蔬菜中农药残留量的控制越来越严格。我国《食品安全国家标准 食品中农药最大残留限量》(GB 2763—2021)对蔬菜中有机磷农药的最大残留限量做出了具体规定。

任务分析

通过查阅《蔬菜和水果中有机磷、有机氯、拟除虫菊酯和氨基甲酸酯类农药多残留的测定》(NY/T 761—2008),小组讨论后制订检验方案,测定蔬菜中有机磷农药的残留量,并与《食品安全国家标准 食品中农药最大残留限量》(GB 2763—2021)规定限量比较,以确定样品中有机磷农药的残留量是否合规。

相关知识

一、农药

农药是指用于预防、消灭或者控制危害农业、林业的病、虫、草和其他有害生物以及有目的地调节植物、昆虫生长的化学合成物或者来源于生物、其他天然物质的一种物质或者几种物质的混合物及其制剂。

目前,全世界实际生产和使用的农药品种有上千种,其中绝大部分为化学合成农药。农药按用途可分为杀虫剂、杀菌剂、除草剂、杀螨剂、植物生长调节剂和杀鼠药等;按化学成分可分为有机磷农药、有机氯农药、氨基甲酸酯类农药、拟除虫菊酯类农药、有机锡类农药等;按其毒性可分为高毒、中毒、低毒三类;按农药在植物体内残留时间的长短可分为高残留、中残留和低残留三类。

农药对食品的污染有直接污染和间接污染两种途径。直接污染是在农田施用农药时,直接污染农作物;间接污染有多种形式,例如因水

微课

农药残留到底有多可怕?

质污染而污染水产品、土壤沉积的农药污染、大气漂浮的农药污染、饲料残留农药的污染等。

由于农药的毒性都很大,有些甚至可以在人体内蓄积,严重危害人体健康,因此我国《食品安全国家标准 食品中农药最大残留限量》(GB 2763—2021)对564种农药在376种(类)食品中10 092项最大残留限量做出了具体的规定。

DDT的功与过

常见的有机磷农药

二、有机磷农药

有机磷农药是指在组成上含有磷元素的有机杀虫剂、杀菌剂、除草剂。有机磷农药种类很多,按照其结构可分为磷酸酯和硫化磷酸酯两大类,常见的有机磷农药有内吸磷(1059)、对硫磷(1605)、甲拌磷(3911)、敌敌畏(DDVP)、美曲磷酯(敌百虫)、乐果、马拉硫磷(4049)、倍硫磷、杀螟硫磷(杀螟松)、稻瘟净(EBP)、甲基对硫磷、甲胺磷等。

农药残留的测定方法

由于有机磷农药具有用药量小、杀虫效率高、选择性强、对农作物药害小、在体内不蓄积等优点,近年来已得到广泛的应用。但某些有机磷农药属高毒农药,对哺乳动物急性毒性较强,常因使用、保管、运输等不慎,污染食品,造成人畜急性中毒。另外,有机磷农药的广泛应用,导致食品发生了不同程度的污染,主要是在植物性食物中,尤其含有芳香族物质的植物,如水果、蔬菜等最易接受有机磷,而且在这些植物里残留量高,残留时间也长。因此,食品中特别是果蔬等农产品,有机磷农药残留量的测定,是重要的检测项目。

我国农药残留限量标准再有新突破

三、食品中有机磷农药残留的测定

有机磷农药残留量的测定可以参考《食品中有机磷农药残留量的测定》(GB/T 5009.20—2003)、《蔬菜和水果中有机磷、有机氯、拟除虫菊酯和氨基甲酸酯类农药多残留的测定》(NY/T 761—2008)及《食品安全国家标准 蜂蜜中5种有机磷农药残留量的测定 气相色谱法》(GB 23200.97—2016)等。

(一)水果、蔬菜、谷类中有机磷农药的多残留的测定(GB/T 5009.20—2003)

1.原理

含有机磷的试样在富氢焰上燃烧,以HPO碎片的形式,放射出波长为526 nm的特征光。这种光通过滤光片选择后,由光电倍增管接收,转换成电信号,经微电流放大器放大后被记录下来。试样的峰面积或峰高与标准品的峰面积或峰高进行比较定量。

2.仪器和设备

(1)组织捣碎机。

课程思政

卢佩章

（2）粉碎机。

（3）旋转蒸发仪。

（4）气相色谱仪：附有火焰光度检测器（FPD）。

3.试剂和材料

（1）丙酮（CH_3COCH_3）。

（2）二氯甲烷（CH_2Cl_2）。

（3）氯化钠（NaCl）。

（4）无水硫酸钠（Na_2SO_4）。

（5）助滤剂 Celite 545。

（6）农药标准品，见表 4-2-1。

表 4-2-1　　　　水果、蔬菜、谷类中有机磷农药多残留测定的农药标准品

农药名称	英文名称	纯度
敌敌畏	DDVP	≥99%
速灭磷	mevinphos	顺式≥60%，反式≥40%
久效磷	monocrotophos	≥99%
甲拌磷	phorate	≥98%
巴胺磷	propetumphos	≥99%
二嗪磷	diazinon	≥98%
乙嘧硫磷	etrimfos	≥97%
甲基嘧啶磷	pirimiphos-methyl	≥99%
甲基对硫磷	parathion-methyl	≥99%
稻瘟净	kitazine	≥99%
水胺硫磷	isocarbophos	≥99%
氧化喹硫磷	po-quinalphos	≥99%
稻丰散	phenthoate	≥99.6%
甲喹硫磷	methdathion	≥99.6%
克线磷	phenamiphos	≥99.9%
乙硫磷	ethion	≥95%
乐果	dimethoate	≥99.0%
喹硫磷	quinaphos	≥98.2%
对硫磷	parathion	≥99.0%
杀螟硫磷	fenitrothion	≥98.5%

（7）农药标准溶液的配制：分别准确称取各标准品，以二氯甲烷为溶剂，分别配制成
1.0 mg/mL 的标准储备液，贮存于冰箱（4 ℃）中，使用时根据各农药品种对仪器的响应情
况，吸取不同量的标准储备液，用二氯甲烷稀释成混合标准使用液。

4.试样的制备

取粮食样品经粉碎机粉碎,过 20 目筛制成粮食试样。水果、蔬菜样品去掉非可食部分后制成待分析试样。

5.分析步骤

(1)提取

课程思政

屠呦呦与青蒿素

①水果、蔬菜:称取 50.00 g 试样,置于 300 mL 烧杯中,加入 50 mL 水和 100 mL 丙酮(提取液总体积为 150 mL),用组织捣碎机提取 1~2 min。匀浆液经铺有两层滤纸和约 10 g Celite 545 的布氏漏斗减压抽滤。取滤液 100 mL 移至 500 mL 分液漏斗中。

②谷物:称取 25.00 g 试样,置于 300 mL 烧杯中,加入 50 mL 水和 100 mL 丙酮,以下步骤同①。

(2)净化

向上述滤液中加入 10~15 g 氯化钠使溶液处于饱和状态。猛烈振摇 2~3 min,静置 10 min,使丙酮与水相分层,水相用 50 mL 二氯甲烷振摇 2 min,再静置分层。

将丙酮与二氯甲烷提取液合并经装有 20~30 g 无水硫酸钠的玻璃漏斗脱水滤入 250 mL 圆底烧瓶中,再以约 40 mL 二氯甲烷分数次洗涤容器和无水硫酸钠。洗涤液也并入烧瓶中,用旋转蒸发仪浓缩至约 2 mL,浓缩液定量转移至 5~25 mL 容量瓶中,加二氯甲烷定容至刻度。

(3)气相色谱测定参考条件

①色谱柱:

a. 玻璃柱 2.6 m×3 mm(i.d),填装涂有质量分数为 4.5% DC-200 +2.5% OV-17 的 Chromosorb WAW DMCS(80~100 目)的担体。

b. 玻璃柱 2.6 m×3 mm(i.d),填装涂有质量分数为 1.5% QF-1 的 Chromosorb WAW DMCS(60~80 目)的担体。

②气体速度:氮气为 50 mL/min;氢气为 100 mL/min;空气为 50 mL/min。

③温度:柱箱为 240 ℃;汽化室为 260 ℃;检测器为 270 ℃。

(4)测定

吸取 2~5 μL 混合标准液及试样净化液并注入色谱仪中,以保留时间定性,以试样的峰高或峰面积与标准比较定量。

6.分析结果的表述

i 组分有机磷农药的含量按下式进行计算

$$X_i = \frac{A_i \times V_1 \times V_3 \times E_{si} \times 1\,000}{A_{si} \times V_2 \times V_4 \times m \times 1\,000}$$

学习笔记

式中　X_i——i 组分有机磷农药的含量,mg/kg;

　　　A_i——试样中 i 组分的峰面积,积分单位;

　　　A_{si}——混合标准液中 i 组分的峰面积,积分单位;

　　　V_1——试样提取液的总体积,mL;

　　　V_2——净化用提取液的总体积,mL;

　　　V_3——浓缩后的定容体积,mL;

　　　V_4——进样体积,μL;

　　　E_{si}——注入色谱仪中的 i 标准组分的质量,ng;

　　　m——试样的质量,g。

计算结果保留两位有效数字。

7. 精密度

在重复性条件下,获得的两次独立测定结果的绝对差值不得超过算术平均值的 15%。

8. 注释说明

(1)适用范围:本法适用于使用过敌敌畏、速灭磷、久效磷、甲拌磷、巴胺磷、二嗪磷、乙嘧硫磷、甲基嘧啶磷、甲基对硫磷、稻瘟净、水胺硫磷、氧化喹硫磷、稻丰散、甲喹硫磷、克线磷、乙硫磷、乐果、喹硫磷、对硫磷、杀螟硫磷的残留量分析方法。本法适用于使用过敌敌畏等 20 种农药制剂的水果、蔬菜、谷类等作物的农药残留分析。

(2)色谱图

①16 种有机磷农药(标准溶液)的色谱如图 4-2-1 所示。

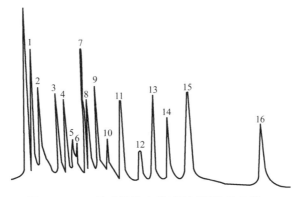

图 4-2-1　16 种有机磷农药(标准溶液)的色谱

1—敌敌畏最低检测浓度 0.005 mg/kg;2—速灭磷最低检测浓度 0.004 mg/kg;

3—久效磷最低检测浓度 0.014 mg/kg;4—甲拌磷最低检测浓度 0.004 mg/kg;

5—巴胺磷最低检测浓度 0.011 mg/kg;6—二嗪磷最低检测浓度 0.003 mg/kg;

7—乙嘧硫磷最低检测浓度 0.003 mg/kg;8—甲基嘧啶磷最低检测浓度 0.004 mg/kg;

9—甲基对硫磷最低检测浓度 0.004 mg/kg;10—稻瘟净最低检测浓度 0.004 mg/kg;

11—水胺硫磷最低检测浓度 0.005 mg/kg;12—氧化喹硫磷最低检测浓度 0.025 mg/kg;

13—稻丰散最低检测浓度 0.017 mg/kg;14—甲喹硫磷最低检测浓度 0.014 mg/kg;

15—克线磷最低检测浓度 0.009 mg/kg;16—乙硫磷最低检测浓度 0.014 mg/kg

②13 种有机磷农药的色谱图 4-2-2 所示。

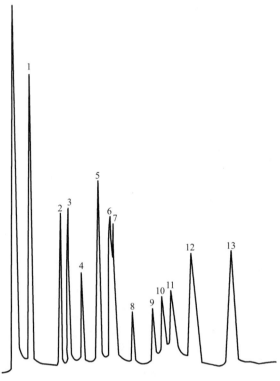

图 4-2-2 13 种有机磷农药的色谱

1—敌敌畏；2—甲拌磷；3—二嗪磷；4—乙嘧硫磷；5—巴胺磷；6—甲基嘧啶磷；7—异稻瘟净；
8—乐果；9—喹硫磷；10—甲基对硫磷；11—杀螟硫磷；12—对硫磷；13—乙硫磷

(二)蔬菜和水果中有机磷类农药多残留的测定(NY/T 761—2008 方法一)

1.原理

试样中有机磷类农药经乙腈提取,提取溶液经过滤、浓缩后,用丙酮定容,用双自动进样
器同时注入气相色谱仪的两个进样口,农药组分经不同极性的两根毛细管柱分离,火焰光度
检测器(FPD 磷滤光片)检测。用双柱的保留时间定性,外标法定量。

2.仪器和设备

(1)气相色谱仪,带有双火焰光度检测器(FPD 磷滤光片),双自动进样器,双分流/不分
流进样口。

(2)分析实验室常用仪器和设备。

(3)食品加工器。

(4)旋涡混合器。

(5)匀浆机。

(6)氮吹仪。

氮吹仪

3.试剂和材料

除非另有说明,在分析中仅使用确认为分析纯的试剂和 GB/T 6682—2008 中规定的

至少二级水。

(1)乙腈。

(2)丙酮:重蒸。

(3)氯化钠:140 ℃ 烘烤 4 h。

(4)滤膜:0.2 μm,有机溶剂膜。

(5)铝箔。

(6)农药标准溶液配制。

①单一农药标准溶液:准确称取一定量(精确至 0.1 mg)某农药标准品,用丙酮做溶剂,逐一配制成 1 000 mg/L 的单一农药标准储备液,贮存在-18 ℃ 以下冰箱中。使用时根据各农药在对应检测器上的响应值,准确吸取适量的标准储备液,用丙酮稀释配制成所需的标准工作液。

②农药混合标准溶液:将 54 种有机磷农药分为 4 组,按照表 4-2-2 中组别,根据各农药在仪器上的响应值,逐一准确吸取一定体积的同组别的单个农药储备液并分别注入同一容量瓶中,用丙酮稀释至刻度,采用同样方法配制成 4 组农药混合标准储备溶液。使用前用丙酮稀释成所需质量浓度的标准工作液。

表 4-2-2　　　　　　　　　　　　　　　54 种有机磷农药标准品

序号	农药名称	英文名称	纯度	溶剂	组别
1	敌敌畏	dichlorvos	≥96%	丙酮	Ⅰ
2	乙酰甲胺磷	acephate	≥96%	丙酮	Ⅰ
3	百治磷	dicrotophos	≥96%	丙酮	Ⅰ
4	乙拌磷	disulfoton	≥96%	丙酮	Ⅰ
5	乐果	propetumphos	≥96%	丙酮	Ⅰ
6	甲基对硫磷	parathion-methyl	≥96%	丙酮	Ⅰ
7	毒死蜱	chlorpyrifos	≥96%	丙酮	Ⅰ
8	嘧啶磷	pirimiphos-ethyl	≥96%	丙酮	Ⅰ
9	倍硫磷	fenthion	≥96%	丙酮	Ⅰ
10	辛硫磷	phoxim	≥96%	丙酮	Ⅰ
11	灭菌磷	ditalimfos	≥96%	丙酮	Ⅰ
12	三唑磷	triazophos	≥96%	丙酮	Ⅰ
13	亚胺硫磷	phosmet	≥96%	丙酮	Ⅰ
14	敌百虫	trichlorfon	≥96%	丙酮	Ⅱ
15	灭线磷	ethoprophos	≥96%	丙酮	Ⅱ
16	甲拌磷	phorate	≥96%	丙酮	Ⅱ
17	氧乐果	omethoat	≥96%	丙酮	Ⅱ
18	二嗪磷	diazinon	≥96%	丙酮	Ⅱ
19	地虫硫磷	fonofos	≥96%	丙酮	Ⅱ
20	甲基毒死蜱	chlorpyrifos-methyl	≥96%	丙酮	Ⅱ

（续表）

序号	农药名称	英文名称	纯度	溶剂	组别
21	对氧磷	paraoxon	≥96%	丙酮	Ⅱ
22	杀螟硫磷	fenitrothion	≥96%	丙酮	Ⅱ
23	溴硫磷	bromophos	≥96%	丙酮	Ⅱ
24	乙基溴硫磷	bromophos-ethyl	≥96%	丙酮	Ⅱ
25	丙溴磷	profenofos	≥96%	丙酮	Ⅱ
26	乙硫磷	ethion	≥96%	丙酮	Ⅱ
27	吡菌磷	pyrazophos	≥96%	丙酮	Ⅱ
28	蝇毒磷	coumaphos	≥96%	丙酮	Ⅱ
29	甲胺磷	methamidophos	≥96%	丙酮	Ⅲ
30	治螟磷	sulfotep	≥96%	丙酮	Ⅲ
31	特丁硫磷	terbufos	≥96%	丙酮	Ⅲ
32	久效磷	monocrotophos	≥96%	丙酮	Ⅲ
33	除线磷	dichlofenthion	≥96%	丙酮	Ⅲ
34	皮蝇磷	fenchlorphos	≥96%	丙酮	Ⅲ
35	甲基嘧啶硫磷	pirimiphos-methyl	≥96%	丙酮	Ⅲ
36	对硫磷	parathion	≥96%	丙酮	Ⅲ
37	异柳磷	isofenphos	≥96%	丙酮	Ⅲ
38	杀扑磷	methidathion	≥96%	丙酮	Ⅲ
39	甲基硫环磷	phosfolan-methyl	≥96%	丙酮	Ⅲ
40	伐灭磷	famphur	≥96%	丙酮	Ⅲ
41	伏杀硫磷	phosalone	≥96%	丙酮	Ⅲ
42	益棉磷	azinphos-ethyl	≥96%	丙酮	Ⅲ
43	二溴磷	naled	≥96%	丙酮	Ⅳ
44	速灭磷	mevinphos	≥96%	丙酮	Ⅳ
45	胺丙畏	propetamphos	≥96%	丙酮	Ⅳ
46	磷胺	phosphamidon	≥96%	丙酮	Ⅳ
47	地毒磷	trichloronate	≥96%	丙酮	Ⅳ
48	马拉硫磷	malathion	≥96%	丙酮	Ⅳ
49	水胺硫磷	isocarbophos	≥96%	丙酮	Ⅳ
50	喹硫磷	quinalphos	≥96%	丙酮	Ⅳ
51	杀虫畏	tetrachlorvinphos	≥96%	丙酮	Ⅳ
52	硫环磷	phosfolan	≥96%	丙酮	Ⅳ
53	苯硫磷	EPN	≥96%	丙酮	Ⅳ
54	保棉磷	azinphos-methyl	≥96%	丙酮	Ⅳ

4.分析步骤

（1）试样制备

抽取蔬菜、水果样品，取可食部分，经缩分后，将其切碎，充分混匀放入食品加工器粉碎，制成待测样。放入分装容器中于－20～－16 ℃条件下保存，备用。

（2）提取

准确称取 25.0 g 试样放入匀浆机中，加入 50.0 mL 乙腈，在匀浆机中高速匀浆 2 min 后用滤纸过滤，滤液收集到装有 5～7 g 氯化钠的 100 mL 具塞量筒中，收集滤液 40～50 mL，盖上塞子，剧烈振荡 1 min，在室温下静置 30 min，使乙腈相和水相分层。

（3）净化

从具塞量筒中吸取 10.00 mL 乙腈溶液，放入 150 mL 烧杯中，将烧杯放在 80 ℃ 水浴锅上加热，杯内缓缓通入氮气或空气流，蒸发至近干，加入 2.0 mL 丙酮，盖上铝箔，备用。将上述备用液完全转移至 15 mL 刻度离心管中，再用约 3 mL 丙酮分三次冲洗烧杯，并转移至离心管，最后定容至 5.0 mL，在旋涡混合器上混匀，分别移入两个 2 mL 自动进样器样品瓶中，供色谱测定。如定容后的样品溶液过于浑浊，应用 0.2 μm 滤膜过滤后再进行测定。

（4）测定

①色谱参考条件

a.色谱柱

预柱：1.0 m，0.53 mm 内径，脱活石英毛细管柱。

两根色谱柱，分别为：

A 柱：50% 聚苯基甲基硅氧烷（DB-17 或 HP-50＋）柱，30 m×0.53 mm×1.0 μm，或相当者；

B 柱：100% 聚甲基硅氧烷（DB-1 或 HP-1）柱，30 m×0.53 mm×1.50 μm，或相当者。

b.温度

进样口温度：220 ℃。

检测器温度：250 ℃。

柱温：150 ℃（保持 2 min）$\xrightarrow{8\ ℃/min}$ 250 ℃（保持 12 min）。

c.气体及流量

载气：氮气，纯度≥99.999%，流速为 10 mL/min。

燃气：氢气，纯度≥99.999%，流速为 75 mL/min。

助燃气：空气，流速为 100 mL/min。

d.进样方式

不分流进样。样品溶液一式两份，由双自动进样器同时进样。

小提示

根据样品含水量加入适量的氯化钠，使得盐析充分，如果出现乳化可以加入少量纯水。

小提示

加盐后要剧烈振摇 1 min，静置时间要足够，使有机相和水相充分分层，否则有水残留在有机相中时，氮吹时不易吹干，容易造成农药分解。

小提示

氮吹很关键，切不可吹得过干。氮吹后应立即用丙酮复溶，否则一些农药会有损失，导致回收率偏低。

②色谱分析

由自动进样器分别吸取 1.0 μL 标准混合溶液和净化后的样品溶液并注入色谱仪中,以双柱保留时间定性,以 A 柱获得的样品溶液峰面积与标准溶液峰面积比较定量。

5. 分析结果的表述

(1)定性分析

双柱测得样品溶液中未知组分的保留时间(RT)分别与标准溶液在同一色谱柱上的保留时间(RT)相比较,如果样品溶液中某组分的两组保留时间与标准溶液中某一农药的两组保留时间相差都在±0.05 min 内的可认定为该农药。

(2)定量结果计算

试样中被测农药残留量以质量分数 w 计,单位以 mg/kg 表示,按下式计算

$$w = \frac{V_1 \times A \times V_3}{V_2 \times A_s \times m} \times \rho$$

式中　ρ——标准溶液中农药的质量浓度,mg/L;

A——样品溶液中被测农药的峰面积;

A_s——农药标准溶液中被测农药的峰面积;

V_1——提取溶剂总体积,mL;

V_2——吸取出用于检测的提取溶液的体积,mL;

V_3——样品溶液定容体积,mL;

m——试样的质量,g。

计算结果保留两位有效数字,当结果大于 1 mg/kg 时保留三位有效数字。

6. 精密度

本方法精密度数据是按照 GB/T 6379.2—2004 的规定确定,获得重复性和再现性的值以 95% 的可信度来计算。本方法的精密度数据参见表 4-2-3。

表 4-2-3　　　　　　　　　　54 种有机磷类农药精密度数据

序号	农药名称	质量浓度	重复性限 r	再现性限 R	质量浓度	重复性限 r	再现性限 R	质量浓度	重复性限 r	再现性限 R
1	敌敌畏	0.05	0.003 6	0.004 1	0.1	0.005 8	0.027 2	0.5	0.025 6	0.040 5
2	乙酰甲胺磷	0.05	0.004 6	0.007 6	0.1	0.011 4	0.017 1	0.5	0.062 7	0.091 1
3	百治磷	0.05	0.003 3	0.008 6	0.1	0.012 6	0.020 2	0.5	0.040 4	0.063 4
4	乙拌磷	0.05	0.004 2	0.007 7	0.1	0.006 8	0.008 8	0.5	0.027 3	0.065 6
5	乐果	0.05	0.004 0	0.011 5	0.1	0.010 3	0.024 7	0.5	0.013 5	0.077 4
6	甲基对硫磷	0.05	0.002 9	0.008 3	0.1	0.004 9	0.011 4	0.5	0.019 1	0.072 2
7	毒死蜱	0.05	0.002 4	0.006 2	0.1	0.004 6	0.007 8	0.5	0.019 0	0.052 1
8	嘧啶磷	0.05	0.003 7	0.008 0	0.1	0.007 4	0.010 9	0.5	0.017 8	0.059 3
9	倍硫磷	0.05	0.003 9	0.004 6	0.1	0.007 2	0.010 4	0.5	0.031 8	0.039 0

（续表）

序号	农药名称	质量浓度	重复性限 r	再现性限 R	质量浓度	重复性限 r	再现性限 R	质量浓度	重复性限 r	再现性限 R
10	辛硫磷	0.2	0.011 6	0.029 3	0.4	0.016 6	0.030 5	2.0	0.070 6	0.242 8
11	灭菌磷	0.05	0.003 0	0.007 0	0.1	0.008 6	0.010 3	0.5	0.017 8	0.059 1
12	三唑磷	0.05	0.004 5	0.005 6	0.1	0.011 9	0.012 5	0.5	0.020 1	0.055 9
13	亚胺硫磷	0.2	0.018 4	0.021 6	0.4	0.028 2	0.041 4	2.0	0.092 0	0.193 7
14	敌百虫	0.2	0.018 2	0.026 3	0.4	0.034 8	0.044 0	2.0	0.155 9	0.274 3
15	灭线磷	0.05	0.003 5	0.009 6	0.1	0.010 1	0.017 8	0.5	0.026 8	0.098 8
16	甲拌磷	0.05	0.004 5	0.008 5	0.1	0.007 7	0.021 2	0.5	0.038 1	0.103 2
17	氧乐果	0.05	0.003 4	0.011 6	0.1	0.008 7	0.028 6	0.5	0.032 0	0.059 9
18	二嗪磷	0.05	0.003 9	0.010 8	0.1	0.006 1	0.023 0	0.5	0.035 4	0.072 2
19	地虫硫磷	0.05	0.002 3	0.008 6	0.1	0.004 8	0.013 1	0.5	0.032 9	0.064 6
20	甲基毒死蜱	0.05	0.003 1	0.005 6	0.1	0.004 9	0.012 0	0.5	0.033 7	0.062 7
21	对氧磷	0.05	0.002 5	0.004 8	0.1	0.005 6	0.013 4	0.5	0.049 1	0.065 1
22	杀螟硫磷	0.05	0.001 6	0.004 3	0.1	0.006 8	0.010 1	0.5	0.035 1	0.040 6
23	溴硫磷	0.05	0.002 9	0.006 1	0.1	0.005 7	0.009 5	0.5	0.036 3	0.048 3
24	乙基溴硫磷	0.05	0.004 4	0.004 9	0.1	0.004 4	0.008 2	0.5	0.033 6	0.038 4
25	丙溴磷	0.05	0.004 9	0.005 5	0.1	0.005 3	0.012 2	0.5	0.035 2	0.043 8
26	乙硫磷	0.05	0.002 3	0.004 2	0.1	0.003 7	0.009 6	0.5	0.030 6	0.039 2
27	吡菌磷	0.2	0.009 8	0.028 2	0.4	0.018 4	0.054 2	2.0	0.130 2	0.274 1
28	蝇毒磷	0.2	0.014 4	0.025 6	0.4	0.020 0	0.060 4	2.0	0.117 1	0.317 6
29	甲胺磷	0.05	0.002 9	0.005 9	0.1	0.008 0	0.014 6	0.5	0.024 9	0.049 5
30	治螟磷	0.05	0.003 0	0.007 3	0.1	0.008 9	0.019 3	0.5	0.038 9	0.067 2
31	特丁硫磷	0.05	0.003 5	0.008 1	0.1	0.005 7	0.014 1	0.5	0.027 7	0.061 2
32	久效磷	0.05	0.003 3	0.007 3	0.1	0.008 4	0.011 5	0.5	0.027 7	0.053 1
33	除线磷	0.05	0.002 2	0.006 0	0.1	0.008 3	0.013 3	0.5	0.025 5	0.056 9
34	皮蝇磷	0.05	0.004 5	0.006 1	0.1	0.010 1	0.015 5	0.5	0.025 8	0.054 7
35	甲基嘧啶硫磷	0.05	0.004 9	0.007 5	0.1	0.009 6	0.012 6	0.5	0.023 6	0.062 0
36	对硫磷	0.05	0.003 9	0.007 3	0.1	0.007 6	0.008 7	0.5	0.026 8	0.054 5
37	异柳磷	0.05	0.004 6	0.007 5	0.1	0.012 9	0.014 2	0.5	0.028 4	0.067 2
38	杀扑磷	0.05	0.003 2	0.007 1	0.1	0.009 0	0.010 3	0.5	0.020 9	0.058 1

（续表）

序号	农药名称	质量浓度	重复性限 r	再现性限 R	质量浓度	重复性限 r	再现性限 R	质量浓度	重复性限 r	再现性限 R
39	甲基硫环磷	0.05	0.003 7	0.006 4	0.1	0.008 7	0.011 5	0.5	0.037 0	0.079 7
40	伐灭磷	0.05	0.005 4	0.005 8	0.1	0.006 7	0.013 8	0.5	0.030 2	0.059 3
41	伏杀硫磷	0.2	0.015 2	0.031 1	0.4	0.031 9	0.040 0	2.0	0.157 8	0.223 6
42	益棉磷	0.2	0.013 8	0.031 6	0.4	0.030 1	0.060 2	2.0	0.046 9	0.157 6
43	二溴磷	0.1	0.010 3	0.013 6	0.2	0.013 0	0.031 9	1.0	0.023 5	0.078 8
44	速灭磷	0.05	0.006 1	0.007 3	0.1	0.007 7	0.018 8	0.5	0.036 5	0.079 2
45	胺丙畏	0.05	0.003 7	0.006 8	0.1	0.003 3	0.014 2	0.5	0.037 8	0.064 5
46	磷胺	0.1	0.007 7	0.015 4	0.2	0.018 4	0.032 3	1.0	0.032 9	0.136 7
47	地毒磷	0.05	0.005 2	0.006 1	0.1	0.005 7	0.013 6	0.5	0.032 2	0.070 1
48	马拉硫磷	0.05	0.003 3	0.006 3	0.1	0.004 3	0.011 0	0.5	0.034 6	0.063 5
49	水胺硫磷	0.05	0.002 9	0.005 8	0.1	0.006 9	0.014 7	0.5	0.043 2	0.070 4
50	喹硫磷	0.05	0.004 8	0.006 2	0.1	0.004 9	0.012 6	0.5	0.036 6	0.062 1
51	杀虫畏	0.05	0.004 4	0.005 7	0.1	0.004 2	0.009 8	0.5	0.030 7	0.048 1
52	硫环磷	0.05	0.003 7	0.007 5	0.1	0.006 5	0.016 4	0.5	0.024 4	0.072 6
53	苯硫磷	0.05	0.004 8	0.006 6	0.1	0.006 3	0.017 2	0.5	0.030 2	0.064 6
54	保棉磷	0.2	0.018 4	0.036 5	0.4	0.029 7	0.071 2	2.0	0.101 2	0.317 0

7. 注释说明

（1）适用范围：适用于蔬菜和水果中敌敌畏、甲拌磷、乐果、对氧磷、对硫磷、甲基对硫磷、杀螟硫磷、异柳磷、乙硫磷、喹硫磷、伏杀硫磷、敌百虫、氧乐果、磷胺、甲基嘧啶磷、马拉硫磷、辛硫磷、亚胺硫磷、甲胺磷、二嗪磷、甲基毒死蜱、毒死蜱、倍硫磷、杀扑磷、乙酰甲胺磷、胺丙畏、久效磷、百治磷、苯硫磷、地虫硫磷、速灭磷、皮蝇磷、治螟磷、三唑磷、硫环磷、甲基硫环磷、益棉磷、保棉磷、蝇毒磷、地毒磷、灭菌磷、乙拌磷、除线磷、嘧啶磷、溴硫磷、乙基溴硫磷、丙溴磷、二溴磷、吡菌磷、特丁硫磷、水胺硫磷、灭线磷、伐灭磷、杀虫畏 54 种农药残留量的检测。本方法检出限为 0.01～0.3 mg/kg。

（2）色谱图

色谱如图 4-2-3～图 4-2-6 所示。

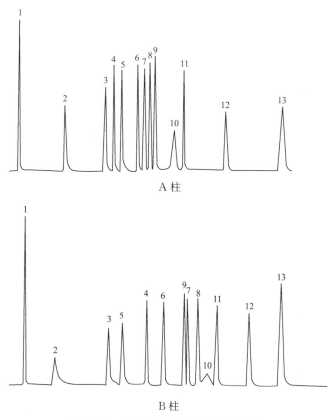

图 4-2-3　第Ⅰ组有机磷农药标准溶液

1—敌敌畏；2—乙酰甲胺磷；3—百治磷；4—乙拌磷；5—乐果；6—甲基对硫磷；
7—毒死蜱；8—嘧啶磷；9—倍硫磷；10—辛硫磷；11—灭菌磷；12—三唑磷；13—亚胺硫磷

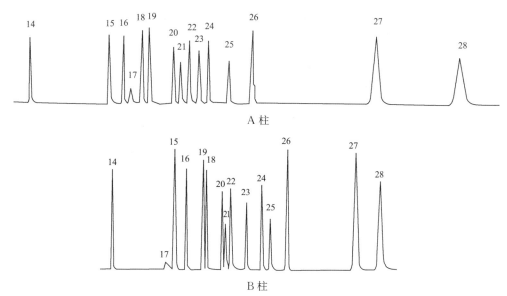

图 4-2-4　第Ⅱ组有机磷农药标准溶液

14—敌百虫；15—灭线磷；16—甲拌磷；17—氧乐果；18—二嗪磷；19—地虫硫磷；20—甲基毒死蜱；
21—对氧磷；22—杀螟硫磷；23—溴硫磷；24—乙基溴硫磷；25—丙溴磷；26—乙硫磷；27—吡菌磷；28—蝇毒

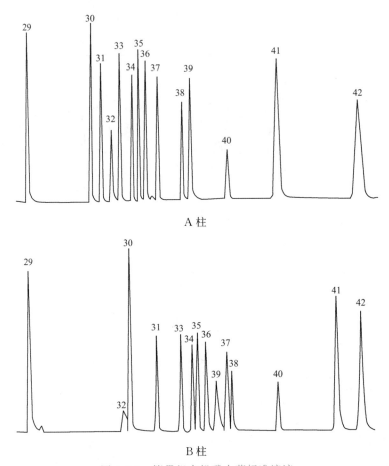

图 4-2-5　第Ⅲ组有机磷农药标准溶液

29—甲胺磷；30—治螟磷；31—特丁硫磷；32—久效磷；33—除线磷；34—皮蝇磷；35—甲基嘧啶磷；
36—对硫磷；37—异柳磷；38—杀扑磷；39—甲基硫环磷；40—伐灭磷；41—伏杀硫磷；42—益棉磷

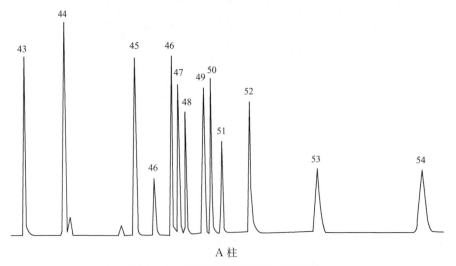

图 4-2-6　第Ⅳ组有机磷农药标准溶液

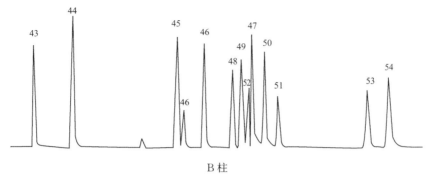

B柱

续图 4-2-6 第Ⅳ组有机磷农药标准溶液

43—二溴磷;44—速灭磷;45—胺丙畏;46—磷胺;47—地毒磷;48—马拉硫磷;
49—水胺硫磷;50—喹硫磷;51—杀虫畏;52—硫环磷;53—苯硫磷;54—保棉磷

(二)蔬菜和水果中有机磷类农药多残留的测定(NY/T 761—2008 方法二)

1.原理

试样中有机磷类农药用乙腈提取,提取溶液经过滤、浓缩后,用丙酮定容,注入气相色谱仪,农药组分经毛细管柱分离,用火焰光度检测器(FPD 磷滤光片)检测。保留时间定性、外标法定量。

2.仪器和设备

(1)气相色谱仪,带有火焰光度检测器(FPD),毛细管进样口。

(2)除气相色谱仪外,其他仪器和设备同方法一。

3.试剂和材料

同方法一。

4.分析步骤

(1)试样制备、提取、净化

同方法一。

(2)测定

①色谱参考条件

a.色谱柱

预柱:1.0 m,0.53 mm 内径,脱活石英毛细管柱。

色谱柱:50%聚苯基甲基硅氧烷(DB-17 或 HP-50＋)柱,30 m×0.53 mm×1.0 μm。

b.温度

同方法一。

c.气体及流量

同方法一。

d.进样方式

不分流进样。

②色谱分析

分别吸取 1.0 μL 标准混合溶液和净化后的样品溶液注入色谱仪中,以保留时间定性,以样品溶液峰面积与标准溶液峰面积比较定量。

5.分析结果的表述

同方法一。

6.精密度

同方法一。

7.色谱图

同方法一中 A 柱色谱图。

 任务准备

通过对标准的解读,将测定黄瓜中有机磷农药残留所需仪器和设备、试剂和材料记入表 4-2-4 和表 4-2-5。

表 4-2-4　　　　　　　　　　　　所需仪器和设备

序号	名称	规格
1	气相色谱仪	带有火焰光度检测器(FPD磷滤光片),毛细管进样口
2	食品加工器	
3	旋涡混合器	
4	匀浆机	
5	氮吹仪	

表 4-2-5　　　　　　　　　　　　所需试剂和材料

序号	名称	规格
1	乙腈	色谱纯
2	丙酮	重蒸
3	氯化钠	140 ℃ 烘烤 4 h
4	农药标准品	50 g/L
5	单一农药标准溶液	1 000 mg/L,贮存于−18 ℃以下冰箱中
6	农药混合标准溶液	使用前用丙酮稀释成所需质量浓度的标准工作液
7	滤膜	0.2 μm,有机溶剂膜

 任务实施

一、　操作要点(表 4-2-6)

操作视频

黄瓜中有机磷
农药残留的测定

表 4-2-6　　　　　　　　　　　　操作要点

序号	内容	操作方法	操作提示	评价标准
1	农药标准溶液配制	使用时将农药按照组别,根据各农药在仪器上的响应值,逐一准确吸取一定体积的同组别的单个农药储备液并分别注入同一容量瓶中,用丙酮稀释至刻度。使用前用丙酮稀释成所需质量浓度的标准工作液	配制有机磷农药标准溶液时,吸取农药标准储备液、农药标准使用液时一定要准确,否则会影响有机磷的定量	• 标准溶液配制方法正确 • 标准工作液的质量浓度适宜

（续表）

序号	内容	操作方法	操作提示	评价标准
2	试样制备	抽取黄瓜样品去皮,取可食部分,切碎后放入食品加工器中打浆,制成待测样	黄瓜要打成匀浆无颗粒,否则会影响有机磷农药的提取	• 黄瓜切成小块 • 正确用食品加工器机制样,样品打成泥,无明显颗粒
3	提取	准确称取 25.0 g 试样于 100 mL 离心管中,加入 50.0 mL 乙腈,于旋涡混合器上混匀后用滤纸过滤,滤液收集到装有 5～7 g 氯化钠的 100 mL 具塞量筒中,收集滤液 40～50 mL,盖上塞子,剧烈振荡 1 min,在室温下静置 30 min,使乙腈相和水相分层	1. 乙腈毒性大,污染环境,要在通风橱中进行 2. 振荡和静置过程中要开塞放气	• 电子天平操作规范 • 正确加入乙腈溶液 • 旋涡混合器使用正确 • 脱水装置使用正确 • 过滤操作规范
4	净化	从具塞量筒中吸取 10.0 mL 乙腈相溶液,于 10 mL 刻度试管中,将其置于氮吹仪中,温度设为 75 ℃,缓缓通入氮气,蒸发至近干,用移液管移入 5.0 mL 丙酮,在旋涡混合器上混匀,用 0.2 μm 滤膜过滤后,分别移入自动进样器样品瓶中,供色谱测定	1. 氮吹过程中要控制好氮气流量,使液体表面成旋涡状,无液体飞溅 2. 气针不要接触到液体,以免污染样品。 3. 氮吹至近干,不要吹干	• 静置分层充分 • 正确吸取上清液 • 氮吹至近干状态 • 定容操作规范 • 滤膜过滤操作正确
5	色谱条件设置	(1)色谱柱 预柱:1.0 m,0.53 mm 内径,脱活石英毛细管柱 色谱柱:50%聚苯基甲基硅氧烷(DB-17 或 HP-50＋)柱,30 m×0.53 mm×1.0 μm (2)温度 进样口温度:220 ℃ 检测器温度:250 ℃ 柱温:150 ℃(保持 2 min) $\xrightarrow{8\ ℃/min}$ 250 ℃ (保持 12 min) (3)气体及流量 载气:氮气,纯度 ≥ 99.999%,流速为 10 mL/min 燃气:氢气,纯度 ≥ 99.999%,流速为 75 mL/min 助燃气:空气,流速为 100 mL/min (4)进样方式 不分流进样	1. 必须先通入载气,再开电源 2. 有些热稳定性差的有机磷农药(如敌敌畏),在用气相色谱仪测定时比较困难,主要原因是易被担体所吸附,同时因对热不稳定而引起分解。故可采用缩短色谱柱至 1～1.3 m,或减小固定液涂渍的厚度和降低操作温度等措施来克服上述困难	• 开机预热,检查气路气密性操作正确 • 开机顺序正确,正确点火 • 检测条件设置正确 • 分析方法设置正确

食品理化检验技术

（续表）

序号	内容	操作方法	操作提示	评价标准
6	测定	由自动进样器分别吸取 1.0 μL 标准混合溶液和净化后的样品溶液并注入色谱仪中	1. 基线稳定后进行检测 2. 实验结束先关电源，再关载气	• 样品参数设置正确 • 调节基线操作正确 • 关闭气路顺序正确 • 关机顺序正确
7	定性、定量	(1)定性分析：通过比较样品中各组分与标准有机磷农药的保留时间进行定性分析 (2)定量计算：以 A 柱获得的样品溶液峰面积与标准溶液峰面积比较定量	样品溶液中某组分的保留时间与标准溶液中某一农药的保留时间相差在 ±0.05 min 内的可认定为该农药	• 定性分析准确 • 计算结果准确 • 有效数字保留正确

二、 数据记录及处理(表4-2-7)

表 4-2-7　　　　　　　　　　黄瓜中有机磷农药残留数据

基本信息	样品名称		样品编号		
	检测项目		检测日期		
	检测依据		检测方法		
仪器条件					
定性分析	有机磷农药 1		有机磷农药 2		有机磷农药 3
记录数据	样品编号		1	2	空白
	标准溶液中农药质量浓度/(mg·L^{-1})				
	提取溶剂总体积/mL				
	吸取用于检测的提取溶液体积/mL				
	样品溶液定容体积/mL				
	试样的质量/g				
定量计算	农药1	计算公式			
		标准溶液中农药1峰面积 A_{S1}			
		样品溶液中农药1峰面积 A_1			
		试样中农药1残留 X_1/(mg·kg^{-1})			
		精密度评判			
		$\overline{X}_1$/(mg·kg^{-1})			
		试样中农药1评判结果			

（续表）

定量计算	农药2	标准溶液中农药2峰面积 A_{S2}			
		样品溶液中农药2峰面积 A_2			
		试样中农药2残留 $X_2/(\text{mg} \cdot \text{kg}^{-1})$			
		精密度评判			
		$\overline{X}_2/(\text{mg} \cdot \text{kg}^{-1})$			
		试样中农药2评判结果			
	农药3	标准溶液中农药3峰面积 A_{S3}			
		样品溶液中农药3峰面积 A_3			
		试样中农药3残留 $X_3/(\text{mg} \cdot \text{kg}^{-1})$			
		精密度评判			
		$\overline{X}_3/(\text{mg} \cdot \text{kg}^{-1})$			
		试样中农药3评判结果			

三、问题探究

1.小明测定有机磷农药残留时发现配制农药混合标准溶液要分组，这是为什么？

分组配标可以根据仪器的响应把所有农药标准峰调整到相近的高度，不会出现在同一个浓度上有的峰很高，而有的很低，使谱图美观。另外在气相色谱上有的农药是部分重合或完全重合，这样完全重合的农药就不能配在一起，必须分成两组（用相同的升温程序），进两组标准样，以确认样品。

2.小明在拿到色谱图时，如何判断样品中有哪些有机磷农药？

将样品组分的保留时间与已知有机磷农药在相同的仪器和操作条件下保留时间相比较，如果两个数值相同或在实验和仪器容许的误差范围内，就推定未知物组分可能是已知的有机磷农药。但是，因为同一有机物在不同的色谱条件和仪器中保留时间有很大的差别，所以用保留时间值对色谱分离组分进行定性只能给出初步的判断，绝对多数情况下还需要用其他方法做进一步的确认。

3.在有机磷农药残留测定中小明该如何根据色谱图进行定量？

常用的色谱定量方法包括峰面积（峰高）百分比法、归一化法、内标法、外标法和标准加入法。峰面积（峰高）百分比法最简单，但最不准确。只有样品由同系物组成或者只是为了粗略地定量时该法才可选择。相比而言，内标法的定量精度最高，因为它是用相对于标准物的响应值来定量的，而内标物要分别加到标准样品和未知样品中，这样就可抵消由于操作条件的波动带来的误差。外标法是用待测组分的纯品做对照物质，以对照物质和样品中待测组分的响应信号相比较进行定量的方法。标准加入法是在未知样品中定量加入待测物的标准品，然后根据峰面积（或峰高）的增加量来进行定量计算，其样品制备过程与内标法类似但计算原理则完全是来自外标法。标准加入法定量精度介于内标法和外标法之间。

 任务总结

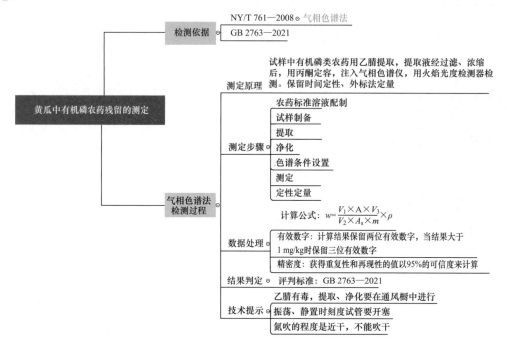

黄瓜中有机磷农药残留的测定
- 检测依据
  - NY/T 761—2008。气相色谱法
  - GB 2763—2021
- 气相色谱法检测过程
  - 测定原理：试样中有机磷类农药用乙腈提取，提取液经过滤、浓缩后，用丙酮定容，注入气相色谱仪，用火焰光度检测器检测。保留时间定性、外标法定量
  - 测定步骤
    - 农药标准溶液配制
    - 试样制备
    - 提取
    - 净化
    - 色谱条件设置
    - 测定
    - 定性定量
  - 计算公式：$w = \dfrac{V_1 \times A \times V_3}{V_2 \times A_s \times m} \times \rho$
  - 数据处理
    - 有效数字：计算结果保留两位有效数字，当结果大于1 mg/kg时保留三位有效数字
    - 精密度：获得重复性和再现性的值以95%的可信度来计算
  - 结果判定。评判标准：GB 2763—2021
  - 技术提示
    - 乙腈有毒，提取、净化要在通风橱中进行
    - 振荡、静置时刻度试管要开塞
    - 氮吹的程度是近干，不能吹干

任务评价

黄瓜中有机磷农药残留测定评价见表 4-2-8。

表 4-2-8　　　　　　　　　　黄瓜中有机磷农药残留测定评价

评价类别	项目	要求	互评	师评
专业能力（60%）	方案（10%）	正确选用标准（5%）		
		所设计实验方案可行性强（5%）		
	实施（30%）	农药混合标准溶液配制正确（5%）		
		试样制备正确（5%）		
		刻度量筒使用规范（5%）		
		氮吹操作规范（5%）		
		气相色谱仪参数设置正确（5%）		
		正确使用气相色谱仪（5%）		
	结果（20%）	原始数据记录准确、美观（5%）		
		公式正确，计算过程正确（5%）		
		正确保留有效数字（5%）		
		精密度符合要求（5%）		

（续表）

评价类别	项目	要求	互评	师评
职业素养（40%）	解决问题（5%）	及时发现问题并提出解决方案（5%）		
	团队协作（10%）	小组成员合作良好，对小组有贡献（10%）		
	职业规范（10%）	着装规范（5%）		
		节约、安全、环保意识（5%）		
	职业道德（5%）	诚信意识（5%）		
	职业精神（10%）	耐心细致、吃苦耐劳精神（5%）		
		严谨求实、精益求精的科学态度（5%）		
合计				

任务拓展

依据1＋X粮农食品安全评价及食品检验管理职业技能等级证书要求，针对有机磷农药残留的测定，课外应加强以下方面的学习和训练。

课程思政

华泽钊

1.通过学习气相色谱法测定蔬菜中有机磷农药残留，延伸至学习水果、谷类、肉类、鱼类中有机磷农药残留的测定，达到举一反三的目的。

2.通过学习食品中有机磷农药残留的测定，拓展学习食品中有机氯等农药残留量的测定，比较不同种类农药残留测定方法的异同点。

在线自测

任务巩固

1.填写流程图

请将气相色谱法测定黄瓜中有机磷农药残留的流程填写完整。

试样制备→□□□□□提取→旋涡振荡→过滤→收集滤液至盛有□□□□□□的具塞量筒中→静置分层→移取乙腈相→□□□□□至近干→用□□□□□定容→旋涡振荡→□□□□□过滤→进样检测

2.综合题

在食品安全指标中，农药残留量已经成为重要检测指标，我国不断强化检验检测工作，推进质量强国建设。小明用气相色谱法测定黄瓜中的有机磷农药毒死蜱的含量，检测步骤如下：

制样：黄瓜两根去皮，切小块，放入搅拌机中，打浆。

提取：准确称取 10.00 g ± 0.10 g 黄瓜匀浆于 50 mL 离心管中，加入标液（10.0 μg/mL）100 μL，准确移入 20.0 mL 乙腈，于旋涡混合器上混匀 2 min 后用滤纸过滤，滤液收集到装有 2～3 g 氯化钠的 50 mL 具塞量筒中，收集滤液 20 mL 左右，盖上塞子，剧烈振荡 1 min，在室温下静置 30 min，使乙腈相和水相完全分层。

净化：用移液管从具塞量筒中移取 4.0 mL 乙腈相溶液于 10 mL 刻度试管中，将其置于氮吹仪中，温度设为 75 ℃，缓缓通入氮气，蒸发近干，用移液管移入 2.0 mL 丙酮，在旋涡混合器上混匀，用 0.2 μm 滤膜过滤后，分别移入自动进样器进样瓶中，做好标记，供色谱测定。

(1)请简述氮吹仪操作过程和注意事项。

(2)用单标法进行定量,问上机检测时需配制多大浓度的标准溶液较为合适?

(3)按照题目中条件,填写表 4-2-9 和表 4-2-10。

表 4-2-9　　　　　　　　　　　　检测结果

重复平行	1	2	3
黄瓜试样质量 m/g	10.00	10.00	10.00
加入标液浓度 ρ/(μg・mL^{-1})		10.0	
加入标液体积 V/μL		100.0	
加标农药质量 m_S/mg			
提取溶剂总体积 V_1/mL			
吸取出用于检测的提取溶液的体积 V_2/mL			
样品溶液定容体积 V_3/mL			

表 4-2-10　　　　　　　　　　　　数据处理

重复平行	1	2	3
标准溶液中的该农药质量浓度 ρ/(mg・L^{-1})		0.100	
样品溶液中该农药的峰面积 A	65.239	66.239	64.239
标准溶液中该农药的峰面积 A_S		66.371	
样品溶液中该农药质量分数 w/(mg・kg^{-1})			
样品溶液中该农药质量分数平均值 $\overline{w}$/(mg・kg^{-1})			
空白溶液中该农药峰面积 A_0		0	
空白溶液中该农药质量 m_0/mg		0	
加标回收率/%			
平均回收率/%			
相对标准偏差 RSD/%			

任务三　　动物性食品中氟喹诺酮类药物残留的测定

任务目标

1.能查阅并解读动物性食品中兽药残留测定标准,能查询氟喹诺酮类药物残留限量;

2.能正确处理和准备样品,能规范使用固相萃取仪、离心机、液相色谱仪;

3.能识别色谱图,进行定性、定量分析;

4.能如实填写原始数据,正确处理检测数据,规范填写检验报告;

5.培养规范、安全、环保意识;

6.培养技能立身、匠心报国的远大志向。

任务背景

氟喹诺酮类药物,因抗菌谱广、抗菌活性强等被广泛用于畜禽细菌性疾病的治疗和预防。但是近年来一些养殖户法律意识淡薄,为追求经济效益,违规滥用、超量使用兽药的情况较多,致使部分牛肉及制品中的兽药残留超标,危害了广大消费者的身体健康。小明最近就接到了检验市售牛肉的氟喹诺酮类药物残留的任务。

任务描述

我国是牛肉生产第三大国家,牛肉产品的质量安全问题日益受到关注。氟喹诺酮类药物是最近几年发展起来的一类广谱抗菌药,在动物养殖过程中使用较多,因此该类药物的残留问题引发了社会的高度关注。《食品安全国家标准 食品中兽药最大残留限量》(GB 31650—2019)规定达氟沙星在牛的肌肉、脂肪中残限留量分别为 $200\ \mu g/kg$ 和 $100\ \mu g/kg$,恩诺沙星在牛的肌肉、脂肪中的残留限量为 $100\ \mu g/kg$(以恩诺沙星+环丙沙星之和计)。

任务分析

通过查阅《动物性食品中氟喹诺酮类药物残留检测 高效液相色谱法》(农业部 1025 号公告—14—2008)和《食品安全国家标准 食品中兽药最大残留限量》(GB 31650—2019),小组讨论后制订检验方案,测定牛肉中氟喹诺酮类药物残留量,并评价达氟沙星、恩诺沙星残留量是否合规。

相关知识

一、兽药

兽药在防治动物疾病、提高生产效率、改善畜产品质量等方面起着十分重要的作用。然而,由于养殖人员对科学知识的缺乏以及一味地追求经济利益,致使滥用兽药现象在当前畜牧业中普遍存在。滥用兽药极易造成动物源食品中有害物质的残留,这不仅对人体健康造成直接危害,而且对畜牧业的发展和生态环境也造成极大危害。

兽药残留是指食品动物用药后,动物产品的任何可食用部分中所有与药物有关的物质的残留,包括药物原型或/和其代谢产物。所以,兽药残留既包括原药,也包括药物在动物体内的代谢产物和兽药生产中所伴生的杂质。

氟喹诺酮类药物

动物性食品中
氟喹诺酮类药
物残留的测定

兽药残留可分为 7 类:抗生素类、驱肠虫药类、生长促进剂类、抗原虫药类、灭锥虫药类、镇静剂类及 β-肾上腺素能受体阻断剂。在动物性食品中较容易引起兽药残留量超标的兽药主要有抗生素类、磺胺类、呋喃类、抗寄生虫类和激素类药物。

在养殖过程中,普遍存在长期使用药物添加剂,随意使用新的或高效抗生素,大量使用医用药物等现象。此外,还存在大量不符合用药剂量、给药途径、用药部位和用药动物种类等用药规定以及重复使用几种商品名不同但成分相同的药物的现象。所有这些因素都能造成药物在体内过量积累,导致兽药残留。为加强兽药残留监控工作,保证动物性食品卫生安全,《食品安全国家标准 食品中兽药最大残留限量》(GB 31650—2019)中规定了 267 种(类)兽药在畜禽产品、水产品、蜂产品中的 2 191 项残留限量及使用要求。

目前,兽药残留最常见的分析方法有气相色谱法、高效液相色谱法、气相色谱-质谱法和液相色谱-质谱法等。此外,近年来应用速测试剂盒进行兽药残留的检测也得到了广泛应用。

二、 氟喹诺酮类药物

3D虚拟仿真

固相萃取

氟喹诺酮类药物是喹诺酮类药物经加氟结构改造后的衍生物,具有吸收好、组织浓度高、半衰期长、抗菌谱广等优点,已成为人医和兽医临床上的常用药品。氟喹诺酮类药物主要有诺氟沙星(氟哌酸)、培氟沙星(甲氟哌酸)、依诺沙星(氟啶酸)、氧氟沙星(氟嗪酸)、环丙沙星以及近几年研制的多氟化喹诺酮类新品种,如洛美沙星、氟罗沙星等,其中动物专用的有恩诺沙星、甲磺酸单诺沙星、马波沙星、盐酸沙拉沙星、奥比沙星和盐酸二氟沙星,由于该类药物的生物利用度高而被广泛应用,但常有不合理用药和滥用药的情况发生,因此氟喹诺酮类药物残留问题越来越引起人们的重视。

三、 动物性食品中氟喹诺酮类药物残留测定

小提示

固相萃取简称 SPE,利用选择性吸附与选择性洗脱的液相色谱法分离原理。常用的方法是使液体样品通过一个吸附剂,保留其中被测物质,再选用适当强度溶剂冲去杂质,然后用少量溶剂洗脱被测物质,从而达到快速分离净化与浓缩的目的。

根据《兽药管理条例》的规定,农业部第 1025 号公告发布了 26 种动物性食品中兽药残留的检测方法。动物性食品中达氟沙星、恩诺沙星、环丙沙星和沙拉沙星药物残留的检测可以参照《动物性食品中氟喹诺酮类药物残留检测 高效液相色谱法》(农业部 1025 号公告—14—2008)。

1. 原理

用磷酸盐缓冲溶液提取试样中的药物,C_{18} 柱净化,流动相洗脱。以磷酸-乙腈为流动相,用高效液相色谱-荧光检测法测定,外标法定量。

2. 仪器和设备

(1)高效液相色谱仪(配荧光检测器)。

（2）天平：感量为 0.01 g 和 0.000 1 g。

（3）振荡器。

（4）组织匀浆机。

（5）离心机。

（6）匀浆杯：30 mL。

（7）离心管：50 mL。

（8）固相萃取柱：Varian BondElut C_{18} 柱（100 mg/mL）。

3. 试剂和材料

以下所用的试剂，除特别注明外均为分析纯，水为符合 GB/T 6682—2008 规定的二级水。

（1）达氟沙星：含达氟沙星（$C_{19}H_{20}FN_3O_3$）不得少于 99.0%。

（2）恩诺沙星：含恩诺沙星（$C_{19}H_{22}FN_3O_3$）不得少于 99.0%。

（3）环丙沙星：含环丙沙星（$C_{17}H_{18}FN_3O_3$）不得少于 99.0%。

（4）沙拉沙星：含沙拉沙星（$C_{20}H_{17}F_2N_2O_3$）不得少于 99.0%。

（5）乙腈：色谱纯。

（6）甲醇。

（7）三乙胺。

（8）5.0 mol/L 氢氧化钠溶液：取氢氧化钠饱和溶液 28 mL，加水稀释至 100 mL。

（9）0.03 mol/L 氢氧化钠溶液：取 5.0 mol/L 氢氧化钠溶液 0.6 mL，加水稀释至 100 mL。

（10）0.05 mol/L 磷酸/三乙胺溶液：取浓磷酸 3.4 mL，用水稀释至 1 000 mL。用三乙胺调 pH 至 2.4。

（11）磷酸盐缓冲溶液（用于肌肉、脂肪组织）：取磷酸二氢钾 6.8 g，加水溶解并稀释至 500 mL。用 5.0 mol/L 氢氧化钠溶液调节 pH 至 7.0。

（12）磷酸盐溶液（用于肝脏、肾脏组织）：取磷酸二氢钾 6.8 g，加水溶解并稀释至 500 mL，pH 为 4.0～5.0。

（13）达氟沙星、恩诺沙星、环丙沙星和沙拉沙星标准储备液：分别取达氟沙星对照品约 10 mg，恩诺沙星、环丙沙星和沙拉沙星对照品各约 50 mg，精密称定，用 0.03 mol/L 氢氧化钠溶液溶解并稀释成浓度为 0.2 mg/mL（达氟沙星）和 1 mg/mL（恩诺沙星、环丙沙星和沙拉沙星）的标准储备液。置于 2～8 ℃冰箱中保存，有效期为 3 个月。

（14）达氟沙星、恩诺沙星、环丙沙星和沙拉沙星标准工作液：准确量取适量标准储备液用乙腈稀释成适宜浓度的达氟沙星、恩诺沙星、环丙沙星和沙拉沙星标准工作溶液。置于 2～8 ℃冰箱中保存，有效期为 1 周。

（15）微孔滤膜（0.45 μm）。

4. 分析步骤

（1）制样

①试样的制备

取适量新鲜或冷冻的空白或供试组织，绞碎并使其均匀。

②试样的保存

−20 ℃以下冰箱中贮存备用。

(2)试料的制备

试料的制备包括：

• 取绞碎后的供试样品,作为供试试料。

• 取绞碎后的空白样品,作为空白试料。

• 取绞碎后的空白样品,添加适宜浓度的对照溶液,作为空白添加试料。

(3)提取

取 20 g±0.05 g 试料,置于 30 mL 匀浆机中,加磷酸盐缓冲溶液 10.0 mL,10 000 r/min 匀浆 1 min。匀浆液转入离心管中,中速振荡 5 min,离心(肌肉、脂肪 10 000 r/min 5 min;肝、肾 15 000 r/min 10 min),取上清液,待用。用磷酸盐缓冲溶液 10.0 mL 洗刀头及匀浆杯,转入离心管,洗残渣,混匀,中速振荡 5 min,离心(肌肉、脂肪 10 000 r/min 5 min;肝、肾 15 000 r/min 10 min)。合并两次上清液,混匀,备用。

(4)净化

固相萃取柱先依次用甲醇、磷酸盐缓冲溶液各 2 mL 预洗。取上清液 5.0 mL 过柱,用水 1 mL 淋洗,挤干。用流动相 1.0 mL 洗脱,挤干,收集洗脱液。经滤膜过滤后作为试样溶液,供高效液相色谱法测定。

(5)标准曲线的制备

准确量取适量达氟沙星、恩诺沙星、环丙沙星和沙拉沙星标准工作液,用流动相稀释成浓度分别为 0.005 μg/mL、0.01 μg/mL、0.05 μg/mL、0.1 μg/mL、0.3 μg/mL、0.5 μg/mL 的对照液,供高效液相色谱分析。

(6)测定

①色谱条件

色谱柱:C_{18} 250 mm×4.6 mm($i.d$),粒径 5 μm,或相当者。

流动相:0.05 mol/L 磷酸溶液/三乙胺-乙腈(82+18,V/V),使用前经微孔滤膜过滤。

流速:0.8 mL/min。

检测波长:激发波长 280 nm;发射波长 450 nm。

柱温:室温。

进样量:20 μL。

②测定法

取试样溶液和相应的对照溶液,做单点或多点校准,按外标法以峰面积计算。对照溶液及试样溶液中达氟沙星、恩诺沙星、环丙沙星和沙拉沙星响应值均应在仪器检测的线性范围之内。在上述色谱条件下,对照溶液和试样溶液的高效液相色谱分别如图 4-3-1 和图 4-3-2 所示。

加入磷酸盐缓冲溶液的作用是什么?

甲醇具有高挥发性,有毒,能损坏神经,所以净化应在通风橱中进行。

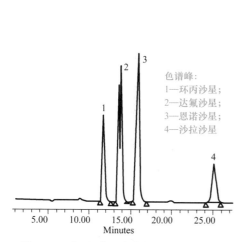

图 4-3-1　氟喹诺酮类药物对照溶液色谱

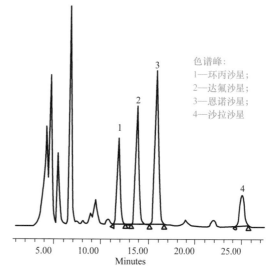

图 4-3-2　猪肝脏组织中氟喹诺酮类药物色谱

（7）空白试验

除不加试料外，采用完全相同的测定步骤进行平行操作。

5. 分析结果的表述

试料中达氟沙星、恩诺沙星、环丙沙星和沙拉沙星的残留量按下式计算

$$X=\frac{A\times c_S\times V_1\times V_3}{A_S\times V_2\times m}$$

式中　X——试料中达氟沙星、恩诺沙星、环丙沙星或沙拉沙星的残留量，ng/g；

$\quad\quad A$——试样溶液中相应药物的峰面积；

$\quad\quad A_S$——对照溶液中相应药物的峰面积；

$\quad\quad c_S$——对照溶液中相应药物的浓度，ng/mL；

$\quad\quad V_1$——提取用磷酸盐缓冲液的总体积，mL；

$\quad\quad V_2$——过 C_{18} 固相萃取柱所用备用液体积，mL；

$\quad\quad V_3$——洗脱用流动相体积，mL；

$\quad\quad m$——供试试料的质量，g。

计算结果需扣除空白值，测定结果用平行测定的算术平均值表示，保留三位有效数字。

6. 注释说明

（1）适用范围：本法适用于猪的肌肉、脂肪、肝脏和肾脏，鸡的肝脏和肾脏组织中达氟沙星、恩诺沙星、环丙沙星和沙拉沙星药物残留量检测。

（2）达氟沙星、恩诺沙星、环丙沙星和沙拉沙星在鸡和猪的肌肉、脂肪、肝脏及肾脏组织中的检测限为 20 μg/kg。

（3）本方法在 20～500 μg/kg 添加浓度的回收率为 60%～100%。

（4）本方法的批内变异系数≤15%，批间变异系数≤20%。

食品理化检验技术

 任务准备

通过对标准的解读,将测定牛肉中氟喹诺酮类药物残留所需仪器和设备、试剂和材料分别记入表 4-3-1 和表 4-3-2。

表 4-3-1　　　　　　　　　　　　　所需仪器和设备

序号	名称	规格
1	高效液相色谱仪	配荧光检测器
2	天平	感量为 0.01 g 和 0.000 01 g
3	旋涡混合器	
4	离心机	
5	离心管	50 mL
6	固相萃取柱	
7	固相萃取装置	

表 4-3-2　　　　　　　　　　　　　所需试剂和材料

序号	名称	规格
1	磷酸盐缓冲溶液	取磷酸二氢钾 6.8 g,加水使溶解并稀释至 500 mL,用 5.0 mol/L 氢氧化钠溶液调节 pH 至 7.0
2	甲醇	色谱纯
3	纯化水	
4	5.0 mol/L 氢氧化钠溶液	取氢氧化钠饱和溶液 28 mL,加水稀释至 100 mL
5	0.03 mol/L 氢氧化钠溶液	取 5.0 mol/L 氢氧化钠溶液 0.6 mL,加水稀释至 100 mL
6	达氟沙星、恩诺沙星标准储备液	分别取达氟沙星对照品约 10 mg,恩诺沙星、环丙沙星对照品各约 50 mg,精密称定,用 0.03 mol/L 氢氧化钠溶液溶解并稀释成浓度为 0.2 mg/mL(达氟沙星)和 1 mg/mL(恩诺沙星、环丙沙星)的标准储备液。置于 2~8 ℃冰箱中保存,有效期 3 个月
7	达氟沙星、恩诺沙星标准工作液	准确量取适量标准储备液用乙腈稀释成适宜浓度的达氟沙星、恩诺沙星、环丙沙星标准工作液。置于 2~8 ℃冰箱中保存,有效期为 1 周
8	微孔滤膜	0.22 μm

任务实施

一、操作要点(表 4-3-3)

微课
牛肉中氟喹诺酮类药物残留的测定1

微课
牛肉中氟喹诺酮类药物残留的测定2

表 4-3-3　操作要点

序号	内容	操作方法	操作提示	评价标准
1	制样	取适量新鲜或冷冻的空白或供试组织,绞碎并使均匀。－20 ℃以下冰箱中贮存备用	牛肉要绞碎,否则影响氟喹诺酮类药物的提取	• 牛肉绞碎均匀 • 样品未污染
2	提取	准确称取 2 份牛肉样品 2 g±0.05 g 于 50 mL 具塞离心管中。准确移取 20.0 mL 磷酸盐缓冲液在每份已称量好的牛肉样品中。将离心管置于旋涡混合器上,中速振荡 5 min。用空离心管和纯化水在托盘天平上进行配平,然后高速离心(10 000 r/min,5 min)。将上清液倒入 25 mL 烧杯中,以备过柱用	1. 离心管离心前要配平 2. 旋涡振荡要充分	• 正确使用移液管 • 正确使用旋涡混合器 • 能正确配平离心管 • 正确进行离心操作
3	净化	将固相萃取柱在固相萃取仪上安装好,用 5 mL 刻度吸管分两次、每次吸取 3.0 mL 共 6.0 mL 的甲醇活化,再用 5 mL 刻度吸管分两次、每次吸取 3.0 mL 共 6.0 mL 的水进一步活化。取离心所得上清液 5.0 mL 过柱,用水 2.0 mL 清洗,挤干。用流动相 2.0 mL 洗脱,并用 5 mL 试管收集洗脱液。用 2 mL 的一次性注射器吸取洗脱液,并将收集的洗脱液过 0.22 μm 微孔滤膜,直接装在样品瓶中,做好标记,供色谱测定。同时做空白试验	1. 在活化及萃取过程中,不要让萃取柱变干,柱床始终保持湿润 2. 固相萃取柱上样时速度不宜过快,防止待测组分来不及与填料充分作用就从通道流失 3. 洗脱时控制流速在 1～2 mL/min 4. 洗脱时尽量将水分抽干 5. 固相萃取柱最好只用一次	• 正确使用移液管 • 正确活化 • 正确上样 • 正确收集和过滤样品并装瓶
4	标准曲线制备	准确量取适量达氟沙星、恩诺沙星、环丙沙星标准工作液,用流动相稀释成浓度分别为 0.005 μg/mL、0.01 μg/mL、0.05 μg/mL、0.1 μg/mL、0.3 μg/mL、0.5 μg/mL 的对照溶液,供高效液相色谱分析	量取标准工作液要准确,否则标准曲线会出现偏差	• 标准工作液量取准确 • 正确稀释成对照溶液
5	设置色谱条件	色谱柱:C_{18} 250 mm×4.6 mm($i.d$),粒径 5 μm,或相当者 流动相:0.05 mol/L 磷酸溶液/三乙胺-乙腈(82＋18,v/v),使用前经微孔滤膜过滤; 流速:0.8 mL/min 检测波长:激发波长 280 nm;发射波长 450 nm 柱温:室温 进样量:20 μL	流动相应选用色谱纯试剂	• 正确选择和安装色谱柱 • 输液泵开启正确,流动相更换熟练 • 正确设定检测条件 • 色谱系统平衡,检测器预热正确

（续表）

序号	内容	操作方法	操作提示	评价标准
6	测定	对照溶液及试样净化液分别进样，记录谱图，以保留时间定性，按外标法以峰面积计算	1.处理完的试样溶液应及时上机 2.对照溶液及试样溶液中达氟沙星、恩诺沙星、环丙沙星响应值均应在仪器检测的线性范围之内	• 工作站方法设置正确 • 图谱积分处理正确 • 正确建立标准曲线
7	空白试验	除不加试样外，采用完全相同的测定步骤进行平行操作	处理完的空白试样应及时上机检测	• 实验结束后用相应溶剂冲洗管路

二、 数据记录及处理（表4-3-4）

表 4-3-4　　　　　　　　　牛肉中氟喹诺酮类兽药残留测定数据

基本信息		样品名称			样品编号	
		检测项目			检测日期	
		检测依据			检测方法	
仪器条件						
定性分析		氟喹诺酮类药物1		氟喹诺酮类药物2	氟喹诺酮类药物3	
记录数据		样品编号		1	2	空白
		样品质量 m/g				
		提取用磷酸盐缓冲液总体积 V_1/mL				
		过柱所用备用液体积 V_2/mL				
		洗脱用流动相体积 V_3/mL				
定量计算	药物1	计算公式				
		对照溶液中药物1浓度 $c_S/(ng \cdot mL^{-1})$				
		对照溶液中药物1的峰面积 A_{S1}				
		试样溶液中药物1的峰面积 A_1				
		试样中药物1的残留量 $X_1/(ng \cdot g^{-1})$				
		精密度评判				
		$\overline{X_1}/(ng \cdot g^{-1})$				
		试样中药物1评判结果				

（续表）

定量计算	药物2	对照溶液中药物2浓度 c_S/(ng.mL^{-1})		
		对照溶液中药物2的峰面积 A_{S2}		
		试样溶液中药物2的峰面积 A_2		
		试样中药物2的残留量 X_2/(ng·g^{-1})		
		精密度评判		
		$\overline{X_2}$/(ng·g^{-1})		
		试样中药物2评判结果		
	药物3	对照溶液中药物3浓度 c_S/(ng·mL^{-1})		
		对照溶液中药物3的峰面积 A_{S3}		
		试样溶液中药物3的峰面积 A_3		
		试样中药物3的残留量 X_3/(ng·g^{-1})		
		精密度评判		
		$\overline{X_3}$/(ng·g^{-1})		
		试样中药物3评判结果		

三、问题探究

1.小明第一次使用固相萃取柱,能告诉他固相萃取的一般操作程序吗?

固相萃取操作一般有四步,如图 4-3-4 所示。

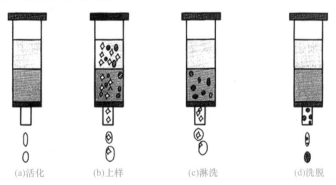

(a)活化　　　(b)上样　　　(c)淋洗　　　(d)洗脱

图 4-3-4　固相萃取的基本操作步骤

◇—基本杂质；●—分析物

（1）活化——除去小柱内的杂质并创造一定的溶剂环境。（注意整个过程不要使小柱干涸）

（2）上样——将试样用一定的溶剂溶解,转移入柱并使组分保留在柱上。（注意流速不要过快,以 1 mL/min 为宜,最大不超过 5 mL/min）

（3）淋洗——最大限度地除去干扰物。（建议此过程结束后把小柱完全抽干）

（4）洗脱——用小体积的溶剂将被测物质洗脱下来并收集。（注意流速不要过快,以 1 mL/min 为宜）

2.小明作为一名新手,对液相色谱仪的操作不是特别熟练,在测定牛肉中氟喹诺酮类药物残留时过滤后样品瓶中较少,自动进样器进样针无法到达液面,该如何解决?

可采用调低进样针进样高度的方法,但要注意不要使进样针碰到瓶底。

任务总结

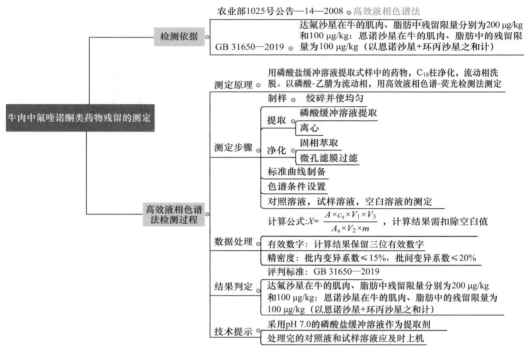

任务评价

牛肉中氟喹诺酮类药物残留测定评价见表 4-3-5。

表 4-3-5   牛肉中氟喹诺酮类药物残留测定评价

评价类别	项目	要求	互评	师评
专业能力 （60%）	方案（10%）	正确选用标准（5%）		
		所设计实验方案可行性强（5%）		
	实施（30%）	正确配平离心管,离心参数设置正确（5%）		
		固相萃取柱操作正确（10%）		
		液相色谱参数设置合理（5%）		
		正确操作液相色谱仪（5%）		
		色谱仪关机正确（5%）		
	结果（20%）	原始数据记录准确、美观（5%）		
		公式正确,计算过程正确（5%）		
		正确保留有效数字（5%）		
		精密度符合要求（5%）		

（续表）

评价类别	项目	要求	互评	师评
职业素养（40%）	解决问题（5%）	及时发现问题并提出解决方案（5%）		
	团队协作（10%）	小组成员合作良好，对小组有贡献（10%）		
	职业规范（10%）	着装规范（5%）		
		节约、安全、环保意识（5%）		
	职业道德（5%）	诚信意识（5%）		
	职业精神（10%）	耐心细致、吃苦耐劳精神（5%）		
		严谨求实、精益求精的科学态度（5%）		
合计				

任务拓展

依据1+X粮农食品安全评价及食品检验管理职业技能等级证书要求，针对氟喹诺酮类药物残留的测定，课外应加强以下方面的学习和训练。

1.通过测定牛肉中氟喹诺酮类药物残留，学习和领会高效液相色谱法的操作要点及操作条件的选择。

2.以氟喹诺酮类药物残留测定学习为主，延伸至学习其他兽药残留的测定。

任务巩固

在线自测

1.填写流程图

请将液相色谱法测定牛肉中氟喹诺酮类药物残留的流程填写完整。

试样制备→□□□□□□提取→匀浆→离心→合并上清液，混匀→□□□□□□→

滤膜过滤→标准曲线制备→测定→□□□□□□定量

2.综合题

液食品检测人员是维护动物源食品安全的卫士。小明用相色谱法测定猪肉中环丙沙星的含量。

检测步骤：准确称取3份肉糜样品2 g±0.05 g于50 mL具塞离心管中，在样品中加入环丙沙星标准溶液（25 μg/mL）40 μL。准确移取20.0 mL磷酸盐缓冲液在每份已称量好的猪肉样品中。将离心管置于旋涡混合器上，中速振荡5 min，然后高速离心（10 000 r/min，5 min）。移取离心所得上清液5.0 mL过柱，柱子型号为Waters HLB 3cc 60 mg，用2.0 mL水清洗，挤干，用2.0 mL流动相洗脱，并用5 mL试管收集洗脱液。用2 mL的一次性注射器吸取洗脱液，并将收集的洗脱液过0.22 μm有机滤膜，直接装在样品瓶中，并编号，待检。

（1）说明该检测项目中固相萃取柱的活化步骤。

（2）用单标法进行定量，问上机检测时需配制多大浓度的标准溶液较为合适？

（3）请写出液相色谱法检测条件。

(4)按照题目中条件及检测结果(表 4-3-6),计算样品上机检测浓度、加标后样品中环丙沙星含量、加标回收率和检测结果 RSD 值,填入表 4-3-7 中。

表 4-3-6　　　　　　　　　　　　检测结果

重复平行样品编号		1		2		3		
猪肉取样量/g		2.000 0		2.000 0		2.000 0		
加入猪肉样品中的标液体积 V/mL		0.040 0		0.040 0		0.040 0		
加入猪肉样品中的标液浓度/(μg·mL^{-1})		25.0		25.0		25.0		
标准溶液环丙沙星浓度 c_s/(μg·mL^{-1})	标准溶液环丙沙星峰面积 A_s	空白溶液环丙沙星峰面积 A_b	空白溶液环丙沙星浓度 c_b/(μg·mL^{-1})	加标样品中环丙沙星峰面积 A_b				
				1		2		3
0.1000	66.371	0	0	65.239		66.239		64.239

表 4-3-7　　　　　　　　　　　　检测结果数据处理

样品编号	1	2	3
样品中环丙沙星浓度 c/(μg·mL^{-1})			
样品中环丙沙星质量分数 X/(ng·g^{-1})			
样品中环丙沙星质量分数平均值 $\overline{X}$/(ng·g^{-1})			
加标回收率 P/%			
加标回收率平均值 $\overline{P}$/%			
相对标准偏差 RSD/%			

参考文献

［1］中国食品药品检定研究院.食品检验操作技术规范（理化检验）［M］.北京:中国医药科技出版社,2019.

［2］李道敏.食品理化检验［M］.北京:化学工业出版社,2020.

［3］句荣辉,罗红霞.粮农食品安全评价职业技能等级证书培训考评手册（中级）［M］.北京:中国轻工业出版社,2021.

［4］罗红霞,邓毛程.粮农食品安全评价职业技能等级证书培训考评手册（高级）［M］.北京:中国轻工业出版社,2021.

［5］杜淑霞.食品理化检验技术［M］.北京:科学出版社,2019.

［6］王磊.食品分析与检验［M］.北京:化学工业出版社,2017.

［7］李京东,余奇飞,刘丽红.食品分析与检验技术［M］.北京:化学工业出版社,2016.

［8］刘靖,陈妍.食品理化检测技术［M］.北京:中国农业出版社,2015.

附　录

糖液观测锤度温度改正表(20 ℃)

温度/℃	观测锤度														
	11	12	13	14	15	16	17	18	19	20	21	22	23	24	25
温度低于 20 ℃时应减之数															
10	0.44	0.45	0.46	0.47	0.48	0.49	0.50	0.50	0.51	0.52	0.53	0.54	0.55	0.56	0.57
11	0.41	0.42	0.42	0.43	0.44	0.45	0.46	0.48	0.47	0.48	0.49	0.49	0.50	0.50	0.51
12	0.37	0.38	0.38	0.39	0.40	0.41	0.41	0.42	0.42	0.43	0.44	0.44	0.45	0.45	0.46
13	0.33	0.33	0.34	0.34	0.35	0.36	0.36	0.37	0.37	0.38	0.39	0.39	0.40	0.40	0.41
14	0.29	0.30	0.30	0.31	0.31	0.32	0.32	0.33	0.33	0.34	0.34	0.35	0.35	0.36	0.36
15	0.24	0.25	0.25	0.26	0.26	0.26	0.27	0.27	0.28	0.28	0.28	0.29	0.29	0.30	0.30
16	0.20	0.21	0.21	0.22	0.22	0.22	0.22	0.23	0.23	0.23	0.24	0.24	0.25	0.25
17	0.15	0.16	0.16	0.16	0.16	0.16	0.16	0.17	0.17	0.18	0.18	0.18	0.19	0.19	0.19
18	0.10	0.10	0.11	0.11	0.11	0.11	0.11	0.12	0.12	0.12	0.12	0.12	0.13	0.13	0.13
19	0.05	0.05	0.06	0.06	0.06	0.06	0.06	0.06	0.06	0.06	0.06	0.06	0.06	0.06	0.06
温度高于 20 ℃时应加之数															
21	0.06	0.06	0.06	0.05	0.06	0.06	0.06	0.06	0.06	0.06	0.06	0.06	0.07	0.07	0.07
22	0.11	0.11	0.12	0.12	0.12	0.12	0.12	0.12	0.12	0.12	0.12	0.12	0.13	0.13	0.13
23	0.17	0.17	0.17	0.17	0.17	0.17	0.18	0.18	0.19	0.19	0.19	0.19	0.20	0.20	0.20
24	0.23	0.23	0.24	0.24	0.24	0.24	0.25	0.25	0.26	0.26	0.26	0.26	0.27	0.27	0.27
25	0.30	0.30	0.31	0.31	0.31	0.31	0.31	0.32	0.32	0.32	0.32	0.33	0.33	0.34	0.34
26	0.36	0.36	0.37	0.37	0.37	0.38	0.38	0.39	0.39	0.40	0.40	0.40	0.40	0.40	0.40
27	0.42	0.43	0.43	0.44	0.44	0.44	0.45	0.45	0.46	0.46	0.46	0.47	0.47	0.48	0.47
28	0.49	0.50	0.50	0.51	0.51	0.52	0.52	0.53	0.53	0.54	0.54	0.55	0.55	0.56	0.56
29	0.57	0.57	0.58	0.58	0.59	0.59	0.60	0.60	0.61	0.61	0.61	0.62	0.62	0.63	0.63
30	0.64	0.64	0.65	0.65	0.66	0.66	0.67	0.67	0.68	0.68	0.68	0.69	0.69	0.70	0.70

附表 2　　　　相当于氧化亚铜质量的葡萄糖、果糖、乳糖、转化糖质量表　　　　mg

氧化亚铜	葡萄糖	果糖	乳糖	转化糖	氧化亚铜	葡萄糖	果糖	乳糖	转化糖
11.3	4.6	5.1	7.7	5.2	56.3	24.1	26.5	38.3	25.5
12.4	5.1	5.6	8.5	5.7	57.4	24.6	27.1	39.1	26.0
13.5	5.6	6.1	9.3	6.2	58.5	25.1	27.6	39.8	26.5
14.6	6.0	6.7	10.0	6.7	59.7	25.6	28.2	40.6	27.0
15.8	6.5	7.2	10.8	7.2	60.8	26.1	28.7	41.4	27.6
16.9	7.0	7.7	11.5	7.7	61.9	26.5	29.2	42.1	28.1
18.0	7.5	8.3	12.3	8.2	63.0	27.0	29.8	42.9	28.6
19.1	8.0	8.8	13.1	8.7	64.2	27.5	30.3	43.7	29.1
20.3	8.5	9.3	13.8	9.2	65.3	28.0	30.9	44.4	29.6
21.4	8.9	9.9	14.6	9.7	66.4	28.5	31.4	45.2	30.1
22.5	9.4	10.4	15.4	10.2	67.6	29.0	31.9	46.0	30.6
23.6	9.9	10.9	16.1	10.7	68.7	29.5	32.5	46.7	31.2
24.8	10.4	11.5	16.9	11.2	69.8	30.0	33.0	47.5	31.7
25.9	10.9	12.0	17.7	11.7	70.9	30.5	33.6	48.3	32.2
27.0	11.4	12.5	18.4	12.3	72.1	31.0	34.1	49.0	32.7
28.1	11.9	13.1	19.2	12.8	73.2	31.5	34.7	49.8	33.2
29.3	12.3	13.6	19.9	13.3	74.3	32.0	35.2	50.6	33.7
30.4	12.8	14.2	20.7	13.8	75.4	32.5	35.8	51.3	34.3
31.5	13.3	14.7	21.5	14.3	76.6	33.0	36.3	52.1	34.8
32.6	13.8	15.2	22.2	14.8	77.7	33.5	36.8	52.9	35.3
33.8	14.3	15.8	23.0	15.3	78.8	34.0	37.4	53.6	35.8
34.9	14.8	16.3	23.8	15.8	79.9	34.5	37.9	54.4	36.3
36.0	15.3	16.8	24.5	16.3	81.1	35.0	38.5	55.2	36.8
37.2	15.7	17.4	25.3	16.8	82.2	35.5	39.0	55.9	37.4
38.3	16.2	17.9	26.1	17.3	83.3	36.0	39.6	56.7	37.9
39.4	16.7	18.4	26.8	17.8	84.4	36.5	40.1	57.5	38.4
40.5	17.2	19.0	27.6	18.3	85.6	37.0	40.7	58.2	38.9
41.7	17.7	19.5	28.4	18.9	86.7	37.5	41.2	59.0	39.4
42.8	18.2	20.1	29.1	19.4	87.8	38.0	41.7	59.8	40.0
43.9	18.7	20.6	29.9	19.9	88.9	38.5	42.3	60.5	40.5
45.0	19.2	21.1	30.6	20.4	90.1	39.0	42.8	61.3	41.0
46.2	19.7	21.7	31.4	20.9	91.2	39.5	43.4	62.1	41.5
47.3	20.1	22.2	32.2	21.4	92.3	40.0	43.9	62.8	42.0
48.4	20.6	22.8	32.9	21.9	93.4	40.5	44.5	63.6	42.6
49.5	21.1	23.3	33.7	22.4	94.6	41.0	45.0	64.4	43.1
50.7	21.6	23.8	34.5	22.9	95.7	41.5	45.6	65.1	43.6
51.8	22.1	24.4	35.2	23.5	96.8	42.0	46.1	65.9	44.1
52.9	22.6	24.9	36.0	24.0	97.9	42.5	46.7	66.7	44.7
54.0	23.1	25.4	36.8	24.5	99.1	43.0	47.2	67.4	45.2
55.2	23.6	26.0	37.5	25.0	100.2	43.5	47.8	68.2	45.7

（续表）

氧化亚铜	葡萄糖	果糖	乳糖	转化糖	氧化亚铜	葡萄糖	果糖	乳糖	转化糖
101.3	44.0	48.3	69.0	46.2	146.4	64.3	70.4	99.8	67.4
102.5	44.5	48.9	69.7	46.7	147.5	64.9	71.0	100.6	67.9
103.6	45.0	49.4	70.5	47.3	148.6	65.4	71.6	101.3	68.4
104.7	45.5	50.0	71.3	47.8	149.7	65.9	72.1	102.1	69.0
105.8	46.0	50.5	72.1	48.3	150.9	66.4	72.7	102.9	69.5
107.0	46.5	51.1	72.8	48.8	152.0	66.9	73.2	103.6	70.0
108.1	47.0	51.6	73.6	49.4	153.1	67.4	73.8	104.4	70.6
109.2	47.5	52.2	74.4	49.9	154.2	68.0	74.3	105.2	71.1
110.3	48.0	52.7	75.1	50.4	155.4	68.5	74.9	106.0	71.6
111.5	48.5	53.3	75.9	50.9	156.5	69.0	75.5	106.7	72.2
112.6	49.0	53.8	76.7	51.5	157.6	69.0	76.0	107.5	72.7
113.7	49.5	54.4	77.4	52.0	158.7	70.0	76.6	108.3	73.2
114.8	50.0	54.9	78.2	52.5	159.9	70.5	77.1	109.0	73.8
116.0	50.6	55.5	79.0	53.0	161.0	71.1	77.7	109.8	74.3
117.1	51.1	56.0	79.7	53.6	162.1	71.6	78.3	110.6	74.9
118.2	51.6	56.6	80.5	54.1	163.2	72.1	78.8	111.4	75.4
119.3	52.1	57.1	81.3	54.6	164.4	72.6	79.4	112.1	75.9
120.5	52.6	57.7	82.1	55.2	165.5	73.1	80.0	112.9	76.5
121.6	53.1	58.2	82.8	55.7	166.6	73.7	80.5	113.7	77.0
122.7	53.6	58.8	83.6	56.2	167.8	74.2	81.1	114.4	77.6
123.8	54.1	59.3	84.4	56.7	168.9	74.7	81.6	115.2	78.1
125.0	54.6	59.9	85.1	57.3	170.0	75.2	82.2	116.0	78.6
126.1	55.1	60.4	85.9	57.8	171.1	75.7	82.8	116.8	79.2
127.2	55.6	61.0	86.7	58.3	172.3	76.3	83.3	117.5	79.7
128.3	56.1	61.6	87.4	58.9	173.4	76.8	83.9	118.3	80.3
129.5	56.7	62.1	88.2	59.4	174.5	77.3	84.4	119.1	80.8
130.6	57.2	62.7	89.0	59.9	175.6	77.8	85.0	119.9	81.3
131.7	57.7	63.2	89.8	60.4	176.8	78.3	85.6	120.6	81.9
132.8	58.2	63.8	90.5	61.0	177.9	78.9	86.1	121.4	82.4
134.0	58.7	64.3	91.3	61.5	179.0	79.4	86.7	122.2	83.0
135.1	59.2	64.9	92.1	62.0	180.1	79.9	87.3	122.9	83.5
136.2	59.7	65.4	92.8	62.6	181.3	80.4	87.8	123.7	84.0
137.4	60.2	66.0	93.6	63.1	182.4	81.0	88.4	124.5	84.6
138.5	60.7	66.5	94.4	63.6	183.5	81.5	89.0	125.3	85.1
139.6	61.3	67.1	95.2	64.2	184.5	82.0	89.5	126.0	85.7
140.7	61.8	67.7	95.9	64.7	185.8	82.5	90.1	126.8	86.2
141.9	62.3	68.2	96.7	65.2	186.9	83.1	90.6	127.6	86.8
143.0	62.8	68.8	97.5	65.8	188.0	83.6	91.2	128.4	87.3
144.1	63.3	69.3	98.2	66.3	189.1	84.1	91.8	129.1	87.8
145.2	63.8	69.9	99.0	66.8	190.3	84.6	92.3	129.9	88.4

（续表）

氧化亚铜	葡萄糖	果糖	乳糖	转化糖	氧化亚铜	葡萄糖	果糖	乳糖	转化糖
191.4	85.2	92.9	130.7	88.9	236.4	106.5	115.7	161.7	110.9
192.5	85.7	93.5	131.5	89.5	237.6	107.0	116.3	162.5	111.5
193.6	86.2	94.0	132.2	90.0	238.7	107.5	116.9	163.3	112.1
194.8	86.7	94.6	133.0	90.6	239.8	108.1	117.5	164.0	112.6
195.9	87.3	95.2	133.8	91.1	240.9	108.6	118.0	164.8	113.2
197.0	87.8	95.7	134.6	91.7	242.1	109.2	118.6	165.6	113.7
198.1	88.3	96.3	135.3	92.2	243.1	109.7	119.2	166.4	114.3
199.3	88.9	96.9	136.1	92.8	244.3	110.2	119.8	167.1	114.9
200.4	89.4	97.4	136.9	93.3	245.4	110.8	120.3	167.9	115.4
201.5	89.9	98.0	137.7	93.8	246.6	111.3	120.9	168.7	116.0
202.7	90.4	98.6	138.4	94.4	247.7	111.9	121.5	169.5	116.5
203.8	91.0	99.2	139.2	94.9	248.8	112.4	122.1	170.3	117.1
204.9	91.5	99.7	140.0	95.5	249.9	112.9	122.6	171.0	117.6
206.0	92.0	100.3	140.8	96.0	251.1	113.5	123.2	171.8	118.2
207.2	92.6	100.9	141.5	96.6	252.2	114.0	123.8	172.6	118.8
208.3	93.1	101.4	142.3	97.1	253.3	114.6	124.4	173.4	119.3
209.4	93.6	102.0	143.1	97.7	254.4	115.1	125.0	174.2	119.9
210.5	94.2	102.6	143.9	98.2	255.6	115.7	125.5	174.9	120.4
211.7	94.7	103.1	144.6	98.8	256.7	116.2	126.1	175.7	121.0
212.8	95.2	103.7	145.4	99.3	257.8	116.7	126.7	176.5	121.6
213.9	95.7	104.3	146.2	99.9	258.9	117.3	127.3	177.3	122.1
215.0	96.3	104.8	147.0	100.4	260.1	117.8	127.9	178.1	122.7
216.2	96.8	105.4	147.7	101.0	261.2	118.4	128.4	178.8	123.3
217.3	97.3	106.0	148.5	101.5	262.3	118.9	129.0	179.6	123.8
218.4	97.9	106.6	149.3	102.1	263.4	119.5	129.6	180.4	124.4
219.5	98.4	107.1	150.1	102.6	264.6	120.0	130.2	181.2	124.9
220.7	98.9	107.7	150.8	103.2	265.7	120.6	130.8	181.9	125.5
221.8	99.5	108.3	151.6	103.7	266.8	121.1	131.3	182.7	126.1
222.9	100.0	108.8	152.4	104.3	268.0	121.7	131.9	183.5	126.6
224.0	100.5	109.4	153.2	104.8	269.1	122.2	132.5	184.3	127.2
225.2	101.1	110.0	153.9	105.4	270.2	122.7	133.1	185.1	127.8
226.3	101.6	110.6	154.7	106.0	271.3	123.3	133.7	185.8	128.3
227.4	102.2	111.1	155.5	106.5	272.5	123.8	134.2	186.6	128.9
228.5	102.7	111.7	156.3	107.1	273.6	124.4	134.8	187.4	129.5
229.7	103.2	112.3	157.0	107.6	274.7	124.9	135.4	188.2	130.0
230.8	103.8	112.9	157.8	108.2	275.8	125.5	136.0	189.0	130.6
231.9	104.3	113.4	158.0	108.7	277.0	126.0	136.6	189.7	131.2
233.1	104.8	114.0	159.4	109.3	278.1	126.6	137.2	190.5	131.7
234.2	105.4	114.6	160.2	109.8	279.2	127.1	137.7	191.3	132.3
235.3	105.9	115.2	160.9	110.4	280.3	127.7	138.3	192.1	132.9

（续表）

氧化亚铜	葡萄糖	果糖	乳糖	转化糖	氧化亚铜	葡萄糖	果糖	乳糖	转化糖
281.5	128.2	138.9	192.9	133.4	326.5	150.5	162.5	224.1	156.4
282.6	128.8	139.5	193.6	134.0	327.6	151.1	163.1	224.9	157.0
283.7	129.3	140.1	194.4	134.6	328.7	151.7	163.7	225.7	157.5
284.8	129.9	140.7	195.2	135.1	329.9	152.2	164.3	226.5	158.1
286.0	130.4	141.3	196.0	135.7	331.0	152.8	164.9	227.3	158.7
287.1	131.0	141.8	196.8	136.3	332.1	153.4	165.4	228.0	159.3
288.2	131.6	142.4	197.5	136.8	333.3	153.9	166.0	228.8	159.9
289.3	132.1	143.0	198.3	137.4	334.4	154.5	166.6	229.6	160.5
290.5	132.7	143.6	199.1	138.0	335.5	155.1	167.2	230.4	161.0
291.6	133.2	144.2	199.9	138.6	336.6	155.6	167.8	231.2	161.6
292.7	133.8	144.8	200.7	139.1	337.8	156.2	168.4	232.0	162.2
293.8	134.3	145.4	201.4	139.7	338.9	156.8	169.0	232.7	162.8
295.0	134.9	145.9	202.2	140.3	340.0	157.3	169.6	233.5	163.4
296.1	135.4	146.5	203.0	140.8	341.1	157.9	170.2	234.3	164.0
297.2	136.0	147.1	203.8	141.4	342.3	158.5	170.8	235.1	164.5
298.3	136.5	147.7	204.6	142.0	343.4	159.0	171.4	235.9	165.1
299.5	137.1	148.3	205.3	142.6	344.5	159.6	172.0	236.7	165.7
300.6	137.7	148.9	206.1	143.1	345.6	160.2	172.6	237.4	166.3
301.7	138.2	149.5	206.9	143.7	346.8	160.7	173.2	238.2	166.9
302.9	138.8	150.1	207.7	144.3	347.9	161.3	173.8	239.0	167.5
304.0	139.3	150.6	208.5	144.8	349.0	161.9	174.4	239.8	168.0
305.1	139.9	151.2	209.2	145.4	350.1	162.5	175.0	240.6	168.6
306.2	140.4	151.8	210.0	146.0	351.3	163.0	175.6	241.4	169.2
307.4	141.0	152.4	210.8	146.6	352.4	163.6	176.2	242.2	169.8
308.5	141.6	153.0	211.6	147.1	353.5	164.2	176.8	243.0	170.4
309.6	142.1	153.6	212.4	147.7	354.6	164.7	177.4	243.7	171.0
310.7	142.7	154.2	213.2	148.3	355.8	165.3	178.0	244.5	171.6
311.9	143.2	154.8	214.0	148.9	356.9	165.9	178.6	245.3	172.2
313.0	143.8	155.4	214.7	149.4	358.0	166.5	179.2	246.1	172.8
314.1	144.4	156.0	215.5	150.0	359.1	167.0	179.8	246.9	173.3
315.2	144.9	156.5	216.3	150.6	360.3	167.6	180.4	247.7	173.9
316.4	145.5	157.1	217.1	151.2	361.4	168.2	181.0	248.5	174.5
317.5	146.0	157.7	217.9	151.8	362.5	168.8	181.6	249.2	175.1
318.6	146.6	158.3	218.7	152.3	363.6	169.3	182.2	250.0	175.7
319.7	147.2	158.9	219.4	152.9	364.8	169.9	182.8	250.8	176.3
320.9	147.7	159.5	220.2	153.5	365.9	170.5	183.4	251.6	176.9
322.0	148.3	160.1	221.0	154.1	367.0	171.1	184.0	252.4	177.5
323.1	148.8	160.7	221.8	154.6	368.2	171.6	184.6	253.2	178.1
324.2	149.4	161.3	222.6	155.2	369.3	172.2	185.2	253.9	178.7
325.4	150.0	161.9	223.3	155.8	370.4	172.8	185.8	254.7	179.2

（续表）

氧化亚铜	葡萄糖	果糖	乳糖	转化糖	氧化亚铜	葡萄糖	果糖	乳糖	转化糖
371.5	173.4	186.4	255.5	179.8	416.6	196.8	210.8	287.1	203.8
372.7	173.9	187.0	256.3	180.4	417.7	197.4	211.4	287.9	204.4
373.8	174.5	187.6	257.1	181.0	418.8	198.0	212.0	288.7	205.0
374.9	175.1	188.2	257.9	181.6	419.9	198.5	212.6	289.5	205.7
376.0	175.7	188.8	258.7	182.2	421.1	199.1	213.3	290.3	206.3
377.2	176.3	189.4	259.4	182.8	422.2	199.7	213.9	291.1	206.9
378.3	176.8	190.1	260.2	183.4	423.3	200.3	214.5	291.9	207.5
379.4	177.4	190.7	261.0	184.0	424.4	200.9	215.1	292.7	208.1
380.5	178.0	191.3	261.8	184.6	425.6	201.5	215.7	293.5	208.7
381.7	178.6	191.9	262.6	185.2	426.7	202.1	216.3	294.3	209.3
382.8	179.2	192.5	263.4	185.8	427.8	202.7	217.0	295.0	209.9
383.9	179.7	193.1	264.2	186.4	428.9	203.3	217.6	295.8	210.5
385.0	180.3	193.7	265.0	187.0	430.1	203.9	218.2	296.6	211.1
386.2	180.9	194.3	265.8	187.6	431.2	204.5	218.8	297.4	211.8
387.3	181.5	194.9	266.6	188.2	432.3	205.1	219.5	298.2	212.4
388.4	182.1	195.5	267.4	188.8	433.5	205.1	220.1	299.0	213.0
389.5	182.7	196.1	268.1	189.4	434.6	206.3	220.7	299.8	213.6
390.7	183.2	196.7	268.9	190.0	435.7	206.9	221.3	300.6	214.2
391.8	183.8	197.3	269.7	190.6	436.8	207.5	221.9	301.4	214.8
392.9	184.4	197.9	270.5	191.2	438.0	208.1	222.6	302.2	215.4
394.0	185.0	198.5	271.3	191.8	439.1	208.7	232.2	303.0	216.0
395.2	185.6	199.2	272.1	192.4	440.2	209.3	223.8	303.8	216.7
396.3	186.2	199.8	272.9	193.0	441.3	209.9	224.4	304.6	217.3
397.4	186.8	200.4	273.7	193.6	442.5	210.5	225.1	305.4	217.9
398.5	187.3	201.0	274.4	194.2	443.6	211.1	225.7	306.2	218.5
399.7	187.9	201.6	275.2	194.8	444.7	211.7	226.3	307.0	219.1
400.8	188.5	202.2	276.0	195.4	445.8	212.3	226.9	307.8	219.9
401.9	189.1	202.8	276.8	196.0	447.0	212.9	227.6	308.6	220.4
403.1	189.7	203.4	277.6	196.6	448.1	213.5	228.2	309.4	221.0
404.2	190.3	204.0	278.4	197.2	449.2	214.1	228.8	310.2	221.6
405.3	190.9	204.7	279.2	197.8	450.3	214.7	229.4	311.0	222.2
406.4	191.5	205.3	280.0	198.4	451.5	215.3	230.1	311.8	222.9
407.6	192.0	205.9	280.8	199.0	452.6	215.9	230.7	312.6	223.5
408.7	192.6	206.5	281.6	199.6	453.7	216.5	231.3	313.4	224.1
409.8	193.2	207.1	282.4	200.2	454.8	217.1	232.0	314.2	224.7
410.9	193.8	207.7	283.2	200.8	456.0	217.8	232.6	315.0	225.4
412.1	194.4	208.3	284.0	201.4	457.1	218.4	233.2	315.9	226.0
413.2	195.0	209.0	284.8	202.0	458.2	219.0	233.9	316.7	226.6
414.3	195.6	209.6	285.6	202.6	459.3	219.6	234.5	317.5	227.2
415.4	196.2	210.2	286.3	203.2	460.5	220.1	235.1	318.3	227.9

（续表）

氧化亚铜	葡萄糖	果糖	乳糖	转化糖	氧化亚铜	葡萄糖	果糖	乳糖	转化糖
461.6	220.8	235.8	319.1	228.5	476.2	228.8	244.3	329.9	236.8
462.7	221.4	236.4	319.9	229.1	477.4	229.5	244.9	330.1	237.5
463.8	222.0	237.1	320.7	229.7	478.5	230.1	245.6	331.7	238.1
465.0	222.6	237.7	321.6	230.4	479.6	230.7	246.3	332.6	238.8
466.1	223.3	238.4	322.4	231.0	480.7	231.4	247.0	333.5	239.5
467.2	223.9	239.0	323.2	231.7	481.9	232.0	247.8	334.4	240.2
468.4	224.5	239.7	324.0	232.3	483.0	232.7	248.5	335.3	240.8
469.5	225.1	240.3	324.9	232.9	484.1	233.3	249.2	336.3	241.5
470.6	225.7	241.0	325.7	233.6	485.2	234.0	250.0	337.3	242.3
471.7	226.3	241.6	326.5	234.2	486.4	234.7	250.8	338.3	243.0
472.9	227.0	242.2	327.4	234.8	487.5	235.3	251.6	339.4	243.8
474.0	227.6	242.9	328.2	235.5	488.6	236.1	252.7	340.7	244.7
475.1	228.2	243.6	329.1	236.1	489.7	236.9	253.7	342.0	245.8

食品理化检验技术